Chinese Liquor
Appraisal Book

中国白酒品评宝典

贾智勇　主编

化学工业出版社
·北京·

本书从普及性和实操性入手，全面剖析了白酒品评的基本原理和白酒品评训练的基本流程，从单体香、典型性、重复性、再现性、质量差、酒度差六个环节，给出了大量训练方案，极具操作性，可以照单训练。按照先后顺序，厘清了训练概念，回答了是什么？为什么？如何解决？有何秘籍？应当注意什么？书中每个章节都添加了实操训练小贴士，全面解决了白酒品评训练的基本问题，是白酒行业、企业进行白酒品评训练的模板，是广大专业技术人员、白酒营销员工学习白酒品评的教科书和宝典。

图书在版编目（CIP）数据

中国白酒品评宝典/贾智勇主编. —北京：化学工业出版社，2016.10 （2025.5重印）
 ISBN 978-7-122-27842-5

 Ⅰ.①中… Ⅱ.①贾… Ⅲ.①白酒－食品感官评价－中国 Ⅳ.①TS262.3

 中国版本图书馆CIP数据核字（2016）第191671号

责任编辑：张 彦　　　　　　　　　　　　　装帧设计：王晓宇
责任校对：宋 夏

出版发行：化学工业出版社（北京市东城区青年湖南街13号　邮政编码100011）
印　　装：河北延风印务有限公司
710 mm×1000 mm　1/16　印张15½　字数351千字　2025年5月北京第1版第13次印刷

购书咨询：010-64518888　　　　　　　　　售后服务：010-64518899
网　　址：http://www.cip.com.cn
凡购买本书，如有缺损质量问题，本社销售中心负责调换。

定　　价：68.00元　　　　　　　　　　　　　版权所有　违者必究

序
PREFACE

　　"品"，从三口，人三为众，众庶也。"评"则皆以心境评之。心境平和，谓之甘饮；生性奔放，谓之豪饮；情志萎靡，谓之闷饮。白酒中的"品评"，皆为众人以己之情感喜好，用酒中的酸、甜、苦、辣、咸五味，体会人生百味。恰恰就是酒本身的灵魂和气质，以它独有的生命力吸引人们从饮酒到品酒，酒中有乾坤，杯酒解人生，一杯酒便可以将人生诠释得淋漓尽致。

　　酒，在中国传统文化中，与"美"有着异曲同工之妙。常说的"美酒"二字，表达了人们将酒作为一种艺术的赞赏和认同。在追求白酒醇厚、和谐、幽雅、柔和、细腻的品格之余，古人诗词之中无不透露出对酒的热爱和眷恋。李白的《将进酒》赋予白酒豪情万丈的气魄；苏东坡《水调歌头》中的白酒却有别离惆怅之意；诗人陶渊明一生爱酒、颂酒，他的诗中几乎是离不开酒。诗人们道出了对美酒的喜爱、赞美，也演变出几千年博大精深的中国白酒文化。要品出白酒之韵味，了解白酒的文化精髓也是不可或缺的。

　　白酒源于地域的文化熏陶，其酿造技艺经历了千百年岁月的洗练，糅合了造酒者的性格与信仰，经过酿酒师对品质的精心锤炼，上千道工序蒸馏出的汩汩白酒，纯净透彻，不带有丝毫杂质。

　　说到品酒，古代中医以望、闻、问、切之法，判定病症所在，而白酒品评则以观、闻、尝、评之道，切中白酒优劣之别，看似简单的四步，前期着实要下一番工夫。要想品酒中信手拈来的那份自信，要通过典型性、质量差、重复性、再现性、单体香、酒度差六关的重重训练，这种滴水穿石的意志是必不可少的。白酒品评少不了勤学苦练，而掌握技巧更是能够锦上添花。这本书洋洋洒洒几十万字，对中国白酒品评知识做了详尽全面的阐述，书中的点评和体会更是作者评酒生涯中感想、感触凝练的精华所在。

浅浅一杯酒，因有了时间的沉淀，味道才变得更浓。白酒不仅体现为一种产品，更承载着诸多历史与人文属性，凝结着酿酒者的艰辛和汗水。品酒，既是对白酒本质的一个判定，更是对白酒的内涵、灵魂的探究。相信读者们能从本书中掌握品酒之精髓，领略品酒之乐趣，体会人生之绚烂。是为序。

中国酒业协会副理事长兼秘书长

前言
FOREWORD

说到白酒，心中一直感触颇深，大半生的心血和汗水都挥洒在这个行业，现在编写《中国白酒品评宝典》这本书，诸多老朋友不解：作为一位资深行业战士，日常工作应酬已经目不暇接了，何必又给自己增添诸多额外的操劳？可自己内心很清楚，逆水行舟，不进则退，白酒行业激烈的竞争势头不容我们有片刻停歇。当前的中国白酒产业已不同于往日，粗放式的传统产业逐渐向精细化、科学化转型，技术创新，特别是调配和工艺方面的作用在企业中所占份额日显突出。要酿出好酒，调配出好酒，先要能尝出好酒。

鉴于此，自2014年伊始，我便着手对公司新聘的大学生，特别是具有品酒内在潜质的同志，进行重点培养。一年多的品酒培训卓有成效，其中一名年轻同志成功考取国家评酒委员。我在欣慰之余不忘初心，随即吸收这些年轻力量，开始了本书的编写。

许多朋友问我，品酒有什么速成法吗？我回答："操千曲而后晓声，观千剑而后识器"，想练就品酒的真功夫，绝非朝夕之事。即使是一些天赋异禀之人，若无持之以恒的精神，往往也是半途而废。虽无速成之法，但其中是有科学、技巧可循，若能够规范操作，掌握要领，定有事半功倍之效。本书创作之初衷，意在于品酒知识翔实科学，评酒要领简明突出，给读者畅读之余留有畅想的空间。

目前，关于白酒品评方面的专业书籍寥寥无几，许多品酒爱好者想要参考一二，却也苦于鲜有此类专业书而束手无策。本书的编写正是给白酒品评爱好者、白酒品评工作者提供系统、科学、翔实的品酒知识，以供大家学习参考。编写过程吸纳了参加品酒培训的年轻力量，根据他们在品酒训练中的不同认识和感受，进行有针对性、目的性的编写，使本书更具科学性、实操性。本书共分十一章，前两章在于帮助读者进行品酒的认识和自身的分析，所谓知己知彼而后战。中间八章主要以酱香型、清香型、浓香型、米香型、凤香型、豉香型、药香型、特香型、芝麻香型、兼香型、老白干香型、馥郁香型十二大香型白酒的特点和差异为主线，以典型性、质量差、重复性、再现性、单体香、酒度差六个方面的品评训练为要点，将白酒的品鉴知识，包括嗅觉和味觉训练、质量标准体系、心理因素分析、答题技巧等融入到每个章节的系统品评中，在品酒过程中学习白酒诸多方面，达到一举两得之效。每章中的点评和小贴士，均为我和编写人员在品酒过程中对自己体会较深的部分加以精炼，读者在实际操作中若遇问题时可作以参考。第十一章给出了实战演练的设计。

诗有云"古人学问无遗力，少壮功夫老始成。纸上得来终觉浅，绝知此事要躬行"。本书仅能作为我们思考时的一个参考，读者若要领悟其中，还需苦下工夫，从实践中慢慢体会。能怀有"常问则明，常记则清，常思则进，常悟则理"之心，才能品出白酒之韵，感知白酒之魂。

本书编写过程中，得到了中国食品工业协会秘书长马勇、中国酒业协会各位领导的关心，公司董事长秦本平、总经理徐可强同志大力支持，并予以指导，为编撰成书创造了良好的条件。

本书编写过程中，高洁、杜杰、王晶、苟静瑜、房海珍、冯雅芳、邢刚、张永丽、王元、刘丽丽、段科林、王婧、闫宗科、付万绪、王印、李锁潮、罗文涛、韩超等同志均付出了艰辛努力，特别是高洁、杜杰、房海珍、王晶等同志投入了大量精力和时间，竭尽心力，贡献颇大，在此，谨向他们致以诚挚的谢意。

由于时间紧促，限于笔者学识和水平，书中不当之处恐亦难免，望广大专家和读者指正，以待日后再版时改进。

贾智勇

2016 年 7 月

目录
CONTENTS

第一章

学习评酒并非难事

当你打开这本书的时候，第一个想法可能就是迫切地想知道评酒是怎么回事？如何才能学会评酒？我适合评酒吗？我能学会评酒吗？学习评酒有什么秘籍吗？通过对本章内容的阅读，就可以解决你的思想和认知问题，你就会明白评酒是怎么回事，就会为你揭开白酒品评的神秘面纱，让你学习评酒有章可循，有法可依，让一个对品酒毫无一点基础的你通过系统的学习训练成为一位评酒高手。

1.1　白酒品评概述

许多行业外的人士，特别是对白酒有兴趣的人，总是觉得评酒很神秘。经常有朋友问我，怎样训练评酒？评酒难吗？

学习评酒并非难事，只要过了六关，即可进入状态。

何为六关？即典型性、质量差、重复性、再现性、单体香、酒度差，只要这六方面掌握了，评酒又何谈艰难呢！

白酒品评的程序是先观色，再闻香，后尝味，然后综合色、香、味的特点判断酒的风格。当然首先确定酒的典型性，酒的典型性通常在闻香时就能判断出。一般人经过简单训练就可以分辨出白酒的典型性。

何为"典型性"呢？典型性是指一种白酒有别于其他白酒的独特风格在十二大香型中的界定，即香型分类，也就是说这种白酒属于何种香型。白酒的典型性是建立在白酒香型基础之上的，没有香型也就较难谈及典型性问题。我们还要注意典型性的三个特点：第一，典型性是变化的，不是一成不变的。典型性的话语权多掌握在香型代表手中，如20世纪80年代的茅台酒与现在的茅台酒就有很大的区别；第二，典型性强调的是标杆问题，或者说是标准问题，是相对于标杆的口感标准；第三，典型性概念的提出是为了在评酒训练时或白酒鉴评时便于对酒的类别属性进行区分。在白酒品评中典型性的判断是最基础的，作为一名评酒员，首先要判断样品的典型性即香型，然后再进入更深层次的品评。

白酒的嗅闻方法是将酒杯举起，置酒杯于鼻下二寸（1寸=3.33厘米）处，头略低，先轻嗅其气味。最初不要摇杯，闻酒的香气挥发情况；然后摇杯嗅闻突出的香气。凡是香气协调，有愉快感，主体香突出，无其他邪杂气味，溢香性又好的酒，一倒出就香气四溢，芳香扑鼻，说明酒中的香气物质较多；喷香性好的酒，一入口，香气就充满口腔，大有冲喷之势的，说明酒中含有低沸点的香气物质较多；而留香性好的，咽下后，口中应该仍留有余香，酒后作嗝时，还有一种令人舒适的特殊香气喷出的，说明酒中的高沸点酯类较多。鉴评时，首先检查芳香气味的浓郁程度，继而将杯接近鼻孔，进一步闻，分析其香气的细腻性、协同性，看香气是否纯正，是否有其他邪杂气。在闻的时候，要先呼气，后再对酒吸气，不能对酒呼气。一杯酒一般闻三四次就应该有准确记录。有的人在品评时，用右手端杯，左手煽风继续闻，闻完一杯，稍微休息片刻，再闻另一杯，这也是一种习惯问题。

简单说，品酒训练的步骤主要为"一看，二嗅，三尝"。首先是观察酒色，看是否有悬浮、沉淀、杂物等；其次是闻酒气，按照香气淡或浓度低的酒样先品评，再品评香气浓或浓度高的酒样的顺序；最后是口尝酒味，包括鼻孔呼出的香气、回味后味等。通过这三步确定酒的风格、酒体和个性等。在品酒的时候，不可以先尝后闻，也不可以先过了酒瘾再品酒，那样的话，会导致嗅觉失灵，误判香气。

学习白酒质量鉴别，应该先了解各类香型酒的风格，熟悉酒的风格是品评的基础，如浓香型白酒窖香浓郁、绵甜爽冽、香味谐调、尾净味长；酱香型白酒酱香突出、幽雅细腻、酒体醇厚、回味悠长、空杯留香持久；凤香型白酒醇香秀雅、干润挺爽、诸味协调，尾净悠长；米香型白酒蜜香清雅、入口绵柔、落口爽净、口味怡畅……除了要掌握每个香型酒的特点外，还要在同一类型、不同质量酒的品评中找出相互间的差别。此外，还需要对各等级酒作出鉴评。

品评经验是一点一滴积累起来的，只有不断尝试、不断总结才会较快找到感觉。如果一天当中尝试了多种不同风格的酒，反复进行对比练习，如果两杯同样的酒给出的评语不一样，则表示还没完全了解该酒的特性……说明你的品评重复性还不行，总之，这是一门不能带有丝毫侥幸心理的学习和实践过程。

在白酒企业打拼，经常遇到的问题就是评酒，因为，白酒是开放式发酵生产的产物，而蒸馏又是简单的粗馏，只能将酒精和易挥发的其他组分一同蒸馏出来，不能达到精细分离，所以白酒实际上就是多种发酵产物的混合物。

说到白酒的香味，不得不说说蒸馏，虽然目前白酒生产多停留在单釜（塔）常压粗馏阶段，分离过程比较粗放，并不代表白酒蒸馏工艺不会进一步发展，目前白酒机械化的发展已经为减压蒸馏、加压蒸馏等蒸馏方式创造了条件，或许多塔蒸馏也会成为白酒蒸馏工艺革命的一个方向。如果这些革新都实现了，白酒的品评或许会变得较为容易，所以白酒的品评技能也要与时俱进。

1.2 申报评酒师的条件要求

目前，在白酒行业，对酒质的评价还不能做到单纯靠指标控制，实践证明，那实际上也做不到，这就是中国白酒的特色。从全世界蒸馏酒行业的发展来看，香味问题目前还做不到由机器替代人的品评。

从另外一个方面讲，白酒本身就是一种食品，所以就存在色、香、味的问题，而对特别讲究香气的白酒而言，香气、口味的判定绝对是企业核心的技术工作，掌握一门好的香气、口味判定技术，实际上就是掌握了白酒的核心。而核心工作能力的体现往往是香气、口味判定技术掌控力。在行业中，专业的评酒委员多是对白酒品质存在较高的感知力和掌控力的人。所以，无论企业大与小，都非常注重评酒队伍的培养，如果没有一个好的评酒队伍，企业的发展就会受阻。所以说，在白酒行业，评酒队伍的培养是一项基础性工作，凡重视评酒队伍培养建设的，企业产品质量就比较稳定，凡是不注重这项工作的，企业发展就会受影响，而国家也专门设立了品酒师技师岗位，以促进白酒行业专业技师队伍的培养。按照国家劳动技能鉴定站设定的品酒师初、中、高级职业能力要求，对获取品酒师职称提出了许多申报条件。

三级品酒师（具备以下五个条件之一者）：

连续从事本职业工作5年以上；

具有以高级技能为培养目标的技工学校、技师学院和职业技术学院本专业或相关专业毕业证书；

具有本专业或相关专业大学专科及以上学历证书；

具有其他专业大学专科及以上学历证书，连续从事本职业工作1年以上；

具有其他专业大学专科及以上学历证书，经三级品酒师正规培训达规定标准学时数，并取得结业证书。

二级品酒师（具备以下八个条件之一者）：

连续从事本职业工作13年以上；

取得三级品酒师职业资格证书后，连续从事本职业工作5年以上；

取得三级品酒师职业资格证书后，连续从事本职业工作4年以上，经二级品酒师正规培训达规定标准学时数，并取得结业证书；

取得本专业或相关专业大学本科学历证书后，连续从事本职业工作5年以上；

具有本专业或相关专业大学本科学历证书，取得三级品酒师职业资格证书后，连续从事本职业工作4年以上；

具有本专业或相关专业大学本科学历证书，取得三级品酒师职业资格证书后，连续从事本职业工作3年以上，经二级品酒师正规培训达规定标准学时数，并取得结业证书；

取得酿造工三级职业资格证书后（中专毕业以上学历），连续从事本职业工作5年以上，经本职业二级品酒师正规培训达规定标准学时数，并取得结业证书。

取得硕士研究生及以上学历证书后，连续从事本职业工作2年以上；

一级品酒师（具备以下五个条件之一者）：

连续从事本职业工作19年以上；

取得二级品酒师职业资格证书后，连续从事本职业工作4年以上；

取得二级品酒师职业资格证书后，连续从事本职业工作3年以上，经一级品酒师正规培训达规定标准学时数，并取得结业证书；

取得本专业或相关专业大学本科学历证书后，连续从事本职业或相关职业工作13年以上；

具有硕士、博士研究生学历证书，连续从事本职业或相关职业工作10年以上。

这些规定，是对品酒师资格的基本要求。

对品酒师申报条件的要求，反映了对品酒队伍整体素质的基本要求，说明品酒技能的成长是一个渐进的过程，只有在岗位上不断历练，才能成为一名合格的高级品酒师。但也从另一个方面，制约了年轻品酒队伍的发展。我们都知道，人的味觉、嗅觉与年龄有很大关系，随着年龄的增长，人的嗅觉、味觉都会下降。如果一味论资排辈，年轻人往往错失最佳训练、提高机会。还有，品酒虽然是一种技能，但也不能对文化程度过于放宽，这是因为，没有一定的专业文化积淀，即使具有较好的嗅觉、味觉，也不能从味觉、嗅觉的感受中，洞察到工艺过程的变化，对工艺持续改进不利。还有，目前，中国白酒领袖企业，都大量地网罗专业人才，充斥到白酒品评、勾兑队伍中，他们的专业资质、研发创新能力都达到了一个较高的水平，如果一个企业，不重视高素质专业品酒队伍的培养，以后，在全国大型技术交流活动中，就很难有资格发出自己的声音，甚至有可能听不懂那些品酒大家在讲什么，这怎么能行呢？所以说，评酒队伍的培养要从高素质的年轻专业人才中去发现和培养。

1.3 成为一名合格品酒师必须具备的特质

1.3.1 身体素质好

一个能够专注于品酒的人，一定是豁达、开朗，身体素质好的，一定是身体没有影响嗅觉和味觉的人；一定是不惧怕酒精，而且敢于和善于饮酒的人；一定是具有能够较快代谢酒精的身体体质的人。

品酒是一种非常辛苦的职业，每年要品尝各种各样的酒，这些酒包括老酒、新酒、不同香型、不同质量的酒。脑子里要储存各种各样的味道，某种香味第二次出现的时候，一般都要与记忆库的信息对上号，尤其是好酒、名酒。品酒也是非常考验品酒师意志力的一项工作。品酒师很少把酒喝下去，而是在嘴里品出感觉后就把酒吐掉，有的品酒师几乎从不饮酒。一个合格的品酒师绝不能嗜酒成瘾，否则会损坏味觉，影响评酒的准确性。

对于品酒师而言，为了保持鉴赏能力，从饮食到日常生活的其他各个方面，都有严格的戒律。而且，品酒师要保持一个良好健康的心态，每天品酒若干种。品酒师的伟大当然还包括他们每次都会使用同一种品酒方法，很乏味、很机械化。但同时也是最为专业、最理想的方法，大有乐此不疲的忘我精神。他可以透过美酒华丽的外表，用心来品味美酒的灵魂。

中国酿酒业以其悠久的历史、独特的工艺技术闻名于世。品评是影响酿酒水平的关键技术之一。掌握品评技术的品酒师对酿酒工艺技术的改进、产品质量的控制、新产品的开发起着重要作用。新中国成立以后，通过组织历届国家评酒活动，中国酿酒行业逐步形成了一整套品酒人员的培训、考核办法。各名优酿酒企业参照国家评酒委员的考核办法逐步建立了企业内部的专职品酒队伍。

目前，中国酿酒企业有20000余家，从业人员超过1000多万，从事品酒的技术人员接近50万人。然而，随着酿酒行业的发展，这一数量已远远满足不了企业的需要。据中国酒业协会统计，目前中国有60%的酿酒企业感到专职品酒师不足，还有20%的企业没有专职品酒师。另一方面，生物技术和计算机集成制造等先进技术的广泛应用以及饮料酒国家标准的纷纷建立，对现有品酒师的职业技能也提出了新要求。随着生活水平的提高，人们对饮料酒的数量和品质都有了更高的要求。品酒师的数量和素质与酿酒行业进一步发展不相适应的矛盾将更加突出。

品酒工作不能单纯以品酒论品酒，要做的基础工作很多，必须长期不懈的训练，各个企业的品酒员，一般多分布在科研、技术、质量检验、新酒品评、勾兑、酿酒生产等部门，这些人绝大多数工作内容就是品评，所以，如果身体素质不好，就很难适应品酒工作，一个整天酩酊大醉的人，怎么能够成为合格的品酒师呢？

1.3.2　热爱评酒

有的人，觉得品酒师的工作轻松，参加品酒后才知道，品酒是一项简单重复、极其单调枯燥的工作，除了应付工作，还要掌握单体香的特征、不同类型白酒的典型性特征、香味化学物质呈现特征及各种不同白酒的发酵特点，如果没有专业知识积淀，很难胜任工作，也很难适应不断变化的产品需求。所以说，必须热爱这项工作，只有热爱这项工作，才能不断地学习、历练、提高，才能提高对品酒活动的兴趣。热爱品酒的人，学习接受新知识就是主动的、自发的、有激情的，才会不断钻研专业知识，才能成为一名合格的品酒师。

在许多人眼里，品酒师是神秘的，且不说他和酒的接触时间有多长，就是他喝过的酒，也该比许多人喝过的水多吧。有人认为，一个品酒师的诞生，对于特定的白酒来说有着特别的意义，而对于一个顶级的品酒师来说，品酒也许便是他人生的全部。

按理说，一个真正的品酒师，他对酒一定有着浓厚的兴趣，但又和"酒鬼"有着天壤之别，毕竟，"闻香识酒"是品酒师的必备技巧，亦是一种成就。

有记者在采访国家首席评酒师时，常常会问他从业几十年是否已喝了几吨的白酒。答案多是那不是喝了多少的问题，而是他在没成为白酒品酒师之前用了多少心的问题。他一定是用心去品、去记、去悟，日积月累，就达到"悟道"的水平。每每端起一杯酒就像是把玩一件艺术珍品，观其色、嗅其香、品其味，陶醉其中，其乐融融。端起一杯酒，他就能给你说出此杯酒的香型、酒龄、酒度、何种谷物酿造、何种曲子发酵、使用什么窖池、发酵是否正常、品质达到什么等级、好到哪、坏到哪、哪个环节出了问题、曲大了还是水小了、窖热了还是凉了，望闻问切，就可以给这杯酒开出方子。我想这应该就是一个品酒人最高的境界了吧。所以说"品酒无止境"，只要你热爱，只要你投入，只要你入迷，只要你将自身融入其中，你完全可以漫无止境地登峰造极！

热爱品酒，训练一刻也不能少，每天的品评工作都是一次次训练的机会，每一次机会都不能马虎，既要做好笔记，还要加深"记忆"，记忆工作非常重要，如果没有对不同产品特征的记忆和再现，也就分辨不出酒的好坏，而要加深记忆，最主要的一点就是要谙熟工艺，对自家饮料酒的特性有一个全面的了解。譬如凤香型白酒，作为一名品酒师，必须熟练掌握凤香型白酒的生产工艺，了解传统凤香型白酒的工艺、新凤香型白酒工艺和"绵柔凤香型白酒"工艺，掌握其中的不同，如大曲品种的不同、发酵期的不同、蒸馏工艺的不同、储存容器的不同，是酒海储存还是瓷缸储存？还是不锈钢罐储存？必须能够判断出破窖酒、顶窖酒、圆窖酒、插窖酒、挑窖酒、压窖酒的不同特点，还必须能够判断出不同年份白酒的不同特点。除此之外，作为企业的品酒员，必须关注数十年来白酒生产工艺的微妙变化，掌握现今生产的成品酒与数年前本企业白酒酒体的客观变化和各自特点，以上这些，如果品酒员没有兴趣，不注意收集、整理、总结，怎么能够胜任工作呢？

表1-1为某凤香型白酒四十来年各项指标的变化情况。

表1-1　某凤香型白酒微量成分统计表　　单位：mg/L

成分	1966年	1967年	1981年	1984年	1986年	1987年	1988年	1988年	1989年	1990年
乙酸乙酯	105.40	164.96	180.29	104.93	80.10	115.30	151.10	89.06	148.90	86.10
己酸乙酯	18.20	19.06	36.80	39.14	20.88	19.40	22.70	15.77	24.80	27.30
正丙醇	21.90	28.15	26.98	16.27	25.39	36.80	46.10	14.00	54.20	47.90
异戊醇	70.87	67.02	58.90	38.75	41.87	44.70	48.10	53.17	44.10	42.20
乙缩醛	38.88	63.42	75.14	28.76	29.28	52.30	66.80	23.47	36.30	42.50
乙醛	22.93	36.21	50.01	44.68	30.87	36.10	39.40	26.95	22.90	35.20
甲醇	—	—	—	0.33	0.70	13.10	11.70	0.32	14.40	11.50
仲丁醇	3.89	4.00	4.46	3.03	4.41	3.10	3.50	3.80	4.80	3.80
异丁醇	17.68	23.31	23.09	23.70	15.22	5.80	19.60	31.25	12.10	13.80
正丁醇	64.33	9.79	7.08	6.62	25.51	34.20	34.40	14.66	31.70	32.10
丁酸乙酯	8.13	3.94	3.29	4.75	5.13	8.40	11.30	7.47	12.10	9.90
乳酸乙酯	24.93	34.25	50.69	45.72	96.65	101.30	150.30	129.49	194.30	188.70
正己醇	2.32	4.94	5.38	—	—	—	—	—	—	2.70

成分	1990年	1991年	1992年	1993年	1994年	2009年	2010年	2011年	2012年	2016年
乙酸乙酯	99.20	90.50	92.30	92.30	85.19	97.39	101.48	108.13	94.29	89.00
己酸乙酯	28.93	24.10	33.60	29.30	35.10	60.55	62.39	47.98	49.83	72.00
正丙醇	17.58	44.10	37.10	37.30	29.58	52.94	75.09	81.24	49.50	40.00
异戊醇	33.49	46.70	39.30	46.00	39.31	40.73	42.86	46.34	38.75	34.00
乙缩醛	37.95	23.80	29.90	28.50	24.23	18.80	20.43	19.58	20.27	19.00
乙醛	37.97	29.90	29.80	29.70	26.07	20.96	23.78	23.53	21.83	17.00
甲醇	0.52	11.40	10.70	11.80	11.03	10.35	9.58	10.54	10.66	—
仲丁醇	2.52	3.90	3.80	3.90	3.20	4.79	14.22	7.19	4.75	6.00
异丁醇	15.49	18.90	14.10	14.60	13.58	13.62	14.06	15.79	12.05	14.00
正丁醇	19.89	44.20	19.50	21.80	14.00	20.10	22.41	29.45	25.69	16.00
丁酸乙酯	6.85	8.30	8.30	8.30	6.40	9.47	10.16	10.31	11.22	9.00
乳酸乙酯	120.92	152.90	130.80	119.00	128.20	130.33	132.09	132.99	118.96	165.00
正己醇	—	2.06	2.40	2.90	2.46	60.55	62.39	47.98	49.83	—

从表1-1来看，酒中各种微量成分的绝对含量和相对含量都发生了很大的变化，这都是为了提升品质，使产品适应市场，迎合消费者口味变化所做的工艺改进形成的结果，不同的结果也对应着不同的口感和风格特征，也代表着某一特定时期消费者对产品的口感要求。比如从以前的喜爱高度酒到现在的低度化发展，从以前的喜爱西凤酒挺爽的风格到现在喜好绵柔的变化。所以作为一名合格的品酒师必须时时关注生产工艺的细微变化，及时了解产品品质的变化

及新的口感特点，以新的标准去衡量产品品质符合要求的程度，对产品做出客观准确的评价。

热爱品酒，还要热爱自家的产品，一杯酒端上来，要能够基本判别出是本公司产品的哪一类产品，本批次产品与上一批次的质量差在哪里，优缺点在哪里，下次如何才能改进。本批次产品的香气特征如何，是否保持了传统风格特征，香气是否圆润、丰满、优雅，口味是否细腻、回味是否悠长，整体是否醇厚，味觉的连续性如何，有没有瑕疵等。如果把这些作为生活的一部分，作为一名品酒师，才会怡然自得，陶醉其中。

1.3.3 有主见

自信，对于一个品酒师来讲是非常重要的，一个不自信的人，在品酒过程中肯定会出错，怎么能将酒品评好呢？一个品酒师是否自信，除了个人性格因素外，最主要的是看品酒师的品酒基本功是否扎实，如果平时训练不扎实，品评能力有限，品酒时肯定不自信，必然会出错。

对于一个基本掌握了品酒技能的品酒师来说，有主见是非常重要的。

（1）扎实的理论基础和专业知识是有主见的前提 一个在酿酒行业摸爬滚打十几年的行业高手，一定对自家的产品充满着自信和深刻认识，能够洞察行业产品的微妙变化，对不同类型的白酒有独到的见解，能够对本企业产品建立良好的理论体系，深知自家产品与其他类产品的嵌合点，明白自家产品的优越之处和不足之处，并能够通过产品品质的变化，找出生产工艺中存在的问题，找出解决问题的方法，如果不能做到这些，就不是一名合格的品酒师。

（2）在大脑中罗列出不同类型产品的"式样"是判定品酒师是否有主见的标志之一 品酒师长期训练的结果就是要记住各个不同类别产品的"式样"，用专业术语描述就是清香、浓香、酱香、凤香、豉香、芝麻香、米香等，不同类型的白酒，其典型代表是哪个酒，有没有相类似的知名产品，它们之间有何区别，如茅台酒与郎酒有何区别，习酒与白云边、口子窖有何区别，五粮液与泸州老窖、全兴、剑南春、沱牌酒有何区别，产品不同类型酒的放香如何，酒体如何，醇厚感如何，优雅度如何，回味怎样，空杯留香如何，绵柔度怎样，特绵，特甜，特醇，特陈，酸度大小，独特性是什么，信号物是什么，香味标记是什么等所有这些都要熟记于心，只有这样，不管拿出什么酒，都能轻车熟路，找出其特征。

1.3.4 有责任心

品酒师一定要有责任心，没有责任心的人担当不了品酒工作，责任心决定了一个品酒师能否认真踏实地从事品酒工作。

品酒工作是一项枯燥的重复性工作，有责任心的人，会将自家产品视为至宝，潜心研究，自乐其中，没有责任心的人，会把品酒作为一种应付，这样的人在工作上不会发现产品微妙的质量变化，缺乏品酒师应当有的洞察力，这样的人平时工作尚且如此，不知道自己在全国性大型评酒活动中代表企业担当的责任和使命，怎能够指望其在区域或全国评酒活动中拿到名次了，一言以蔽之，责任心是品酒师的基本特质。

1.3.5 有持久力

品酒师的持久力既指品酒师要具备酒精耐久力，又指平时的训练要有持久力，还指品酒师要有孜孜不倦、持之以恒的学习精神。

作为一名品酒师，要从生活习惯中养成"逢喝必品"的习惯，只要参加聚会，就把这次聚会作为"品评"的最好机会，端起酒杯，观其色、闻其香、品其味、悟其格，找到对所品酒的整体感官认识，并通过感官认识，举一反三，回忆该产品生产时的历史事件和历史背景以及工艺配方的调整情况，时时映照工艺、感悟质量、提升认识，通过品悟，提高和充实自己，提高发现问题和解决问题的能力。

"酒无止境"，消费者需求是不断变化的，企业为了打开市场，对品质的要求也是不断变化和调整的，所以，任何一个产品都会出现品质的起伏变化，都会朝着消费潮流去变化。近年来，传统浓香型白酒厂家在白酒勾兑时加入酱香型白酒，传统单粮型浓香型酒厂家在产品勾兑时加入多粮浓香调味酒，一些清香型白酒、浓香型白酒在勾兑时加入芝麻香型白酒、凤香型白酒，在行业内已经不是秘密，但各个企业都不会公开承认，所以，在持续训练中，品酒师要细心判断，认真研判。

提高持久力，还要不断地学习专业知识，熟悉大曲、小曲、麸曲等制备生产方法和判定方法，熟悉酿酒工艺特点、生产装置（如窖池结构）、操作特性、储存容器、储存期等，这些专业知识在教科书中都可以找到。作为一名品酒师，最重要的是要掌握和学习书本上找不到的专业知识，如不同香型白酒的感官独特性、陈味、独特储存容器的结构、品评白酒的一些感受等，这些东西书本上很少，但在实际工作中却很重要，只有通过工作接触才能学得到，有些东西还在于个人的感悟，这一点极其重要。

具备了以上几种能力，说明你已经具备了一个品酒师应该具有的特质。一颗平常心，一份对评酒事业执著的热爱，一种锲而不舍的精神，如痴如醉的投入，去品、去悟，"壶中有日月，杯中现乾坤"，有品酒之心，享品酒之乐、品酒之妙，品酒之趣，积水成冰，集腋成裘，不经意间你就已经悟道了，在评酒的道路上你尽管漫无止境地登峰造极吧！评酒，难否？用心，就不难！

小贴士

TIP1：评酒看似复杂而神秘，实际上是有迹可循的，首先就是要从理论上了解每种香型酒的工艺技术和质量状况，从而对白酒有一个大体的认识；其次就是多闻多练，只有多次反复的练习才能在大脑中形成深刻的记忆，从而记住一种酒；再次就是要掌握方法，掌握了好的方法才能更好地掌握评酒这门技术。

TIP2：评酒员在平时的生活中也要做到博闻强记，在生活中不管面对好酒还是一般酒最好都拿起来闻一闻、尝一尝，加深一下印象，有的时候好酒不一定都贵，而有的便宜酒恰好能体现出一种酒的特点，所以在生活中碰到酒一定要闻一闻，在生活中记忆才能加深记忆。

TIP3：白酒的品评和红酒大不相同，万万不可以把白酒品评中的一些方法和技巧运用到红酒中，白酒的品评注重的是对香型的理解，对白酒工艺的认识，对酸酯含量和白酒口味的掌握。

TIP4：白酒的品评一定要自信，在答案确定时要有一套自己的方法，在品评时一定要相信自己的答案，因为对于同一件事每个人的感觉都不一样，一千个读者有一千个哈姆雷特，所以在品评的时候一定要相信自己的感觉，千万不要因为别人的答案和自己的不同就改掉。

TIP5：品评白酒时切忌急功近利，一定要按部就班的来，尤其是一开始的明评阶段至关重要，必须要在明评的时候建立自己最初的印象，因为第一印象是非常难磨灭的。

TIP6：品酒员的身体状况也是评酒好坏的重要依据，有的品酒员在评酒时感冒、发热或者是有轻微的过敏就会造成评酒结果的不准确，所以说在评酒前一定要将自己的状态调整到最佳。

TIP7：在做评酒前一定要做好准备，了解评酒方面的科技前沿动向，例如可以通过了解白酒中风味香气物质的贡献值（OAV值）来判断白酒的典型性和质量差。像浓香酒中己酸乙酯的OAV值最大，所以在评酒时可以通过找出己酸乙酯味道最突出的酒来判定哪个酒是浓香酒。通过OVA值也可以判断白酒的质量差，像西凤酒，若是在排序时发现一种酒乳酸乙酯味道特别突出，那么这款酒可能不是好的西凤酒。

TIP8：俗话说"师父领进门，修行在个人"，但是在白酒的品评中选择一名好的老师至关重要，一名好的老师有丰富的品评经验和应试经验，更有大量的知识储备，作为一名新学员肯定有很多不懂的知识等待解答，所以说一定要选择一名有耐心、有大量知识储备的老师，这会让我们的学习过程变得愉快又有效。

TIP9：记住"两要""两不要"，助你优雅地品酒。

品酒是一件优雅的事情。做到以下几点能帮助各位读者在品酒时保持风度，优雅、从容地参与品酒。

①要提前到场。没有人能在气喘吁吁地匆忙赶到之后，马上进入气定神怡的品评状态。

②要浅尝辄止，避免喝醉。品酒就是让人品尝酒，而不是去牛饮，专业的品酒者不会把所有的酒都喝到肚中。

③不要擦口红。女士品酒之前如果擦了口红，最好提前把口红擦掉，避免郁金香杯上留有口红印，令人尴尬。

④不要使用香水或古龙水。

TIP10：为何品酒初学者感觉到困难？

作为一个初学者，每当听到别人说，这款白酒闻起来有这样或那样的味道，常常会附和着说，"是啊，好像有这味道"，但是其实心里很着急，这味道是怎么闻出来的呢？

如果你问一个小朋友，天空是什么颜色的？十有八九他的答案都是蓝色。但实际上，天空可不只一种颜色。为什么小朋友会有这样的一种"常识"呢？事实上，我们的感觉都是通过不断地发现和学习，而逐渐形成一个系统的认知体系。因此，在白酒品评的学习过程中，首先需要掌握品酒的规则，然后学会运用白酒的相关专业词汇来准确地表达白酒的特性，也就是通过在品酒的时候做好品酒笔记，且通过分析做出总结，最后才能让我们建立一个属于自己的关于白酒的知识库。所以，学习白酒品评是一个漫长的过程，需要强大的意志力。但是只要努力，我们都可以成为品酒大师。

第二章

评酒的要求及作用

俗话说"三百六十行，行行出状元"，是说不论做哪一行都有做得最好的，但不同的人从事同一个行业，做出的效果却千差万别，如果你和别人付出了同样的努力甚至更多的努力依然效果甚微的话，那就是适不适合的问题了，也就是每个人必须清楚自己的潜质，全面了解自己，正确定位自己，一切事情顺势而为，就会达到事半功倍的效果。评酒工作也一样，并不是人人都适合评酒。我们对几十名新入职的员工进行了为期六个月的白酒品评专题训练，结果发现，有的员工品评很轻松愉快，品评的准确性很高，效果很好，但有的员工也没少付出努力，效果却不好，自己也对自己失去了信心。这说明人的个体差异性很大，适合的工作有很大的不同，所以我们因材施教，选出能品评的员工进行强化训练，长进很快，已有新员工直接考取了国家评委。尽管有的人缺乏白酒品评的潜质或自然条件，但并不代表这些人不能从事白酒企业的工作，毕竟评酒并不是企业技术、质量、研发、工艺等工作的全部，不具备评酒潜质，照样可以发挥作用，去从事更适合自己的工作，使人才各得其所，在不同岗位发挥自己的潜能。

2.1　并不是人人都适合评酒

2.1.1　不适合评酒的人

（1）嗅觉不好的　懂得评酒的人都知道，品酒员一定要有灵敏的嗅觉，而且要比常人更灵敏，因为评酒是七分靠闻，三分靠尝的。对于一杯酒的品评首先就要求眼观其色，鼻闻其香，要判断香气是否纯正，是否有异味，然后要判断是什么香型的白酒，这是评酒的第一步，然后才能去判断这种白酒的风格是否典型，如果嗅觉不好，对于香气的感觉不敏感，那么下面的品评就无法进行了，所以说嗅觉是关键。一个合格的评酒员必须是一个嗅觉非常灵敏的人，这是最起码的职业条件，也是一个必备的硬件，没有这一条件其他都无从谈起。我们常常看到的一个评酒的场景是这样的：品酒员面前摆了几杯酒样，品酒员依次端起其中的一杯，置于鼻下三至五厘米处，开始对着酒样均匀地吸气，在慢慢吸气的过程中，嗅觉器官对所吸进鼻腔的气体进行接收，然后将信息传达给大脑，大脑立即对所收到的信息进行处理，这是什么香气？这种香气的大小、强弱，然后启动大脑信息库进行比对，并很快作出判断。然后我们会看到这位评酒员稍事停顿后，会端起另一杯酒样如此重复嗅闻，直至对面前的酒样全部完成嗅闻工作。而不是大家所想的酒样一上来就抓起一杯先喝下一口。所以说评酒员嗅觉是关键，必须要有灵敏的嗅觉，而且要保护好嗅觉系统不要受到损害。一个先天嗅觉不好的人是不适合品酒的。

（2）有不良生活嗜好的　一名合格的评酒员不应该有不良嗜好，如嗜烟、嗜酒、嗜酸、嗜甜、嗜辣、嗜咸、生活不规律、经常熬夜等。因为品酒工作是靠人的感觉器官对白酒的质量做出判断，它不同于仪器分析，受人为因素的影响很大，评酒员身体上的任何不适都会对评定结果产生较大的影响，很容易得出不正确的判断。譬如经常嗜烟、嗜酒或醉酒的人，其味觉就会变得很迟钝，对于不同酒样口味上的细微差别就会分辨不出来。嗜酸的人会对酒体中的酸味变得不敏感，较少量的酸是感觉不到的；嗜甜的人会对酒体的回甜感感觉不明显，会出现在判断上和别人的不同；同理，嗜辣、嗜咸的人会对酒体中的辣味、咸味变得迟钝，有时较小含量的这种物质出头，别人都品出来了，可他却感觉不到。如此种种不良嗜好都会对品评造成不小的影响，从而影响品评结果。另外经常熬夜的人，在第二天整个人精神状态都会不好，嗅觉、味觉都会受到影响，品什么酒都会觉得是一个味，感觉很不在状态，评得一塌糊涂。常听有评委说，今天状态不好，也许就是晚上熬夜影响或是其他心理方面的影响造成的，所以要做一名合格的评酒员，必须戒掉一切不良嗜好，饮食清淡、营养搭配合理，不熬夜，生活起居要有规律，尤其在重要评酒活动期间还要避免其他事情对人心理的影响，使身、心保持一个最佳状态，这样才能做好评酒工作。

（3）想一蹴而就的　"冰冻三尺非一日之寒"，要想成为一名合格的评酒师不是一朝一夕就能够办到的，它是一个训练的过程，也是一个积累的过程，是一个苦差事。不仅要具备一个评酒师的基本身体素质，还要有持之以恒、勤学苦练、博学强记的劲头，要抓住每一个训练的机会，不论是培训课堂，还是日常工作中，不论是酒桌上还是实验室，看到有酒的地方你就去闻、去问、去品、去尝、去记，尤其是记，只有见的多了，尝的多了，记得也多了，才能积累大量的关于酒的信息和资料，才能在大脑中建立起强大的信息库，品评的时候才能在大脑中去搜索相关链接，才能给出准确的结论。这必须是靠自己亲力亲为积累起来的，别人帮不了你，评酒的道路上没有捷径可走，想一蹴而就更不可能。所以必须踏踏实实，勤学苦练，点滴积累，热爱评酒，有责任心，有主见，有持久力；在专业上要懂工艺、懂技术、懂分析、懂勾兑。必须博学强记，对白酒的生产工艺、技术、分析、勾兑都了然于胸，这样对白酒的品评才能做到知其然也知其所以然，从一杯酒的好与坏就可以追溯到是勾兑环节出了问题还是生产工艺出了问题，还是原料的问题，才能做到从品评知道生产状况，从酒质了解工艺是否合理，从问题酒查找到真正的原因之所在。这样的品评才是有意义的品评，这样的评酒工作才是真正起到了指导生产、提升品质的作用。一个品酒师如果达到了这个境界，那才是一个真正高水平的品酒师。

（4）对专业知识丝毫没有兴趣的　要想成为一名合格的评酒师，只懂得如何评酒是不行的，不能为了评酒而评酒，那只能是停留在表面，是只知其然而不知其所以然，要是不懂工艺，不学习相关专业，或是对专业知识不感兴趣，那你的品酒技能永远得不到提高，也不能对生产、科研有任何帮助，也就不能成为一名真正的品酒师。

品评是鉴别白酒质量快捷、准确的方式，通过对白酒色、香、味、格的鉴别，找出其质量缺陷，为原酒酿造和工艺改进提供指导性意见。品酒员通过对新酒的品评、对储存过程中酒的品评、对老熟酒的品评、对成品酒的品评、对实验酒的品评，得出品评结论来指导生产和科研。

2.1.2　女士比男士更容易

品酒员的嗅觉、味觉系统比较灵敏，而且心思比较细腻，才能发现酒与酒的细微差别。我们认为，女士通常嗜烟酒的较少，感性思维较多，嗅觉、味觉不容易受到伤害，加之女士的细腻的心思，天性的敏感，所以更适宜于评酒。这是多次的经验和事实证实的。经过多次对品酒员的品酒培训和考核，发现成绩较好的往往是女士，这可能就是男女性别的差异，和对酒精的敏感度不一样，嗅觉、味觉都比男性敏感造成的吧。我们来看看这种认知是否有科学依据呢？

男女在嗅觉上的差异非常明显，在各项香气的测试中，女性超出男性很远很远，这种现象产生的原因多年来一直困扰着科学家。

来自巴西里约热内卢联邦大学生物医学研究所和国家科学技术部转换神经研究所的Roberto Lent教授经过研究终于发现不同性别的嗅觉差异在于大脑。男女嗅觉的不同在分化型的社会行为中扮演者重要的角色，气味的感受与相关的经历和情绪密不可分。之前的科学家们认为女性嗅觉的优势来自认知和情感，而不是真正对于气味的察觉。Roberto Lent教授和他的研究人员通过对18位死者的大脑嗅球中的细胞数量的统计研究，发现在嗅球区域，女性平均比男性多了将近43%的大脑细胞。是否嗅球区的细胞数量造成了男女嗅觉的差异呢？Lent教授表示：大脑神经细胞的数量多少确实与大脑功能的复杂性相关，因此女性大脑嗅球区的大量脑细胞确实使她们拥有更为敏锐的嗅觉。大脑细胞的不可再生性也说明在大脑这片区域女性拥有的细胞天生比男性多。

丹麦科学家近日发明，女性的味觉比男性更胜一筹。丹麦科学传播中心和哥本哈根大学生命科学系的食物科学家联合完成了这一研究。这是迄今为止全球最大规模的味觉研究。他们对8900人进行了味觉识别测试，结果发现，在识别不同浓度的甜味和酸味方面，女性表现得更突出。在识别相同浓度的酸味和甜味时，男性调动的味蕾数分别比女性多出了10%和20%。这一研究也解释了，为什么女性爱好淡味型饮料，男性爱好浓味型饮料。这说明女性的味觉比男性要敏感得多。

据此，可以看出女性更适合品酒，这一点是有科学依据的，女士比男士有着生理上的优势。

2.1.3　年轻人占优势

人们常说，人的嗅觉会随着年龄的增长而逐渐减退，而且同年龄的男性和女性相比，女性的嗅觉要比男性更为准确。这是美国宾州大学人类嗅觉和味觉研究中心博士的发现。下面，我们且看看专家们是如何对此做解释的吧。

近8年来，嗅觉专家对将近2000人进行了实验，这些人年龄最小的只有5岁，最大的已99岁。他给每一个人40张用化学药品处理过的纸，这种纸一经摩擦就会散发出各种不同的气味，有的气味像松树，有的像机油，有的像刚剪过的草……这些都是人们常常会闻到的气味。每个人在闻过一张纸后，要在4个不同的选择答案中把正确的一个挑出来。结果显示，同年龄的女性和男性相比，女性大都回答得更为准确，而且随着年龄的增长，女性嗅觉丧失的程度要比男性小许多。博士还发现，一个人的嗅觉在20～50岁之间最为灵敏，到50岁以后就会渐渐衰退，到70岁以后会衰退得非常迅速。同时，56～80岁的人有将近25%完全丧失了嗅觉。80岁以上者有50%再也闻不出任何气味。

博士指出，有许多老人常常抱怨他们所吃的东西味道不好，其实是因为他们闻不出食物的气味。一个人的嗅觉和味觉也有着密切关联，嗅觉的丧失会给老年人带来严重的问题，有些老年人会因此对食物不再感兴趣，以致营养缺乏，体质下降。

正如美国《科学新闻》第116卷（1979年）报道：在华盛顿美国老年学会的年会上，北卡罗来纳州杜克大学医学中心希夫曼（Susan Schiff-man）的报告认为，味觉与嗅觉是紧密相连的，两者对食欲均有重要作用。在老年人中，主管这些感觉的神经功能随年龄的增长而下降，这是与年龄相关的神经元丧失的结果。老年人丧失了年轻时所具有的味觉和嗅觉强度，所以表现出嗅觉、味觉的退化现象。

对于嗅觉、味觉要求比较高的品酒工作来说，年轻人更有优势。这也是多年品酒考核成绩反映出来的结果，许多老评委尽管经验比较丰富，但还是输给了年轻人。这是与年龄有关的。

2.1.4　了解工艺更容易进入角色

前面我们已经论述了好多观点，对于一个合格的品酒师来说，仅仅会品酒是远远不够的，也许只要你味觉、嗅觉灵敏，稍加训练就可以说会评酒了，但这仅是皮毛，是只知其然而不知其所以然。我们说了一个合格的品评酒师必须要懂工艺、懂技术、懂分析、懂勾兑，谙熟白酒生产从原料到成品的工艺全过程，这样的品评才会更容易进入角色，才能从一杯酒的品评中反馈出尽可能多的信息。知道原料的好坏、糖化剂的使用是否合理、工艺是否正确、勾兑配方是否合理，也才能找出问题，提出改进方案，有利于酒质的不断提升。给大家看一个品酒大师品评白酒的场景吧：一杯酒在手，细细把玩，先对光举杯平视，观其色，再置于鼻前嗅其香，闭目缓缓对酒吸气，稍顿，入口少许，从舌尖到舌根布满舌面，细细品味。然后可以给出的信息：这杯酒，什么香型，多少酒度、何种原料酿成、糖化发酵剂是啥、发酵容器是啥、酒龄长短、有何优点、有何缺点、造成这种缺点的原因是什么、如何解决问题等。这才是一个评酒大师的最高境界吧。所以，要想成为一名合格的品酒师，我们还是从了解工艺开始吧，就像了解自己的孩子一样，为什么了解自己的孩子？因为你参与了其成长的点点滴滴，你懂他的一笑一颦，他有啥问题你也是一眼就能看出的。解铃还须系铃人，你通晓了工艺，会更容易进入角色。

2.2 品评对生产工艺的指导

2.2.1 新酒品评

品酒员尝评新酒，能够发现酿酒工艺是否正常。例如新酒中出现了异杂味，说明工艺上出现问题，可以从酿酒车间攻关找出问题，从而解决问题；在分段摘酒时，通过品评中段酒，可以区分酿酒工摘酒是否正确等。所以，新酒品评可以判断发酵是否正常、蒸馏是否正常、操作是否细致等。

2.2.2 储存过程中酒的品评

白酒在储存过程中会发生一系列物理和化学变化，因基酒质量、储存条件、储存容器的不同，白酒的成熟期不同，老熟程度也有所不同，通过对储存中酒的品评，就可以判断哪些酒已经老熟可以使用了，哪些酒还要再储存老熟，这样就可以将老熟的基酒及时使用，既保证产品质量又能缓解库存压力。另外对储存酒的品评还可以找出白酒的年代感、轮次感、工艺感等。

2.2.3 勾兑评酒

勾兑工作有三个步骤：同类型基酒组合；本品种基酒组合、调整酒度；微量成分调整、基本定型及再调整、定型。同类型基酒组合就是将不同质量和不同储存期的同一生产工艺的基础酒按一定比例组合品评，品酒员应掌握本类型基酒在储存过程中的感官变化及组合后的质量要求，包括感官质量和理化指标，组合后经过品评和化验来确定是否符合质量要求。本品种基酒组合、降度时，需要一个同类型基酒或多个同类型基酒按一定比例组合，这是产品开发时按本品的感官要求决定的，本品种基酒组合后调整酒度到本品标准酒度，然后进行品评，本次品评是关键性的，需要与本品的标准酒样对比，看是否符合了本品标准。勾兑品评是白酒品评工作的核心，作为一名勾酒员，首先应是一名合格的品酒员，只有这样，才能将基酒选用、配方、种类、标准、工艺结合起来完成勾兑工作。如果品评结论为符合本品要求，则勾兑成功，否则进入下一步。微量成分调整，品酒员应熟悉掌握本企业调香、调味酒的感官特点，然后进行调香、调味，最终达到本品质量要求。

2.3　品评对科研的指导

品评对科研的指导作用体现在：一是通过品评来确定科研方向。因为白酒企业的科研课题多是围绕提高和改善酒质来开展的，而酒质的好坏和是否适应消费者的口味则是通过感官品评而得知的。所以品评的作用非常巨大，一个搞科研的人必须懂得品评，而一个懂品评的人一定会指导科研。二是通过品评还可以验证科研是否成功。科研成功与否是要靠酒质说话的，酒质的好坏还要落到酒的品评上，通过品评才能够确定本次实验所产酒质是否达到了预期的目的，同时评价此次科研活动是否成功。只有掌握了品评技巧，才能在工艺研究上得心应手，游刃有余，才能使工艺、标准、感官相结合，创造出品质上乘的白酒。

2.4　针对品评鉴别出的杂味酒进行工艺改进

通过对新产酒的品评，有时就会发现有杂味的酒，如苦味、臭味、酸味、辣味、涩味，还有其他杂味的酒，这都意味着生产工艺的某环节出了问题，所以，品评还可以及时发现问题，根据产生的机理改进工艺，解决生产中的问题，促进酒质的提高。

所以学习品酒是一个知识系统的学习，不是只知一点皮毛就能做好一名评酒师的。

小贴士

Tip1：并不是人人都适合评酒，患有鼻炎、鼻窦炎的人，对味觉不敏感的人，先天对酒精过敏的人，肝脏系统不好的人，都不适合去训练评酒。

Tip2：评酒员一定要对自己严格要求，在评酒前一定不能酗酒，大量的饮酒会削弱人的判断能力，造成感官的混淆。评酒员在日常生活中也尽量不要抽烟，因为抽烟过多对人的鼻腔、口腔都有损害。评酒员在品评前不能吃得过饱，吃得过饱时胃部会给大脑反馈一种"厌食激素"，使得大脑对任何食物和饮品"失去兴趣"，从而造成对白酒的敏感度降低。在国家评酒考试时，有的"高手"不吃甚至只喝一点乳制品，这也是他们能取得好成绩的"小窍门"。

Tip3：评酒时一定要做大量的笔记和功课，有时候一种酒给人的感觉是特别突然的，作为评酒员一定要记录下来，抓住这一瞬间的灵感。在品评质量差和典型性时翻阅笔记尤为重要，所以说想要学好评酒就一定要养成做好笔记的习惯。

第三章

认识单体香

食品风味的物质构成基础是组分的组成，组分不同，所表现出来的风味就不同，白酒也不例外。实验表明，白酒中除水和乙醇以外，还含有上千种有机和无机成分，这些组分各自都具有自身的感官特征，由于它们共同混合在一个体系中存在，彼此相互影响；其在酒体中的数量、比例的不同，就使得组分在体系中相互作用、影响的程度发生差异，综合表现出的感官特征也会不一样。这样就形成了白酒的风味各异，也就是白酒的感官风格特征各异。

每一个单一香味组分，都有其自身固有的感官特征，但在一个多组分的混合液态体系中，能否表现出它原有的感官特征，还要看它在体系中的浓度和阈值，还有体系中其他组分或条件对它的影响程度。单一香味组分感官特征（单体香）的识别是品酒员的基础课，决定了品酒员能否快速识别白酒中的骨干成分、突出香气成分，从而判断白酒的特点、质量。因此，单体香的训练是品酒中至关重要的一环。

3.1 香气

3.1.1 香气的定义

香气是指物质通过味觉和嗅觉传导到人体的意识形态。香气是食品特性中最重要的品质，香气具有一定的感官价值和生理价值，能刺激食用者的感官和心理，对食欲和消化系统具有很大的影响。在所有的香气中，植物花香与果香最受人们青睐，果香因可带来一种愉悦快活感而更受欢迎。

3.1.2 影响香气的因素

（1）浓度 影响香气的因素很多，首先要提及香气物质的浓度，浓度不同，呈现出来的效果截然不同，同一物质因浓度不同而香臭各异，有的香精浓度大时是臭的，但稀释后就成为香水了。如酸浓时为腐脂臭、汗臭，稀薄时有良好的水果香气。β-苯乙醇在40μg/L时呈蔷薇的香气，75μg/L为甜香，100μg/L为化妆品的香气。

（2）温度 既然香味与物质的挥发系数有关，而温度就是一个限定因子。呈味物质在不同温度下，其强度不同，口感不一样。同样浓度，当温度高时，苦味、咸味比温度低时强；温度低时，甜味、酸味强。所以清凉饮料要冷饮，而白酒品评以15～20℃为宜，温度过高或过低都会影响品评结果。

（3）介质 介质是指香气物质所处的环境，介质不同，呈香呈味不同，一些呈味物质，溶于不同溶剂中，其呈味也不同。如有些氨基酸溶于水中微甜，溶于乙醇中则呈苦味。同时溶剂不同，味浓度也不同。如乳制品中鲜蘑菇香气的辛烯化物，溶于水中的阈值为$1\mu g/L$，溶于脱脂乳中，阈值为$10\mu g/L$，溶于奶油中阈值为$100\mu g/L$。同一物质溶剂不同，呈香程度能相差1万倍。也就是说所处的环境不同香气的作用就不同。

（4）易位　易位是从人类对不同食品的要求来讲的，同样是一种物质，在一种食品中是必需的好东西，而在另外一种食品中作为危害来认识。同一物质在某种食品中是重要香气，而在另一种食品中即成为臭气。如双乙酰是白酒中的香气之一，也是奶酪的主体香，卷烟及茶的重要香气，但在啤酒、黄酒中却要限制。硫醇是臭的，但却是酱菜香味的主要来源。己酸乙酯是浓香型白酒的主体香，却是清香型白酒的杂味，香型不同要求不同。

（5）复合香　复合香就是集合了所有香气后所体现出的整体香气作用。不难想象，两种以上香味物质相混合时，与单体的呈香有很大变化。如香兰醛是饼干味，2-苯乙醇则带有蔷薇香气，两者相混合时，却变成了白兰地的特有香气。又如乙醇微甜，乙醛带有黄豆臭，两者相遇却呈现出新酒的刺激性极强的辛辣味。

两者以上香味物质相混合，不但改变了单体所特有的香气，有时并呈现相乘作用或相杀作用。如糖是甜的，盐是咸的，在10%糖水中，加0.15%盐试验时，可使其甜味增大。在味精中加5%～10%的5′-肌苷酸、5′-鸟苷酸，可提高鲜味几十倍，这些就是相乘作用。甜味因添加少量醋酸而减少，加量越大，甜味越少，这是相杀作用。还有一些自身无味的物质可影响其呈味物质，常被作为掩蔽作用进行了研究，掩蔽作用对味的影响可使刺激的变为柔和，增强调和效果。了解呈香物质的复合作用对白酒勾兑意义重大。

3.1.3　水果香的概念

水果香是水果在成熟过程中，由酯类、醛类、有机酸类、内酯类、萜类、醇类、羰基化合物和一些含硫化合物、氨基酸等所组成的复合型香气。水果的挥发性香气物质约2000种，这些香气成分能客观地反映不同水果的风味特点，是评价果实风味品质的重要指标。

根据人对不同化学结构香气成分的感官效果，果香型化合物是指那些有成熟水果香气且伴有甜气味的物质，如各种酯类物质乙酸丁酯、乙酸乙酯、己酸乙酯等，内酯类物质如柑橘中的香柠檬油、甜橙油等；成熟水果释放出的怡人的香气主要为果香型，且每种水果都有其特征香气成分，如成熟草莓的特征香气成分是己酸乙酯、2-甲基酪酸乙酯，苹果的特征香气是乙酸丁酯、酪酸乙酯、3-甲基丁酯。表3-1列出了水果香气物质种类及其特征香气成分。

表 3-1　水果香气物质种类及其特征香气成分

种类	代表性水果	特征香气成分	感官特征
酯类	草莓	2-甲基酪酸乙酯、己酸乙酯	果香型
	苹果	酪酸乙酯、乙酸丁酯、3-甲基丁酯	
	葡萄	邻氨基苯甲酸甲酯、甲酸乙酯	
醇、醛类	桃	顺式-3-己醇、反式-2-己烯醛、苯甲醛	清香型
	西瓜	顺式-3-壬烯醇、顺式-6-壬二烯醇	
	番茄	n-丁醇、n-戊醛、苯甲醛	
酚、醚、酮类	香蕉	丁子香酚、丁子香酚甲醚、榄香素	果香型
	柑橘	三甲苄基甲基醚、麝香草酚	
	草莓	2,5-二甲基-4-羟基-3（2H）-呋喃酮	
内酯类	桃	γ-癸内酯、γ-辛内酯	甜香型
	椰子	γ-十二内酯、γ-辛内酯	
萜类	油桃	芳樟醇、α-萜品烯、γ-萜品烯	花香型
	香橙	α-萜品烯、异戊二烯、长叶烯	

3.2　香气的衡量

3.2.1　阈值

阈值是指人的嗅觉器官能感受到的呈香呈味化合物所需的最小浓度值，又称香味界限值。

每一种呈香呈味物质对香气的贡献取决于它的风味阈值，阈值越大的化合物，越不易感觉到，阈值越小的化合物，即使浓度很低时也能感觉到，如与水果香有关的乙酸乙酯和己酸乙酯，其在46%（体积分数）酒精中的阈值分别为32551.60μg/L、55.33μg/L。实验表明，香气成分的浓度并不是越高越好，有的物质在低浓度时表现为怡人的香气，而在高浓度时表现相反的作用。另外，人对白酒发出的香气感觉并不是一种或两种化合物单独的效果，而是多种香气成分共同作用的结果，其中一些主要的特征香气成分对白酒风味品质起着更重要的作用。

3.2.2　香气的独特性

白酒的香气是以多种粮食为原料，在自然发酵过程中产生的酯类、醛类、有机酸类、醇类、羰基化合物、芳香族化合物、杂环类化合物、氨基酸等所组成的一种复合香气，且不同原料、不同发酵方法导致了白酒香气的独特性，对这种独特性进行定义后称之为香型，典型的有清香型、浓香型、凤香型、酱香型、米香型等。

白酒中的主体香决定了其香气的独特性，这是因为主体香中可代表的香气物质不同，如浓香型代表性香气物质为己酸乙酯，其香气风味描述是水果香或甜香，清香型白酒代表性香气物质为乙酸乙酯，其香气风味描述是水果香或苹果香、菠萝香；凤香型白酒代表性香气物质有以异戊醇为主的高级醇，和以乙酸乙酯为主、己酸乙酯为辅的酯类物质，其香气风味描述是苦杏仁和苹果香。同一种物质的香气风味可以有不同的风味描述，如丁酸乙酯的香气可描述为苹果香、汗臭味、花香等，这是因为香气物质浓度不同造成的。

3.2.3 香气的阈值与香气描述

我国早在20世纪50年代就开始白酒主体香的研究，同时关注到风味化合物阈值一事，但一直没有形成一个系统的阈值测定方法，直到2009年12月"中国白酒风味物质嗅觉阈值测定方法体系"通过中国轻工业联合会组织的专家鉴定，鉴定结论为"国际领先"，推动了我国白酒风味研究的发展。"中国白酒风味物质嗅觉阈值测定方法体系"项目是中国酒业协会开展的"169"计划项目之一，陕西西凤酒股份有限公司是"169"计划项目参与单位之一。

"中国白酒风味物质嗅觉阈值测定方法体系"，选择46%（体积分数，以下全书中无特殊注明均指体积分数）酒精度作为风味物质阈值测定的基准酒精度，采用国家标准规定的环境条件对我国白酒中重要的、常见的和典型的79个挥发性化合物嗅觉阈值进行了测定，并给出了我国品评人员习惯使用的气味描述词。这些测定结果具有化合物总量多，测定规范与准确等优点，为进一步制定我国白酒风味化合物阈值测定标准奠定了坚实的理论基础。

酯类化合物是白酒中除乙醇和水以外含量最多的一类组分，且大部分都属较易挥发和气味较强的化合物，表现出较强的气味特征。因此，一般白酒整个酒体的香气呈现出以酯类香气为主的气味特征，并表现出某些酯原有的感官气味特征，如清香型白酒香气呈现以乙酸乙酯为主的香气特征，浓香型白酒香气呈现以己酸乙酯为主的香气特征，这主要是因为该酯类物质的绝对浓度与其阈值的比例相对其他组分较高，其呈香作用较强。其他含量中等的酯类会对主体气味进行补充、修饰，使整个酯类香气更加丰满、醇厚。表3-2是酯类物质46%酒精-水溶液中心嗅觉阈值及感官描述。

表3-2　酯类物质在46%酒精-水溶液中的嗅觉阈值及感官描述

风味物质	阈值/（μg/L）	风味描述
乙酸乙酯	32551.60	菠萝香，苹果香，水果香
丙酸乙酯	19019.33	香蕉香，水果香
丁酸乙酯	81.50	苹果香，菠萝香，水果香，花香
戊酸乙酯	26.78	水蜜桃香，水果香，花香，甜香
己酸乙酯	55.33	甜香，水果香，窖香，青瓜香
庚酸乙酯	13153.17	花香，水果香，蜜香，甜香
辛酸乙酯	12.87	梨子香，荔枝香，水果香，甜香，百合花香
壬酸乙酯	3150.61	酯香，蜜香，水果香
癸酸乙酯	1122.30	菠萝香，水果香，花香
乳酸乙酯	128083.80	甜香，水果香，青草香
己酸丙酯	12783.77	水果香，酯香，老窖香，菠萝香，甜香
2-甲基丙酸乙酯（异丁酸乙酯）	57.47	桂花香，苹果香，水蜜桃香，水果香
3-甲基丁酸乙酯（异戊酸乙酯）	6.89	苹果香，菠萝香，香蕉香，水果香
乙酸-3-甲基丁酯（乙酸异戊酯）	93.93	香蕉香，甜香，苹果香，水果糖香
丁二酸二乙酯	353193.25	水果香，花香，花粉香
乙酸香叶酯	636.07	玫瑰花香，花香

醇类化合物沸点较低，易挥发，且在挥发过程中"拖带"其他组分的分子一起挥发，起到"助香"作用。白酒中低碳链的醇含量居多时，表现出轻快的花香或水果香和微弱的脂肪气味。在味觉上呈现出微弱的刺激感和微甜、浓厚的感觉，有时赋予酒体一定的苦味，饮酒的嗜好性可能与醇的刺激性、麻醉感和入口微甜、带苦等有一定的关系。表3-3列出了醇类物质在46%酒精-水溶液中的嗅觉阈值及感官描述。

表3-3　醇类物质在46%酒精-水溶液中的嗅觉阈值及感官描述

风味物质	阈值/（μg/L）	风味描述
正丙醇	53952.63	水果香，花香，青草香
正丁醇	2733.35	水果香
3-甲基丁醇（异戊醇）	179190.83	水果香，花香，臭
2-庚醇	1433.94	水蜜桃香，杂醇油臭，水果香，花香，蜜香
1-辛烯-3-醇	6.12	青草香，水果香，尘土风味，油脂风味

醛类物质主要呈青草、脂肪臭，有的呈花香、水果香。醛类物质比相应碳原子数的醇的阈值要低。由于低碳链的醛类物质其绝对含量不占优势，同时感官气味表现为较弱的芳香气味，但其沸点较低，极易挥发，在酒体中主要起到

"提扬"香气和"提扬"入口"喷香"作用。表3-4是醛类物质在46%酒精-水溶液中的嗅觉阈值及感官描述。

表3-4　醛类物质在46%酒精-水溶液中的嗅觉阈值及感官描述

风味物质	阈值/（μg/L）	风味描述
丁醛	2901.87	花香，水果香
3-甲基丁醛（异戊醛）	16.51	花香，水果香
戊醛	725.41	脂肪臭，油哈喇臭，油腻感
己醛	25.48	花香，水果香
庚醛	409.76	青草风味，青瓜香
辛醛	39.64	青草风味，水果香
壬醛	122.45	肥皂味，青草风味，水腥臭

脂肪酸类物质在46%酒精-水溶液中主要呈臭气，如汗臭、酸臭、窖泥臭等。这类化合物嗅觉阈值也都比较高，都在380μg/L以上，又因脂肪酸的沸点较高，因此，在酒体中的气味表现不突出，但其可调和酒体的口味、稳定酒体的香气等。表3-5是脂肪酸类物质在46%酒精-水溶液中的嗅觉阈值及感官描述。

表3-5　脂肪酸类物质在46%酒精-水溶液中的嗅觉阈值及感官描述

风味物质	阈值/（μg/L）	风味描述
丁酸	964.64	汗臭，酸臭，窖泥臭
2-甲基丁酸	5931.55	汗臭，酸臭，窖泥臭
3-甲基丁酸（异戊酸）	1045.47	汗臭，酸臭，脂肪臭
戊酸	389.11	窖泥臭，汗臭，酸臭
己酸	2517.16	汗臭，动物臭，酸臭，甜香，水果香
庚酸	13821.32	酸臭，汗臭，窖泥臭，霉臭
辛酸	2701.23	水果香，花香，油脂臭
壬酸	3559.23	脂肪臭
癸酸	13736.77	山羊臭，酒稍子臭，胶皮臭，油漆臭，动物臭
十二酸	9153.79	油腻感，稍子臭，松树味，木材味

吡嗪类化合物是通过氨基酸的降解反应和美拉德反应产生的，其感官特征一般呈焙烤香，如烤面包、烤土豆、炒花生等。吡嗪类化合物的香气阈值较低，极易被察觉，且香气持久难消。在有较明显焦香、煳香气味的白酒中，吡嗪类化合物的种类及绝对含量相应较高，如芝麻香型景芝酒。表3-6是吡嗪类化合物在46%酒精-水溶液中的嗅觉阈值及感官描述。

表3-6 吡嗪类化合物在46%酒精-水溶液中的嗅觉阈值及感官描述

风味物质	阈值/（μg/L）	风味描述
2-甲基吡嗪	121927.01	烤面包香，烤杏仁香，炒花生香
2,3-二甲基吡嗪	10823.70	烤面包香，炒玉米香，烤馍香，烤花生香
2,5-二甲基吡嗪	3201.90	青草，炒豆香
2,6-二甲基吡嗪	790.79	青椒香
2-乙基吡嗪	21814.58	炒芝麻，炒花生，炒面
2,3,5-三甲基吡嗪	729.86	青椒香，咖啡香，烤面包香
2,3,5,6-四甲基吡嗪	80073.16	甜香，水果香，花香，水蜜桃香

呋喃类化合物的感官特征主要伴以似焦糖气味、水果气味、坚果气味、焦糊气味等，它的香气感觉阈值极低，极易察觉，气味特征较明显。白酒中含量较高的呋喃类化合物是糠醛，其与白酒的"焦香"有密切的内在联系。同时，饮酒过程中，呋喃类化合物的氧化、还原与构成陈酒香气或酒的成熟度也有着密切的关系。表3-7是呋喃类化合物在46%酒精-水溶液中的嗅觉阈值及感官描述。

表3-7 呋喃类化合物在46%酒精-水溶液中的嗅觉阈值及感官描述

风味物质	阈值/（μg/L）	风味描述
糠醛	44029.73	焦糊臭，坚果香，馊香
2-乙酰基呋喃	58504.19	杏仁香，甜香，奶油香
5-甲基糠醛	466321.08	杏仁香，甜香，坚果香
2-乙酰基-5-甲基呋喃	40870.06	饼干香，烤杏仁香，肥皂

芳香族化合物是重要的香气化合物，包括芳香族醛类、醇类、酮类和酯类等，具有较强烈的芳香气味。芳香族化合物具有较高嗅觉阈值，即便是白酒中广泛存在的2-苯乙醇，其阈值也高达28.9mg/L。这些化合物在白酒中的含量甚微，根据不同的化学结构具有不同的呈香作用，但其呈香作用都较强。表3-8是芳香族化合物在46%酒精-水溶液中的嗅觉阈值及感官描述。

表3-8 芳香族化合物在46%酒精-水溶液中的嗅觉阈值及感官描述

风味物质	阈值/（μg/L）	风味描述
苯甲醛	4203.10	杏仁香，坚果香
2-苯-2-丁烯醛	471.77	水果香，花香
苯甲醇	40927.16	花香，水果香，甜香，酯香
2-苯乙醇	28922.73	玫瑰花香，月季花香，花香，花粉香
乙酰苯	255.68	肥皂，茉莉香

风味物质	阈值/（μg/L）	风味描述
4-（4-甲氧苯）-2-丁酮	5566.28	甘草，桂皮，八角，似调味品
苯甲酸乙酯	1433.65	蜂蜜，花香，洋槐花香，玫瑰花香
2-苯乙酸乙酯	406.83	玫瑰花香，桂花香，洋槐花香，蜂蜜香，花香
3-苯丙酸乙酯	125.21	蜜菠萝香，水果糖香，蜂蜜香，水果香，花香
乙酸-2-苯乙酯	908.83	玫瑰花香，花香，橡胶臭，胶皮臭
萘	159.30	樟脑丸味，卫生球味

酚类化合物的香气感觉阈值低，且具有特殊的感官特征，因此，它的微量存在便可能会对白酒的香气产生影响，也易与其他香气和合或补充、修饰其他类香气形成更具特色的复合香气。在一些特殊白酒气味特征中，酚类化合物所起的作用还有待进一步研究。表3-9是酚类化合物在46%酒精－水溶液中的嗅觉阈值及感官描述。

表3-9　酚类化合物在46%酒精-水溶液中的嗅觉阈值及感官描述

风味物质	阈值/（μg/L）	风味描述
苯酚	18909.34	来苏水，似胶水，墨汁
4-甲基苯酚	166.97	窖泥臭，皮革臭，焦皮臭，动物臭
4-乙基苯酚	617.68	马厩臭，来苏水臭，牛马圈臭
愈创木酚	13.41	水果香，花香，焦酱香，甜香，青草香
4-甲基愈创木酚	314.56	烟熏风味，酱油香，烟味，熏制食品香
4-乙基愈创木酚	122.74	香瓜香，水果香，甜香，花香，烟熏味，橡胶臭
4-乙烯基愈创木酚	209.30	甜香，花香，水果香，香瓜香
丁子香酚	21.24	丁香，桂皮，哈密瓜香
异丁子香酚	22.54	香草香，水果糖香，香瓜香，哈密瓜香
香兰素	438.52	香兰素香，甜香，奶油香，水果香，花香，蜜香
香兰酸乙酯	3357.95	水果香，花香，焦香
乙酰基香兰素	5587.56	哈密瓜香，香蕉香，水果香，葡萄干香，橡木香，甜香，花香

内酯类化合物大部分呈现奶油香、水果香、椰子香，其阈值并不高，其绝对含量虽然不高，但其含量与阈值的比例较大，说明这些内酯可能对中国白酒的香气有贡献。表3-10是内酯类化合物在46%酒精－水溶液中的嗅觉阈值及感官描述。

表3-10　内酯类化合物在46%酒精-水溶液中的嗅觉阈值及感官描述

风味物质	阈值/（μg/L）	风味描述
γ-辛内酯	2816.33	奶油香，椰子奶油香
γ-壬内酯	90.66	奶油香，椰子香，奶油饼干香
γ-癸内酯	10.87	水果香，甜香，花香
γ-十二内酯	60.68	水果香，蜜香，奶油香

硫化物在酒中是异臭化合物。在中国白酒中硫化物大部分呈现不愉快的风味，阈值也比较低，然而，3-甲硫基-1-丙醇的阈值比较高。这些化合物目前在中国白酒中尚未得到很好的研究。表3-11是硫化物在46%酒精-水溶液中的嗅觉阈值及感官描述。

表3-11　硫化物在46%酒精-水溶液中的嗅觉阈值及感官描述

风味物质	阈值/（μg/L）	风味描述
二甲基二硫	9.13	胶水臭，煮萝卜臭，橡胶臭
二甲基三硫	0.36	醚臭，甘蓝，老咸菜，煤气臭，腐烂蔬菜臭，洋蒜臭，咸萝卜风味
3-甲硫基-1-丙醇	2110.41	胶水臭，煮萝卜臭，橡胶臭

3.2.4　土味素的发现及阈值

糠味是影响白酒品质的最主要原因，后经白酒专家阈值测定会议将糠味的描述规范为"土霉味"。但是对于土霉味的准确来源及其产生机制更无科学论断，仅直观地认为糠味来源于酿酒辅料——糠壳。将土霉味的主要原因归结到生产过程中原辅料处理不彻底、工艺操作不规范、发酵异常、管理不善等原因。

近年来，江南大学对白酒中土霉味进行了一系列研究，总结出了以下结论：确定了白酒中土霉味是由土味素产生的，且高粱及清蒸前后稻壳未检测出土味素，排除了白酒中土霉味来源于糠壳的论断；在大曲中检测到的土味素含量普遍高于酒醅中的含量，制曲品温的差异会导致土味素含量差异，并推断土味素物质在酒醅中的产生可能是由曲中带入的好氧微生物在发酵后期产生的；土味素并不是某一种酒所特有的物质，而是普遍存在于不同类型的白酒中，并推测土味素在白酒中的出现可能与生产工艺有关。

同时测得土味素在46%酒精-水溶液中的阈值为0.11μg/L，其风味描述为土腥味、土霉味。在品评西凤酒时，其后味有土腥味、糠味，其主要原因就是西凤酒中的土味素含量较高。要想解决这一缺点，必须降低土味素的含量。

土味素是倍半萜烯的衍生产物。萜烯类物质是天然产物中最大的一类，赋予各种食品饮料特殊的香气。江南大学多年的研究表明，白酒中土味素主要来源于微生物代谢，产生菌株为链霉菌，且对其产生机理、微生物产生途径及机制、微生物群落结构等方面已有深入的研究。因此，自2015年开始，陕西西凤酒股份有限公司与江南大学就降低西凤酒中的土味素展开深入合作。

3.2.5 香气的记忆

在进行白酒品评时，根据色、香、味的鉴评情况，综合判定白酒的典型风格，对白酒的香和味做出综合判断。各种香型的名优白酒，都有自己独特的风格。它是酒中各种微量香味物质达到一定比例及含量后的综合阈值的物理特征的具体表现。

3.3 单体香定义

在白酒中，一种微量成分所释放的香气称为单体香。白酒的香气就是各种单体香综合作用的效果，决定各名优白酒所呈现香气的重要香味物质是不相同的，各种类型白酒中香气物质具有各自的特点，有时甚至可能表现为某一种或几种单体香突出；如清香型白酒以汾酒为例，主要特征物质是乙酸乙酯、乳酸乙酯、乙缩醛及适量的酸类物质；浓香型白酒以五粮液为例，主要特征物质是己酸乙酯、乳酸乙酯、乙酸乙酯和丁酸乙酯为主，其次是酸；凤香型白酒以西凤酒为例，主要特征物质是高级醇、乙酸乙酯和己酸乙酯等。因此，对这些主要特征物质的感官特征认识是非常重要的。

3.3.1 单体香的记忆训练

在进行单体香的品评训练时，一般多以食用酒精为溶剂，单体物质为溶质，配制不同的单体香酒精-水溶液进行闻香判断训练；酒精度以"中国白酒风味物质嗅觉阈值测定方法体系"的酒精度（46%）为准。

在进行白酒品评培训时，对几种特殊的且在白酒中较重要的单体物质的感官特征进行特殊训练，分别是酯类物质己酸乙酯、乙酸乙酯、丁酸乙酯、乳酸乙酯、丙酸乙酯、戊酸乙酯、丁酸乙酯、庚酸乙酯、辛酸乙酯，酸类物质乙酸、乳酸、己酸、丙酸、丁酸、戊酸，醇类物质丙三醇、丁醇、丁二醇、戊醇、β-苯乙醇，醛类物质乙缩醛、乙醛。这些单体物质溶液的浓度以其嗅觉阈值为基础，以10倍浓度不断递增，直到与白酒中的最高绝对含量同一数量级为止，得到不同浓度的单体物质溶液，然后品评并记录不同浓度的嗅觉感官特征。以乙酸乙酯为例，"中国白酒风味物质嗅觉阈值测定方法体系"中其嗅觉阈值是

32.55mg/L，凤香型西凤酒中乙酸乙酯含量约1.2g/L，所以在配制乙酸乙酯单体溶液时其浓度为10mg/L、100mg/L、1000mg/L。依次按照浓度从低到高进行乙酸乙酯单体香的品评并记录。

具体的香味物质风味特征见表3-12。

表3-12　不同浓度的常用香味物质风味特征

名称	浓度/（mg/L）	风味特征
乙酸乙酯	1000	似香蕉气味，味辣带苦涩
	100	香味淡，味微辣，带苦涩
	10	无色无味，接近界限值
丙酸乙酯	1000	似芝麻香，味微涩
	100	微香，入口涩，后味麻
	10	微香，略涩
	1	无色无味，接近界限值
戊酸乙酯	1000	似菠萝香，味较涩
	100	似菠萝香，进口味涩，带菠萝味
	10	进口稍有菠萝味，略涩带苦
	1	接近界限值
丁酸乙酯	1000	似大曲窖泥香味，进口窖气浓厚，有脂肪味
	100	有窖泥香气，较爽口，微带脂肪臭，稍麻口
	10	微带窖香气，尾较净
	1	微带窖香味
	0.1	无气味，接近界限值
己酸乙酯	1000	闻似浓香型酒曲味，味甜，爽口，糟香气味，浓厚感，似大曲香
	100	闻有浓香型曲酒的特殊芳香味，香短，有苦涩味
	10	微有酒曲香味，较爽口，稍带回甜
	1	稍有香气，微甜带涩
	0.1	稍带甜味，略苦
	0.01	无气味，接近界限值
乳酸乙酯	1000	香弱，稍甜，有浓厚感，带点涩味
	100	香弱，味涩，带甜味
	10	无气味，接近界限值
辛酸乙酯	1000	闻似菠萝香或梨香，进口有苹果味带甜
	100	闻有菠萝香，后味带涩
	10	闻无香气，进口稍有菠萝味，略涩
	1	接近界限值

续表

名称	浓度/(mg/L)	风味特征
庚酸乙酯	1000	闻似苹果香味，进口有苹果香，味浓厚，较爽口，微甜，尾净
	100	闻有苹果香味，进口有苹果香，微甜，带涩
	10	稍有苹果香味，略带涩
	1	稍有苹果香味，微甜，爽口
	0.1	无气味，接近界限值
乙酸	1000	有醋的气味和刺激感，进口爽口，带甜，有酸味
	100	稍有醋的气味和刺激感，进口爽口，微酸，微甜
	10	接近界限值
丙酸	1000	有酸味，进口柔和稍涩，微酸
	100	无酸味，进口柔和稍涩，稍酸
	10	接近界限值
丁酸	1000	似大曲酒的糟香和窖泥香味，进口有甜酸味，爽口
	100	似有轻微的大曲酒的糟香和窖泥香味，进口有微酸甜，爽口
	10	接近界限值
戊酸	1000	有脂肪臭味和不愉快感
	100	有轻微脂肪臭味，进口微酸涩
	10	无脂肪臭味，进口微酸甜
	1	无脂肪臭味，进口微酸甜，醇和
	0.1	接近界限值
乳酸	1000	微酸，微涩
	100	微酸，微甜，微涩，略有浓厚感
	10	微酸，微甜，微涩
	1	接近界限值
己酸	1000	似大曲酒气味，进口柔和，带甜，爽口
	100	似大曲酒气味，微甜爽口
	10	微有大曲酒气味，稍带甜味
	1	接近界限值
β-苯乙醇	1000	闻似有玫瑰香味，进口有浓厚的玫瑰香，微甜，带刺激味
	100	闻有玫瑰香味，进口有玫瑰香味，微甜，爽口
	10	稍有玫瑰味，进口有玫瑰香味，微甜，爽口
	0.1	无气味，接近界限值
丙三醇	1000	味甜，有醇厚感，细腻柔和
	100	味甜，有醇厚感，细腻柔和
	10	进口味带甜，柔和，较爽口
	1	微甜，爽口
	0.1	无气味，接近界限值

名称	浓度/（mg/L）	风味特征
丁醇	1000	有刺激臭，带苦涩味
	100	有刺激臭，有苦涩麻味
	10	稍有刺激臭，微有苦涩，带刺激感
	1	无气味，接近界限值
戊醇	1000	微有刺激臭，似酒精味
	100	有闷人的刺激臭，稍似酒精气味
	10	略有奶油味，灼烧味小于酒精气味
	1	微有奶油味
	0.1	无气味，接近界限值
丁二醇	1000	闻有奶油香味，味浓厚，进口后微苦
	100	有奶油香，爽口，有木质味
	10	微有奶油味，稍有木质味
	1	稍有奶油香，带有酒精味
	0.1	稍弱的奶油香，酒精味突出
	0.01	无气味，接近界限值
乙醛	1000	有绿叶味
	100	微有绿叶味，略带水果味
	10	稍有水果味，较爽口
	1	无气味，接近界限值
乙缩醛	1000	有羊乳干酪味，略带水果味
	10	稍有羊乳干酪味，爽口
	1	稍有羊乳干酪味，爽口
	0.1	稍有羊乳干酪味，柔和爽口
	0.01	稍有羊乳干酪味，有刺激感
	0.001	接近界限值

不同的酿酒工艺造就白酒的特殊风味物质及主要特征物质的不同，通过对白酒酿造工艺的深入了解及其香气主要特征物质的了解，再加上特征物质单体香风味的深入了解，在品评白酒时即可快速地认识辨别白酒的类型及质量。单体香的认识及训练对白酒的品评是极为重要的。

3.3.2 国家品酒师考试中常见单体香的特征描述和配制浓度

在国家品酒师考试中常见的单体香培训除了上述的几种特殊物质外，还有其他一些含量微小但在白酒中常见的物质（表3-13）。

表3-13 国家品酒师考试中常见单体香的特征描述

名称	阈值/（µg/L）	密度/（g/mL）	风味特征描述
乙酸	2600	1.049	强刺激性气味，味似醋，常温无色透明液体
己酸	2517.16	0.93	汗臭，动物臭，酸臭，甜香，水果香
丁酸	964.64	0.96	汗臭，酸臭，窖泥臭
乳酸	/	1.206	馊味，微酸涩，适量有浓厚感
乙酸乙酯	32551.6	0.8826	菠萝香，苹果香，水果香
己酸乙酯	55.33	0.9037	甜香，水果香，窖香，青瓜香
丁酸乙酯	81.5	0.886	甜香，水果香，青草香
乳酸乙酯	128083.8	1.03	似酒精气味，但较温和可口
甲醇	/	0.7918	酒精味
乙醇	/		水果香，花香，青草香
正丙醇	53952.63	0.8	水果香
正丁醇	2733.35	0.81	水果香，花香，臭
异戊醇	179190.83	0.81	青草香，水果香，尘土风味，油脂风味
1-辛烯-3-醇	6.12	0.8495	似青草味，辛辣
乙醛	/	0.78	似果香气，味甜带涩
乙缩醛	/	0.83	花香，水果香
丁醛	2901.87	0.80	花香，水果香
戊醛	725.41	0.81	脂肪臭，油哈喇臭，油腻感
壬醛	122.45	0.827	胶水臭，煮萝卜臭，橡胶臭
二甲基二硫	9.13	1.0625	醚臭，甘蓝，老咸菜，煤气臭，腐烂蔬菜臭，洋蒜臭，咸萝卜风味
二甲基三硫	0.36	1.22	杏仁香，坚果香
苯甲醛	4203.10	1.04	杏仁香，坚果香
苯乙醛	/	1.025	汗臭，酸臭，窖泥臭
2-甲基丙酸	/	0.950	汗臭，酸臭，脂肪臭
2-甲基丁酸	5931.55	0.934	酸臭，汗臭，窖泥臭，霉臭
庚酸	13821.32	0.9180	山羊臭，酒稍子臭，胶皮臭，油漆臭，动物臭
癸酸	13736.77	0.858	油腻，稍子，松树，木材
十二酸	9153.79	0.8830	焦煳臭，坚果香，馊香
糠醛	5.8	1.1594	来苏水，似胶水，墨汁
苯酚	18909.34	1.07	马厩臭，来苏水臭，牛马圈臭
4-乙基苯酚	617.68	1.01	香兰素香，甜香，奶油香，水果香，花香，蜜香
香兰素	438.52	1.06	水果香，花香，焦香
香草酸乙酯	/	1.18	水果香，花香，焦香

名称	阈值/（μg/L）	密度/（g/mL）	风味特征描述
2-苯乙醇	28922.73	1.018	香草香，水果糖香，香瓜香，哈密瓜香
丁子香酚	21.24	1.066	香草香，水果糖香，香瓜香，哈密瓜香
异丁子香酚	22.54	1.083	香草香，水果糖香，香瓜香，哈密瓜香
愈创木酚	13.41	1.12	水果香，花香，焦酱香，甜香，青草香
4-甲基愈创木酚	314.56	1.078	甜香，花香，水果香，香瓜香
乙烯基愈创木酚	209.30	1.04	甜香，花香，水果香，香瓜香
苯甲酸乙酯	1433.65	1.05	蜂蜜，花香，洋槐花香，玫瑰花香
2-苯乙酸乙酯	406.83	1.0333	玫瑰花香，桂花香，洋槐花香，蜂蜜香，花香
乙酸-2-苯乙酯	908.83	1.032	玫瑰花香，花香，橡胶臭，胶皮臭
3-苯丙酸乙酯	/	1.01	蜜菠萝香，水果糖香，蜂蜜香，水果香，花香
γ-壬内酯	90.66	0.96	奶油香，椰子香，奶油饼干香
γ-癸内酯	10.87	0.95	水果香，甜香，花香

注：每种单体香的配制浓度为每500mL46%（体积分数）酒精溶液中加入2mL该种单体香。

3.3.3　单体香品酒方案

（1）培训时间　每天早晨8∶30分开始，每天训练4轮，每轮30min，每轮之间间隔10min。

（2）培训地点　品酒室（可选择开阔通风的安静环境）。

（3）培训对象　所有品酒员

（4）培训目的　单体香的识别是品酒中至关重要的一环，能否成功地识别单体香物质决定了品酒员是否能够识别出白酒中的骨干成分，是品酒中至关重要的一个环节。此次培训旨在锻炼品酒员对白酒中常见的单体香物质的识别检出能力。

（5）培训材料　品酒杯若干，并做如图3-1处理（在杯底编号，编号只能倒置才能看见）。

各类单体香物质：四大酸（乙酸、丁酸、己酸、乳酸），四大酯（乙酸乙酯、丁酸乙酯、己酸乙酯、乳酸乙酯），甲醇，乙醇，正丙醇，正丁醇，异戊醇，中酒协品酒训练中可用的单体香物质［1-辛烯-3-醇、丁醛、戊醛、壬醛、二甲基二硫、二甲基三硫、苯甲醛、苯乙醛、2-甲基丙酸、二甲基丁酸、庚酸、癸酸、十二酸、糠醛、苯酚、四乙基苯酚、香兰素（香草醛）、香草酸乙酯、2-苯乙醇、丁子香酚、异丁子香酚、愈创木酚、4-甲基愈创木酚、4-乙烯基愈创木酚、苯甲酸乙酯、2-苯乙酸乙酯、乙酸-2-苯乙酯、3-苯丙酸乙酯、γ-壬内酯、γ-癸内酯]。

（6）样品配制 所用单体香样品的配制均为在500mL 46%酒精溶液中加入2mL单体物质。

图3-1 杯底编号

单体香样品共46个，编号与对应的样品分别为0。乙醇（46%）、①乙酸（浓度4.15g/L）、②丁酸（浓度3.80g/L）、③己酸（浓度3.68g/L）、④乳酸（浓度4.78g/L）、⑤乙酸乙酯（浓度3.50g/L）、⑥丁酸乙酯（浓度3.51g/L）、⑦己酸乙酯（浓度3.58g/L）、⑧乳酸乙酯（浓度4.08g/L）、⑨甲醇（浓度3.14g/L）、⑩正丙醇（浓度3.17g/L）、⑪正丁醇（浓度3.21g/L）、⑫异戊醇（浓度3.21g/L）、⑬1-辛烯-3-醇（浓度3.36g/L）、⑭丁醛（浓度3.17g/L）、⑮戊醛（浓度3.21g/L）、⑯壬醛（浓度3.27g/L）、⑰二甲基二硫（浓度4.21g/L）、⑱二甲基三硫（浓度4.83g/L）、⑲苯甲醛（浓度4.12g/L）、⑳苯乙醛（浓度4.06g/L）、㉑2-甲基丙酸（浓度3.76g/L）、㉒二甲基丁酸（浓度3.70g/L）、㉓庚酸（浓度3.64g/L）、㉔癸酸（浓度3.40g/L）、㉕十二酸（浓度3.50g/L）、㉖糠醛（浓度4.59g/L）、㉗苯酚（浓度4.24g/L）、㉘四乙基苯酚（浓度4.00g/L）、㉙香兰素（香草醛）（浓度4.20g/L）、㉚香草酸乙酯（浓度4.67g/L）、㉛2-苯乙醇（浓度4.03g/L）、㉜丁子香酚（浓度4.22g/L）、㉝异丁子香酚（浓度4.29g/L）、㉞愈创木酚（浓度4.44g/L）、㉟4-甲基愈创木酚（浓度4.27g/L）、㊱4-乙烯基愈创木酚（浓度4.12g/L）、㊲苯甲酸乙酯（浓度4.16g/L）、㊳2-苯乙酸乙酯（浓度4.09g/L）、㊴乙酸-2-苯乙酯（浓度，4.09g/L）、㊵3-苯丙酸乙酯（浓度4.00g/L）、㊶γ-壬内酯（浓度3.80g/L）、㊷γ-癸内酯（浓度3.76g/L）、㊸乙醛（浓度3.09g/L）、㊹丙醛（浓度3.19g/L）、㊺乙缩醛（浓度3.29g/L）、

㊻双乙酰（浓度3.92g/L）。其中各单体香试剂为分析纯，质量分数约为99%（乙醛除外）。

（7）培训内容（表3-14）

表3-14　单体香培训方案

轮次	样品	品评要求
1	1#乙酸、2#丁酸、3#己酸、4#乳酸	明品：每位品酒员取品酒杯按杯号排列分别倒入左边样品。品酒员细细体会并写下品酒记录
2	1#乙酸、2#丁酸、3#己酸、4#乳酸	暗品：每位品酒员将之前的酒杯打乱再细细体会，看能不能找出上一轮出现过的样品，如果不能找出还需对照笔记仔细体会
3	1#乙酸乙酯、2#丁酸乙酯、3#己酸乙酯、4#乳酸乙酯	明品：每位品酒员取品酒杯按杯号排列分别倒入左边样品。品酒员细细体会并写下品酒记录
4	1#乙酸乙酯、2#丁酸乙酯、3#己酸乙酯、4#乳酸乙酯	暗品：每位品酒员将之前的酒杯打乱再细细体会，看能不能找出上一轮出现过的样品，如果不能找出还需对照笔记仔细体会
5	1#甲醇、2#乙醇、3#正丙醇、4#正丁醇、5#异戊醇	明品：每位品酒员取品酒杯按杯号排列分别倒入左边样品。品酒员细细体会并写下品酒记录
6	1#甲醇、2#乙醇、3#正丙醇、4#正丁醇、5#异戊醇	暗品：每位品酒员将之前的酒杯打乱再细细体会，看能不能找出上一轮出现过的样品，如果不能找出还需对照笔记仔细体会
7	1#乙醛、2#丙醛、3#乙缩醛、4#双乙酰	明品：每位品酒员取品酒杯按杯号排列分别倒入左边样品。品酒员细细体会并写下品酒记录
8	1#乙醛、2#丙醛、3#乙缩醛、4#双乙酰	暗品：每位品酒员将之前的酒杯打乱再细细体会，看能不能找出上一轮出现过的样品，如果不能找出还需对照笔记仔细体会
9	1#1-辛烯-3-醇、2#丁醛、3#戊醛、4#壬醛、5#二甲基二硫	明品：每位品酒员取品酒杯按杯号排列分别倒入左边样品。品酒员细细体会并写下品酒记录
10	1#1-辛烯-3-醇、2#丁醛、3#戊醛、4#壬醛、5#二甲基二硫	暗品：每位品酒员将之前的酒杯打乱再细细体会，看能不能找出上一轮出现过的样品，如果不能找出还需对照笔记仔细体会
11	1#甲基三硫、2#苯甲醛、3#苯乙醛、4#2-甲基丙酸、5#二甲基丁酸	明品：每位品酒员取品酒杯按杯号排列分别倒入左边样品。品酒员细细体会并写下品酒记录
12	1#二甲基三硫、2#苯甲醛、3#苯乙醛、4#2-甲基丙酸、5#二甲基丁酸	暗品：每位品酒员将之前的酒杯打乱再细细体会，看能不能找出上一轮出现过的样品，如果不能找出还需对照笔记仔细体会
13	1#庚酸、2#癸酸、3#十二酸、4#糠醛、5#苯酚	明品：每位品酒员取品酒杯按杯号排列分别倒入左边样品。品酒员细细体会并写下品酒记录
14	1#庚酸、2#癸酸、3#十二酸、4#糠醛、5#苯酚	暗品：每位品酒员将之前的酒杯打乱再细细体会，看能不能找出上一轮出现过的样品，如果不能找出还需对照笔记仔细体会

轮次	样品	品评要求
15	1#四乙基苯酚、2#香兰素（香草醛）、3#香草酸乙酯、4#2-苯乙醇、5#丁子香酚	明品：每位品酒员取酒杯按杯号排列分别倒入左边样品。品酒员细细体会并写下品酒记录
16	1#四乙基苯酚、2#香兰素（香草醛）、3#香草酸乙酯、4#2-苯乙醇、5#丁子香酚	暗品：每位品酒员将之前的酒杯打乱再细细体会，看能不能找出上一轮出现过的样品，如果不能找出还需对照笔记仔细体会
17	1#异丁子香酚、2#愈创木酚、3#4-甲基愈创木酚、4#4-乙烯基愈创木酚、5#苯甲酸乙酯	明品：此轮出现的酒样之前都品尝过，可以一边对照笔记一边体会
18	1#异丁子香酚、2#愈创木酚、3#4-甲基愈创木酚、4#4-乙烯基愈创木酚、5#苯甲酸乙酯	暗品：每位品酒员将之前的酒杯打乱再细细体会，看能不能找出上一轮出现过的样品，这一轮的暗品是为了加深印象
19	1#2-苯乙酸乙酯、2#乙酸-2-苯乙酯、3#3-苯丙酸乙酯、4#γ-壬内酯、5#γ-癸内酯	明品：此轮出现的酒样之前都尝过，可以一边对照笔记一边体会
20	1#2-苯乙酸乙酯、2#乙酸-2-苯乙酯、3#3-苯丙酸乙酯、4#γ-壬内酯、5#γ-癸内酯	暗品：每位品酒员将之前的酒杯打乱再细细体会，看能不能找出上一轮出现过的样品，这一轮的暗品是为了加深印象
21	1#四乙基苯酚、2#正丙醇、3#正丁醇、4#丙醛、5#乙缩醛	明品：此轮出现的酒样之前都品尝过，可以一边对照笔记一边体会。注意，从这一轮次开始每一个样品都是之前品过的样品。品酒员要仔细翻阅笔记，认真回忆
22	1#四乙基苯酚、2#正丙醇、3#正丁醇、4#丙醛、5#乙缩醛	暗品：每位品酒员将之前的酒杯打乱再细细体会，看能不能找出上一轮出现过的样品，这一轮的暗品是为了加深印象
23	1#二甲基三硫、2#苯甲醛、3#2-甲基丙酸、4#二甲基丁酸、5#4-甲基愈创木酚	明品：此轮出现的酒样之前都品尝过，可以一边对照笔记一边体会
24	1#二甲基三硫、2#苯甲醛、3#2-甲基丙酸、4#二甲基丁酸、5#4-甲基愈创木酚	暗品：每位品酒员将之前的酒杯打乱再细细体会，看能不能找出上一轮出现过的样品，这一轮的暗品是为了加深印象
25	1#丁醛、2#戊醛、3#异丁子香酚、4#愈创木酚、5#2-苯乙醇、6#丁子香酚	明品：此轮出现的酒样之前都品尝过，可以一边对照笔记一边体会
26	1#丁醛、2#戊醛、3#异丁子香酚、4#愈创木酚、5#2-苯乙醇、6#丁子香酚	暗品：每位品酒员将之前的酒杯打乱再细细体会，看能不能找出上一轮出现过的样品，这一轮的暗品是为了加深印象
27	1#甲醇、2#乙醇、3#正丙醇、4#香兰素（香草醛）、5#香草酸乙酯	明品：此轮出现的酒样之前都尝过，可以一边对照笔记一边体会
28	1#甲醇、2#乙醇、3#正丙醇、4#香兰素（香草醛）、5#香草酸乙酯	暗品：每位品酒员将之前的酒杯打乱再细细体会，看能不能找出上一轮出现过的样品，这一轮的暗品是为了加深印象

轮次	样品	品评要求
29	1#庚酸、2#癸酸、3#苯甲醛、4#苯乙醛、5#乙酸乙酯	明品：此轮出现的酒样之前都品尝过，可以一边对照笔记一边体会
30	1#庚酸、2#癸酸、3#苯甲醛、4#苯乙醛、5#乙酸乙酯	暗品：每位品酒员将之前的酒杯打乱再细细体会，看能不能找出上一轮出现过的样品，这一轮的暗品是为了加深印象
31	1#丁酸、2#己酸、3#四乙基苯酚、4#香兰素（香草醛）、5#γ-壬内酯	明品：此轮出现的酒样之前都品尝过，可以一边对照笔记一边体会
32	1#丁酸、2#己酸、3#四乙基苯酚、4#香兰素（香草醛）、5#γ-壬内酯	暗品：每位品酒员将之前的酒杯打乱再细细体会，看能不能找出上一轮出现过的样品，这一轮的暗品是为了加深印象
33	1#γ-癸内酯、2#乙醇、3#2-苯乙醇、4#丁子香酚、5#香草酸乙酯	明品：此轮出现的酒样之前都品尝过，可以一边对照笔记一边体会
34	1#γ-癸内酯、2#乙醇、3#2-苯乙醇、4#丁子香酚、5#香草酸乙酯	暗品：每位品酒员将之前的酒杯打乱再细细体会，看能不能找出上一轮出现过的样品，这一轮的暗品是为了加深印象
35	1#2-苯乙酸乙酯、2#乙酸-2-苯乙酯、3#3-苯丙酸乙酯、4#2-甲基丙酸、5#二甲基丁酸	明品：此轮出现的酒样之前都品尝过，可以一边对照笔记一边体会
36	1#2-苯乙酸乙酯、2#乙酸-2-苯乙酯、3#3-苯丙酸乙酯、4#2-甲基丙酸、5#二甲基丁酸	暗品：每位品酒员将之前的酒杯打乱再细细体会，看能不能找出上一轮出现过的样品，这一轮的暗品是为了加深印象
37	1#愈创木酚、2#4-甲基愈创木酚、3#庚酸、癸酸、4#二甲基丁酸	明品：此轮出现的酒样之前都品尝过，可以一边对照笔记一边体会
38	1#愈创木酚、2#4-甲基愈创木酚、3#庚酸、癸酸、4#二甲基丁酸	暗品：每位品酒员将之前的酒杯打乱再细细体会，看能不能找出上一轮出现过的样品，这一轮的暗品是为了加深印象
39	1#甲醇、2#乙醇、3#乙醇、4#正丙醇、5#香草酸乙酯	明品：此轮出现的酒样之前都品尝过，可以一边对照笔记一边体会
40	1#甲醇、2#乙醇、3#乙醇、4#正丙醇、5#香草酸乙酯	暗品：每位品酒员将之前的酒杯打乱再细细体会，看能不能找出上一轮出现过的样品，这一轮的暗品是为了加深印象
41	1#2-苯乙酸乙酯、2#乙酸-2-苯乙酯、3#3-苯丙酸乙酯、4#2-甲基丙酸、5#二甲基丁酸	暗品：从这一轮开始将不再明倒酒样，品酒员直接体会酒样并写下酒样名称，若写错细细体会并与误写酒样做对比
42	1#二甲基丁酸、2#4-甲基愈创木酚、3#庚酸、4#癸酸、5#二甲基丁酸	暗品：品酒员直接体会酒样并写下酒样名称，若写错细细体会并与误写酒样做对比，注意上轮出现的二甲基丁酸在这轮也出现了，品酒员细细体会看能否找出

轮次	样品	品评要求
43	1#甲醇、2#乙醇、3#庚酸、4#戊醛、5#香草酸乙酯	暗品：品酒员直接体会酒样并写下酒样名称，若写错细细体会并与误写酒样做对比。注意上轮出现的庚酸、癸酸在这轮也出现了，品酒员细细体会看能否找出。出现的复酒样就是品酒中的重复性
44	1#丁醛、2#戊醛、3#异丁子香酚、4#庚酸、癸酸、5#二甲基丁酸	暗品：品酒员直接体会酒样并写下酒样名称，若写错细细体会并与误写酒样做对比。注意上轮出现的庚酸在这轮也出现了，上上一轮出现的二甲基丁酸也在这轮出现了，品酒员细细体会看能否找出，这也是品酒中的再现性
45	1#2-甲基丙酸、2#2-甲基丙酸、3#2-甲基丙酸、4#二甲基丁酸、5#4-甲基愈创木酚	暗品：品酒员直接体会酒样并写下酒样名称，若写错细细体会并与误写酒样做对比。注意此轮2-甲基丙酸出现了3次，这就是品酒中的重复性

点评

　　单体香的训练除了记忆还是记忆，反复训练，一定注意先明品，对照记忆，搞清楚某种单体香是什么香气特征，做好笔记，反复体会，再打乱杯号，识别各杯样品是何种单体，对号入座。多轮次强化训练，对各种单体香的香气特征熟记于心。

小贴士

　　Tip1：品酒记录对于每一个品酒员是非常重要的，通过品酒记录可以找到自己第一次对样品的认识和掌握程度，并且对酒样有一个自身的认识体系。

　　Tip2：对酒样进行品评时一定要劳逸结合，不可一直闻，这样会麻痹自己的感觉神经，不利于酒样的识别。

　　Tip3：品酒主要依靠的是嗅觉，国家酿酒大师说过，品酒是"七成靠闻，三成靠尝"，尝的多了会麻痹舌头神经，增加品酒难度。

第四章

嗅觉

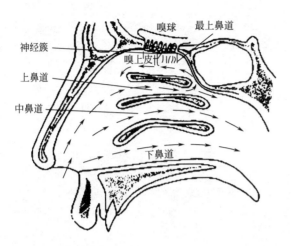

神经簇
嗅球　最上鼻道
嗅上皮
上鼻道
中鼻道
下鼻道

图4-1　嗅觉器官

4.1　嗅觉概述

4.1.1　嗅觉的概念

嗅觉是辨别各种气味的感觉，它比视觉原始，比味觉复杂，它是由嗅神经系统和鼻三叉神经系统共同参与的一种远端被动感知。嗅觉和味觉会整合和互相作用，但嗅觉的敏感性比味觉敏感性高很多。嗅觉是外激素通信实现的前提，是一种远感，也可以说它是通过长距离感受化学刺激的感觉，相比之下味觉是一种近感。

4.1.2　嗅觉器官

味觉和嗅觉器官是我们的身体内部与外界环境沟通的两个出入口。因此，它们担负着一定的警戒任务。人们敏锐的嗅觉，可以避免有害气体（战争中毒气弹、石油液化气）进入体内。

人能感受气味物质刺激并产生嗅觉反应的器官主要是鼻子（图4-1）。

人类的嗅黏膜（嗅觉受纳器）是位于两鼻孔上部的小块组织，每只鼻孔中的嗅黏膜约有5cm^{2}的表面面积。

嗅细胞即嗅觉受纳器中具有嗅觉反应的细胞。与其他感觉细胞不同，嗅细胞兼行受纳和传导两种机能。在嗅黏膜中约有总数1000万个嗅细胞。每一嗅细胞末端（近鼻腔孔处）有许多手指样的突起，即纤毛，均处于黏液中。每个嗅细胞有纤毛1000条之多，纤毛增加了受纳器的感受面，因而使5cm^{2}的表面面积实际上增加到了600cm^2。这一特点无疑地有助于嗅觉的敏感性。嗅细胞的另一端（近颅腔处）是纤细的轴突纤维，并由此与嗅神经相连。嗅觉系统中每个二级的神经元上有数千嗅细胞的聚合和累积作用（嗅细胞的轴突与神经元的树突相连）。整个嗅觉系统利用这种累积过程，这是有助于嗅觉敏感性的另一因素。

脑神经的第1对神经纤维为嗅神经。嗅神经为感觉性神经，它起自鼻腔内嗅觉受纳器细胞（具受纳、传导两功能），向上穿过筛板入颅腔。连于嗅球，传导嗅觉冲动。嗅黏膜中的嗅觉受纳器细胞的纤细无髓的轴突纤维（脑中最细小的轴突，其直径仅0.2μm，Gasser，1956）组成很多小束——每个小束有为数达1000条的轴突，通过骨性筛板上的小孔，离开鼻腔。这些受纳器的轴突进入位于颅腔的嗅球中，嗅球结构中僧帽细胞的树突与嗅细胞的轴突以突触连接；这些连接点的集合称为嗅小球。在每一嗅小球上平均聚着26000个嗅细胞的轴突。

离开嗅球的纤维（即僧帽细胞的轴突）又向后行走，成为嗅觉神经束。嗅觉神经束将信号传到较高中枢即下丘脑和大脑的嗅觉区。嗅觉系统是唯一没有丘脑传递的感觉通道，也没有嗅觉的新皮质投射区。嗅觉信息的处理主要发生在嗅球之中。

图4-2　嗅觉通路

4.1.3　嗅觉的原理

人的嗅觉通路是物质→受纳、传导→嗅觉信息的处理、传递→产生感觉（图4-2）。

嗅觉受纳器也是化学受纳器，只有溶解的分子才能使它激活。凡可探查到的有气味的物质必然是挥发的（在空气中呈粒子形式），才能被吸进鼻孔。它们至少也必须能部分地溶解于水，因而能通过鼻膜到达嗅细胞。最后，它们也必须能溶解于类脂质中（脂肪物质），因而能穿透形成嗅觉受纳器外膜的类脂质层。不同的气味物质有相应的气味，所以可通过气味来分辨一些物质。

具有气味的物质可有两条通路到达嗅黏膜。

一条是鼻腔通路，即直接通过鼻腔的吸气到达嗅黏膜。通过鼻腔通路，嗅觉的强弱决定于白酒酒表面空气中芳香物质的浓度和吸气的强弱。可通过选择酒杯的形状和提高品尝技术，来改善这一感觉的敏锐度。

另一条是鼻咽通路，即进入口腔后再通过鼻咽进入鼻腔到达嗅黏膜。通过鼻咽通路（嗅觉的强弱决定于"舌搅动""咽部运动"）可加强对气味的感知。由于口腔的加热，以及由于舌头及面部运动而搅动白酒，从而加强了芳香物质的挥发；当咽下白酒时，由咽部的运动而造成的内部高压，使充满口腔中的香气进入鼻腔，从而加强了嗅觉强度。

4.1.4　人的嗅觉

人的嗅觉千差万别，但大多数人的嗅觉敏感性是很高的，一般人，经过简单训练就可辨别很多不同的香气。有人做过实验，普通人都可嗅出每升空气中 4×10^{-5}mg 的人造麝香，通常可以分辨出 1000 ~ 4000 种不同的气息，经过特殊训练的鼻子（调香师和评香师）可以分辨高达 10000 种不同的气味。

人的嗅觉与仪器相比较，其敏感程度因物质不同而有所差别，如人对正己醇的敏感度是气相色谱仪的 10 倍，有些香气如糟香、窖香（复合气味），仪器也不能检出，而对于有些物质来说，仪器的灵敏度比人要高，如气相色谱仪测定丙酮，其灵敏度比人高出 1.7 万倍，而且人的嗅觉容易疲劳，嗅觉一疲劳就分辨不出香气了。

一般来说，女性的嗅觉比男性要灵敏，女性嗅觉灵敏具有先天性，这是源于女性对外界事物的感受较为细腻所致，另外，感性思维强大的人比理性思维强大的人，其嗅觉要灵敏的多。在中国白酒界，女性品酒师大有人在，但通常来说，在香料调香方面却是男性比女性多。

通常在几种不同的气味混合同时作用于嗅觉感受器时，可以产生不同情况，一种是产生新气味，一种是代替或掩蔽另一种气味，也可能产生气味中和而无法嗅知。

4.1.5　嗅觉的影响因素

（1）性别　女性比男性具有更强的区别能力，在月经来潮之前和在妊娠期间，女性的嗅觉神经感知和气味鉴别能力处于最高状态。研究表明，女性大脑结构中的细胞数量比男性高 43%，特别是神经元计数，女性竟然比男性高出50% 之多，女性在各种气味测试中的表现要优于男性，而且随着年龄的增长，女人嗅觉丧失的程度要比男人小许多。

（2）年龄　气味的辨认及敏感度在 6 个月时显著提高，大约到了 25 岁时又会随年龄增长而降低，一般不会出现持续性退化。有许多老人常常抱怨他们所吃的东西味道不好，其实是因为他们闻不出食物的气味，所以说品酒训练，年轻人更具优势。一个人的嗅觉和味觉也有着密切关联，嗅觉的丧失会给老年人带来严重的问题，有些老年人会因此对食物不再感兴趣，以致营养缺乏，体质下降。此外，由于闻不出浓烟或有毒气体，一旦火灾或毒气外泄等突发事件发生，他们受害的可能性就较大。

（3）时间　若长时间接触同一种气味，随着时间增长，嗅觉敏感度会随之降低，因此进行芳香疗法的时间应控制在1～2h。

古人云：入芝兰之室，久而不闻其香；入鲍鱼之肆，久而不闻其臭。这里阐述的就是古人总结出的嗅觉规律，也就是嗅觉失聪。当我们停留在具有特殊气味的地方一段长时间之后，对此气味就会完全适应而无所感觉，这种现象叫作嗅觉器官适应，也叫嗅觉失聪，这是由鼻黏膜的嗅觉细胞及中枢神经系统所指挥控制。

嗅觉失聪有以下三个特征。

① 从施加刺激到嗅觉失聪式嗅感消失有一定的时间间隔。

② 在产生嗅觉失聪的过程中，嗅味阈逐渐增加。

③ 嗅觉对一种刺激疲劳后，嗅感灵敏度再恢复需要一定的时间。

此外，在嗅觉失聪期间，有时所感受的气味本身也会发生变化。例如，在嗅闻硝基苯时，气味会从苦杏仁味变到沥青味；在嗅闻三甲胺时，开始像鱼味，过一会又像氨味。这种现象是由于不同的气味组分在嗅感黏膜上适应速度不同造成的。

（4）饥饿　一个辟谷1周的人，嗅觉的识别能力可达到平常状态时的2倍多。

研究发现，当一个人胃里很空的时候，会产生一种激素蛋白，让食欲大增，口水直流。在勾起食欲的同时，这种蛋白还会提高嗅觉的灵敏性，而迅速搜寻食物。

研究中，科学家们首先给老鼠注入了这种激素蛋白，同时在它们的鼻子上安装了摄像设备。这些小家伙在注入激素蛋白后的几个小时内非常兴奋，到处觅食，将一些气味非常淡的食物都翻了出来。之后，科学家们又找了9名没有吃东西的志愿者，发现给他们注入一针蛋白激素后，其嗅觉也都有所提升。

（5）注意力　嗅觉也会受情绪和注意力影响，注意力愈集中，敏感度愈强。

（6）疾病　呼吸系统的疾病会直接影响嗅觉。人生病时，常常会嗅觉消失。若不明原因的闻不出气味则叫作失嗅，这是由于鼻腔阻塞，空气到达不了鼻子的灵敏区所致；另外，嗅觉神经受伤或损坏、脑的嗅觉中区有疾患时也会出现以上症状。鼻阻塞性失嗅有可能是由于鼻息肉、变形、弯曲、肿瘤和鼻黏膜肿胀所造成。

鼻的嗅觉神经损伤多由于病毒感染和过敏反应所致，此外头部损伤、鼻部手术或肿瘤也会造成嗅觉神经组织损伤。失嗅的人仍可靠舌头分辨出咸、酸和苦味，只是无法分辨香（臭）味。一个人当无感冒症状，若嗅觉消失时应即时找医师就诊。从医学角度讲，失嗅多由鼻息肉、鼻中隔弯曲及慢性过敏反应所引起，当然也不完全排除鼻内肿瘤之可能性。大多数鼻中隔偏曲很少会引起不适，也无需做什么处理。

（7）温度　一般来说，气温升高时，嗅觉敏感度会增强。所谓香（臭）气物质必须是挥发性的，如果没有挥发性，是不可能有香气的，所以香气物质在低温时香气大减，因此，不能在低温情况下品酒。

4.1.6　白酒风味物质的嗅觉阈值与嗅觉反映

嗅觉阈值（odorthresholdvalue）是气味的最低嗅知浓度。嗅觉阈值有感觉阈值（也叫绝对阈值）和识别阈值两种。感觉阈值是虽然不知是什么性质的气味，但可以感觉到有气味的最小浓度。识别阈值是可以感觉到是什么气味的最小浓度。一般后者总是高于前者。嗅觉阈值是研究和评价气味常用的最重要的参数，由经过特殊训练的人员，在特别配制的空气中，依靠嗅觉来判断。测定时，一般必须有不少于5人同时进行判断，并用平均浓度表示。

江南大学的徐岩和范文来教授针对79种白酒风味物质共邀请了宜宾五粮液股份有限公司、山西杏花村汾酒厂股份有限公司、四川剑南春集团有限责任公司、陕西西凤酒股份有限公司等几家企业的国家级品酒委员、中国白酒169计划企业的国家级品酒员、省级品酒委员、市级品酒委员和企业品酒委员组成白酒香味物质阈值品评试验组，对各种风味物质阈值进行了品评、描述和测定。阈值测定分组人数均为30人，分别由各企业内国家级品酒委员、省级品酒委员、市级品酒委员和企业内品酒委员组成，经过反复测定和分析整理，对白酒中风味物质嗅觉阈值进行研究。

4.1.6.1　酯类物质的呈香呈味作用

酯类是一类具有芳香性气味的化合物，多数呈现果香。它是白酒中重要的芳香物质，主要起呈香作用，可以在不同程度上增加酒的香气，并可决定香气的品质，尤其对白酒香型的归属起到重要作用。如浓香型白酒含有适量的己酸乙酯时，可散发出浓郁的窖香；清香型白酒中的乙酸乙酯可高达2 ~ 3g/L，为目前各香型白酒之冠，所以显现出清香纯正的感官质量。

白酒中一般含有甲酸乙酯、乙酸乙酯、乙酸异戊酯、丙酸乙酯、丁酸乙酯、戊酸乙酯、己酸乙酯、庚酸乙酯、辛酸乙酯、癸酸乙酯、月桂酸乙酯、乳酯乙酯等。酒类中的酯类主要是C1 ~ C14的碳直链脂肪酸酯。1 ~ 2个碳的脂肪酸酯香气弱，持续时间短；3 ~ 5个碳的脂肪酸的酯具有脂肪臭，酒中含量不宜过多；6 ~ 12个碳的脂肪酸酯香气浓，持续时间较长，12个碳以上的脂肪酸酯几乎没有什么香气。白酒中的主要酯类为乙酸乙酯、己酸乙酯、乳酸乙酯，三者之和占酒的总酯量的85%以上，故称为三大酯。三大酯含酯的变化，对酒的风味有着决定性的影响。

4.1.6.2　醇类物质的呈香呈味作用

醇类在酒中占有重要地位，它是酒中醇甜和助香剂的主要物质，也是形成香味物质的前驱物质，醇与酸作用而生成各种酯，从而构成白酒的特殊芳香。

白酒中的醇类，除乙醇为主外，还有甲醇、丙醇、叔丁醇、仲丁醇、异丁醇、叔戊醇、2-戊醇、异戊醇、正戊醇、己醇、庚醇、辛醇、正丁醇、丙三醇、异丙醇、2,3-丁二醇等。白酒中含有少量的高级醇赋予白酒特殊的香气，并起衬托酯香的作用，使香气更完满，这些高级醇在白酒中既是芳香成分，也是呈味物质，大多数似酒精气味，持续时间长，有后劲，对白酒风味有一定的作用。这些高级醇在酒中的含量多少，以及各种醇之间的比例，给白酒的风味以重要的影响。凤香型白酒就是以高级醇和低级酯为主要香味物质成分的一种白酒。目前一些学者对凤香型白酒的认识仅仅停留在以乙酸乙酯为主、己酸乙酯为辅的认识上，这是不够准确的认识。

（1）高级醇的呈香呈味作用　高级醇的味道似乎不好，除了异戊醇微甜（稍有涩味）外，其余的醇都是苦的，有的苦味重而且长。按照现代人饮用白酒的消费习惯，它们的含量必须控制在一定范围之内，含量过少会失去传统的白酒风格，过多则会导致苦涩，给酒带来不良影响。一些高级醇容易造成上头，容易致醉。高级醇含量高的酒，常常带来一种苦涩感，即所谓"杂醇油味"。这些高级醇在白酒中，一方面似乎是有害成分，需要加以控制；另一方面，适量的高级醇，则是白酒中不可缺少的香气和口味成分。如果基酒中不含高级醇，白酒的味道将十分淡薄。经过大量实验表明在稀释的酒精中加入0.03%的高级醇，则白酒便产生一定的清香味，因此它又是一种在构成白酒的香气成分和风格上起重要作用的物质。

同时，高级醇与酸及酯的比例，以及高级醇中各种类之间的比例，对于白酒风味也有重要影响。如果醇酯比高，高级醇的衬托作用则十分明显。白酒中的醇酯比应小于1，如酸：酯：高级醇=1：2：1.5这样的比例较为适宜。如果高级醇高于酯，则出现液态白酒的较浓的杂醇油的苦涩味道。反过来，如果高级醇低于酯，则酒的味道就趋于缓和，苦涩味减少。此外，如果酒中异丁醇和异戊醇的比例适宜 [1：（2～2.5）]，杂醇油所带来的异味也就能明显地减少。

高级醇中还有若干多元醇，如甘油（丙三醇）、2,3-丁二醇，环己六醇，甘露醇等，它们是白酒中的甜味物质。甘油具有甜味，使酒带有自然感，适量添加使酒有柔和、浓厚之感。1,2,3,4-丁四醇甜味大于蔗糖2倍，戊五醇（木糖醇）也是甜味物质，己六醇（甘露醇）有很强的甜味，使酒有水果的甜味，这些多元醇均为黏稠液体，都能给白酒带来丰满的醇厚感。醇类中的β-苯乙醇，是构成白酒风格香的必要成分，给酒带来类似玫瑰的香味，持久性强，过量时带来苦涩味。醇类还可以和脂肪酸结合生成酯，或多或少地增加酒香。高级醇，实指碳链中的碳原子数大于2的带有—OH基的醇类。杂醇油有时意义上也泛指高级醇，分析指标中实指是异丁醇与异戊醇的量。多元醇指分子中有两个—OH基以上的醇类，具有甜而稍带苦味，在酒中很稳定，使酒入口甜，落口绵。配酒中常用有异戊醇、异丁醇、正丁醇和己醇。除了上述的醇类及少量的丙三醇、2,3-丁二醇等可改善酒质和增加自然感外，还有一种只有一个碳原子的甲醇。甲醇有很大的毒性，食用4~10g即可引起严重的中毒，甲醇对人的神经系统及视神经的盲点有害，而且在体内积蓄，不易排出体外，它在人体内的代谢产物是甲酸和甲醛，甲酸的毒性比甲醇大6倍，甲醛的毒性比甲醇大30倍，所以极少量的甲醇即能引起慢性中毒，使视力减退而不能矫正，视野缩小以致双目失明，所以白酒中的甲醇含量必须严格控制。国家标准中规定，谷类粮食白酒中的甲醇含量应为0.04g/100mL，瓜干及代用品为原料的白酒中的甲醇含量应为0.12g/100mL。

（2）乙醇的呈香呈味作用　白酒中，除含上述醇类外，乙醇是最主要的组成成分，乙醇微呈甜味。乙醇含量的高低决定了酒的度数，含量越高，酒性越烈。白酒的度数因各地的饮用习惯和制造习惯的不同而不同。北方以60°以上的酒度者为多，南方多为46°~55°。有些人误认为酒度越高，质量就越好，这是一种错误的看法，从酒的质量来说，在50°~54°，酒中的乙醇分子与水分子的亲合力最强，酒的醇和度好，酒味最协调，对人的口味也最爽口，茅台酒就巧妙地做到了这一点。酒精度高的烈性酒，对人的毒害也是比较大的，特别是常年饮用，容易引起慢性酒精中毒，对神经系统、胃、十二指肠、肝脏、血管等都有伤害而引起疾病。从消费者健康着想，降低酒度是一个值得重视的问题。因此，白酒发展的方向之一，就是降低酒度。当然这还是一个复杂的问题。降低酒度，不仅要克服酒度低出现的浑浊问题，而且为了不致影响白酒固有的风味，还有一系列难题有待于研究解决。目前，清香型白酒的酒度一般为50°~60°，浓香型为30°~60°，酱香（茅台）型为52°~55°，凤香型白酒的酒度在45°~60°。

4.1.6.3　醛类物质的呈香呈味作用

具有羰基的醛类对形成酒的主体香气有一定作用，酒香与醛类化合物的含量和种类有密切关系。醛类有强烈的香味，脂肪族低级醛有刺激性气味，碳链长度增加，在C8~C12时香味强度达到最高值，以后随着碳链增长，香味强度急剧下降。

在白酒中，偶数碳原子比相邻的奇数碳原子的醛的化合物香味要强些。白酒中的醛类包括甲醛、乙醛、丙醛、丁醛、戊醛、己醛、庚醛、糠醛、乙缩醛等。少量的乙醛是白酒中有益的香气成分，似果香，味甜带涩。一般优质白酒，每100mL中含乙醛都超过20mg。乙醛和乙醇又进一步缩合成乙缩醛。

乙缩醛的重要性：酒中的乙缩醛含量较大，有的优质白酒能达到100mg/100mL以上，成为酒中的主要成分之一。在优质酒中的含量比普通白酒高2～3倍，它们有清香味，具有酒头气味，适量时对增强口味感作用很好。

其余的醛类成分含量甚微，以异戊醛香味较好，似杏仁味带甜。糠醛呈微金黄色，有香蕉带苦涩味。但是糠醛含量过高时，呈现极重的焦苦味，这种焦苦味使人反感。糠醛对人体是有害的，但在液态法白酒调香中，有时还添加极微量的糠醛，对解决液态法白酒的酒精味能起较大作用，但含量不得超过国家颁布的"食品卫生标准"。

在白酒生产不正常时，常会产生丙烯醛，不但辣得刺眼，并有持续性的苦味。丙烯醛和丙烯醇是催泪性的物质，对人体危害极大，必须严格杜绝使用含有丙烯醛的酒精配酒，在不得不使用时须经过多次处理，经化验分析，基本上没有丙烯醛时才能作配酒用酒基。酒中的醛含量应适量才能对酒的口味有好处，过量的醛类使白酒具有强烈的刺激味与辛辣味，饮用这种酒后会引起头晕。

醛类是酒中辛辣味的主要来源，只要有微量的乙醛，它便与乙醇及酒中的挥发酸形成不良气味的物质，使酒有辣味。酒作为一个有刺激性的嗜好品，适当的辣，当然是必要的，但过分辣就有伤酒的风味了，并且对饮用者的健康也是不利的。

4.1.6.4 酸类物质的呈香呈味作用

酸既有香气又是呈味物质，碳原子少的酸，含量少可以助香，是重要的助香物质；碳原子较多，或不挥发性的酸，这些酸在酒中起调味解暴作用，是重要的调味物质；酸类物质的含量，以及它们之间的比例关系是非常重要的。

酸与其他呈香、呈味物质共同组成白酒所特有的芳香。含酸量少的酒，酒味寡淡，香味短。若酸味大，则酒味粗糙。适量的酸在酒中能起到缓冲作用，可消除酒饮后上头、口味不协调等现象。酸还能促进酒的甜味感，但过酸的酒甜味减少，也影响口味。一般优质白酒酸的含量较高，约高于普通白酒，超过普通液态酒的2倍。酸量不足，将使酒缺乏白酒固有的风味，但酸过量则出现邪杂味，降低酒的质量，有些企业规定白酒中的酸含量最高不超过0.1%，但一般白酒中的酸含量应在0.1g/100mL左右。

酒中酸的组成成分中，主要有乙酸、己酸、乳酸及丁酸，占其总酸的90%～98%，特别是乙酸和乳酸。这些酸类物质在不同酒中所占比例也不一样，如清香型的总酸中己酸含量最高，浓香型中己酸含量最高，其次为乳酸。白酒中的酸类，分挥发酸和不挥发酸两类。挥发酸有甲酸、乙酸、丙酸、丁酸、己酸，辛酸。甲酸刺激性最强，但含量甚微；乙酸刺激性强，含量高，给酒带来愉快的酸香和酸味，但含量过多，使酒呈尖酸味；丁酸有窖泥香且带微甜，有些不成功的泸型酒中含丁酸多，臭气较突出，但在含量稀薄的情况下，与其他香味物质混在一起，也可能形成香气和香味成分；己酸有窖泥香且带辣味，泸型酒中就必须具有一定的己酸量，过量有脂肪臭；丙酸气味尖酸而带甘，进口柔和，过量带涩；辛酸以及碳链更长的脂肪酸呈油臭，但含量不高。

（1）白酒中不挥发酸的种类　不挥发酸有乳酸、苹果酸、葡萄糖酸、酒石酸、柠檬酸、琥珀酸等。乳酸比较柔和，它给白酒带来良好的风味，乳酸香气微弱而使酒质醇和与浓厚，过量则出现涩味。琥珀酸调和酒味，且利酒体。柠檬酒、酒石酸，酸味长，且使酒爽口，过量刺口。总之，这些不挥发的有机酸在酒中起调味解暴作用，只要含量比例得当，使人饮后感到清爽利口，醇滑绵柔。若含量过高，酸味重，刺鼻。白酒中除乳酸外，其他不挥发性酸含量较少。

（2）白酒中挥发酸的种类　挥发性的脂肪酸，从丙酸开始有异臭出现，丁酸过浓呈汗臭味，而戊酸、己酸、庚酸有强烈的汗臭，但这种气味随着碳原子数的增加又会逐渐减弱，辛酸的臭味即很少，反而呈弱香。8个碳原子以上的酸类，其酸气较淡，并且微有脂肪气味。挥发性的乙酸和不挥发的乳酸，是白酒中含量最大的两种酸，它们不但是白酒的重要香味物质，而且是许多香味物质的前体。一般白酒中乙酸含量接近乳酸含量，而优质酒中，乳酸量大为增加。乳酸可以起到衬托其他香味物质的作用，适量乳酸可以使酒体厚实，浑然一体，乳酸过多则酒体发闷。在白酒调配（勾兑）时，常常通过增加乙酸等酸类来达到白酒增香的目的。

4.1.6.5　芳香族化合物

芳香族化合物分子量大，结构复杂，在白酒中含量很少，但其在酒中的呈香作用是明显的。即使在酒中存量很少，呈香作用也很大，如百万分之一甚至千万分之一的情况下也能使人感受到香气。芳香族化合物对白酒品质提升起烘托、陪衬作用，使白酒彰显明显的"质感"。对芳香族化合物的研究尚处于认识阶段，尚未形成完整的数据模型，是今后白酒品质研究的关注重点。

4.1.6.6　含硫化合物、吡嗪类和呋喃类化合物等

含硫化合物、吡嗪类和呋喃类化合物等也是重要的呈香物质。如3-甲硫基丙醇有焦香，2,5-二甲基吡嗪有炒芝麻的香气，2,3-二甲基吡嗪具有类似杏仁香气，糠醛有焦香或轻微的桂皮油香气，它是芝麻香型白酒的特征香气组分之一。四甲基吡嗪已被公认为白酒中具有保肝护肝作用的健康因子。对吡嗪类化合物的研究多停留在保肝、护肝与健康功能的研究，对呋喃类化合物的研究多停留在香气贡献上，对糠醛的研究比较久远，并取得了丰硕的成果。研究表明糠醛是呋喃环系最重要的衍生物。

4.2 类型源自嗅觉

4.2.1 香气的嗅闻

在品酒过程中，嗅觉占有绝对主导地位，鼻子是品酒中最重要的角色。品酒者使用鼻子和嘴感知酒中的香味，香味来自于直接嗅觉（香气直达鼻腔）和后鼻腔嗅觉（香气通过口腔再到达鼻腔），香气在口鼻中分分合合，品酒中90%的乐趣来自于此。

嗅觉的不连续性：人的嗅觉反应既不是固定的，也不是持久的。如果我们慢慢地吸气，使嗅周期持续4~5s，就会发现，开始气味慢慢加强，然后下降，最后缓慢消失。嗅觉的这一不连续性，可以被有意或无意地加强或减弱（由于品尝方法或技术），使我们很难比较一系列白酒的气味，掌握这些规律，有助于品酒者提高品评技术。

不同种类香、不同浓度的香气物质以不同的比例组合起来，就构成了千变万化的气味。众多的呈香物质只是白酒中微量成分的一个缩影，它们的来源一般有以下三个渠道。

一是原辅材料中带入的某些物质。它们在发酵时转入酒中，出现了粮香、曲香或泥香等香气。比如高粱原料中的单宁可分解成丁香酸等香气物质，人们常说"高粱酒香""好喝不过高粱酒"，这些认识反映了原料对品质的决定性作用。我国的名优白酒大多以高粱为主要原料。

二是微生物在发酵过程中做功后的产物。比如，多数的醛酮类化合物是微生物的代谢产物，多种酯类物质是通过生化作用的合成而产生了香气，其中分子量小的酯类放香较大，可散发出各自特殊的芳香；而分子量大的酯类往往香气较小，但香气幽雅。

三是酸、醇、酯、醛、酮等化合物在发酵、蒸馏或漫长的储存过程中相互间引发的化学变化后生成的物质。如白酒在储存过程中，酒中的醇类可以被氧化为醛类，其中乙醛再与乙醇进行缩合作用可生成乙缩醛，产生柔和的芳香，但当其在酒中过浓时却带有令人不快的气味。

4.2.2 香气的描述

用于白酒香气的词汇到底有多少种很难说清楚，常用的有醇香、曲香、糟香、酱香、清香、浓香、窖香、蜜香、芝麻香、豉香、药香、陈香、焦香、粮香、多粮香、海子香等，以上为白酒的正常香气。对白酒的非正常香气常用词汇有杂醇油气、焦煳气味、酸涩、糠霉味、窖泥臭、酒稍子味、苦涩味、馊香、泥香、木香、胶香等。一般质量较差的假冒优质白酒往往存在某些负面的香气征兆，兼有香气单调、香气不正或化学异香等。

（1）常用的描述白酒香气的词

① 醇香　酒经长期储存老熟而特有的一种醇厚、柔和的香气。

② 曲香　曲香是指具有高中温大曲的成品香气，香气很特殊，是空杯留香的主要成分，是四川浓香型名酒所共有的特点，是区别省外浓香型名白酒的特征之一。

③ 糟香　糟香是固态法发酵白酒的重要特点之一，白酒自然感的体现，它略带焦香气和焦煳香气及固态法白酒的固有香气，它带有母糟发酵的香气，形成一般是经过长发酵期的质量母糟经蒸馏才能产生。

④ 酱香　酱香是指具有类似酱食品的香气，酱香型酒香气的组成成分极为复杂，至今未有定论，但普遍认为酱香是由高沸点的酸性物质与低沸点的醇类组成的复合香气。

⑤ 清香　清香，指清淡的香味。清香之于白酒指的是酒体清、净，酯香匀称，干净、利落。优质的清香型白酒清香纯正，主体香乙酸乙酯和乳酸乙酯搭配协调，琥珀酸的含量较高，清字当头，净字到底。

⑥ 浓香　浓香是指各种香型的白酒突出自己的主体香的复合香气，更准确地说它不是浓香型白酒中的"浓香"概念，而是指具有浓烈的香气或者香气很浓。它可以分为窖底浓香和底糟浓香，一个是浓中带老窖泥的香气，比如酱香型白酒中的窖底香酒；一个是浓中带底糟的香气，香得丰满怡畅。对应的是单香、香淡、香糙、香不协调、香杂（异香）等。

⑦ 窖香　窖香是指具有窖底香或带有老窖香气，比较舒适细腻，一般四川流派的浓香型白酒中窖香比较普遍，它是窖泥中各种微生物代谢产物的综合体现；而江淮流派的浓香型白酒厂家因无老窖泥，一般不具备窖底香。

⑧ 蜜香　凤香型白酒多储存于酒海中，而酒海在制作过程中要在内壁涂上蜂蜡、菜油等物，这些成分溶于酒中，往往使凤香型白酒产生一种淡雅的蜜香，大大提升了品质。

⑨ 芝麻香　"芝麻香"通常被认为是芝麻香型白酒的代名词，芝麻香型白酒是以芝麻香为主体，兼有浓、清、酱三种香型之所长，故有"一品三味"之美誉。"芝麻香，香满城"，芝麻香型白酒的风味特色是"酱头芝尾"，入口绵，酱香浓郁；落口甜，似有甘味；口软，绝无辛辣味，有一股微妙的芝麻香沁人肺腑，回味无穷。芝麻香型的主体物质是什么，还有待进一步的检验和发现。

⑩ 豉香　通常所说的豉香味是中式调味中广泛使用的一种味型，其口味特

点主要体现为豉香浓郁，鲜咸味厚。而豉香之于白酒指的是以乙酸乙酯和β-苯乙酯为主体的清雅香气，并带有明显的脂肪氧化的陈肉香气，口味绵软、柔和，回味较长。

⑪ 药香　董酒等药香型白酒采用大曲与小曲并用，并在制曲配料中添加了多种中草药，故酒的香气有浓郁的醇类香气并突出特殊的药香香气。

⑫ 陈香

a.窖陈。窖陈指具有窖底香的陈或陈香中带有老窖底泥香气，似臭皮蛋气味，比较舒适细腻，是由窖香浓郁的底糟或双轮底酒经长期储存后形成的特殊香气。

b.老陈。老陈是老酒的特有香气，丰满、幽雅，酒体一般略带微黄，酒度一般较低。

c.酱陈。酱陈有点酱香气味，似酱油气味和高温陈曲香气的综合反映，是与美拉德反应有关的一种香气。所以，酱陈似酱香又与酱香有区别，香气丰满，但比较粗糙。

d.油陈。油陈指带脂肪酸酯的油陈香气，既有油味又有陈味，但不油哈，很舒适宜人。

e.醇陈。醇陈指香气欠丰满的老陈香气（清香型尤为突出）。清雅的老酒香气，这种香气是由酯含量较低的基础酒储存所产生的。浓香型白酒中没有陈香味都不会成为好名酒，要使酒具有陈香是比较困难的，都要经过较长时期的自然储存，这是必不可少的。

⑬ 焦香　焦香在食品风味中占有重要地位，是人们喜爱的焙炒香气。焦香在一些白酒中都不同程度地存在，大曲酱香和麸曲白酒中焦香较浓，芝麻香型白酒的焦香基本上已成为它的主体香气。产生焦香的成分主要是吡嗪类化合物，它是糖与蛋白质氨基酸在加热过程中形成的产物。白酒焦香的产生，与高温大曲及其酸性蛋白酶有关。焦香成分的种类和含量在不同香型之间有着显著的不同，目前已检测出近30种吡嗪类化合物，可定量的约20种，以茅台酒的吡嗪含量为最高。

⑭ 粮香　粮食的香气是很怡人的，各种粮食有各自的独特香气，它也应当是构成酒中粮香的各种成分的复合香气。这在日常生活中是常见的，浓香型白酒采用混蒸混烧的方法，就是想获得更多的粮食香气。实践证明，高粱是酿造白酒的最好原料，其他任何一种单一粮食酿造的白酒的质量都不如高粱白酒，但用其他粮食同高粱一起按一定比例进行配料，进行多粮蒸馏发酵酿造白酒，索取更加丰富的粮香，能获得较好的效果，使粮香气突出，成为混合粮食香气，使香气别有一番风味，更加舒适。有人对几种常用粮食作用的看法是，高粱生醇，大米生甜，酒米（糯米）生厚（绵），玉米生糙，小麦生香。所以，浓香型

名白酒均采用混蒸混烧法取酒。在制曲的原料上大都采用纯小麦，也有少数厂家用大麦、小麦或小麦、高粱；大麦、小麦、豌豆等使大曲各具独特的香气风格。

⑮ 多粮香　五粮液等浓香型白酒，多采用小麦、大米、玉米、高粱、糯米或五种以上粮食生产，其所产浓香型白酒与单粮浓香有显著差别，多粮浓香是一种似蒸玉米等所产生的粮饭香气，使酒更优雅、愉悦。

⑯ 海子香　海子香指的是指西凤酒经过其特殊的储存容器——酒海储存后散发出来的特殊香气。在酒海的制作过程中，酿酒师需用血料、鸡蛋清、菜油、蜂蜡等材料以一定比例反复涂擦、晾干，西凤酒在这种储酒容器中逐渐老熟后，散发出来一种特殊的香气，就是海子香。

（2）常用的描述白酒非正常香气的词

① 杂醇油气　使人难以忍受的苦涩怪味，即所谓"杂醇油味"，一般由微生物代谢产生。

② 焦煳气味　白酒中的焦煳味，来自于物质烧焦的煳味，主要是由于锅底水少造成被烧干后锅中的糠、糟及沉积物被灼煳烧焦所发出的浓煳焦味。烧灼焦煳味直接串入酒糟，再随蒸汽进入酒中。

③ 酸味　白酒中不良酸味的产生原因主要是生产环境不洁，污染大量产酸菌，酒醅发酵不良，微生物不能充分利用原料，发酵过程中品温过高、水分过大、生酸菌大量繁殖以及不合理的掐酒规程等。

④ 糠霉味　是指白酒生产所用辅料稻壳中含有大量的多缩戊糖及果胶质，在生产过程中会产生糠醛和甲醇，一般清蒸后就会消除。糠臭味一般来源于未清蒸彻底的辅料和霉菌的代谢，霉味主要来源于含水量过高或者霉变的原料。

⑤ 窖泥臭　在浓香型白酒差酒中，最常见的是窖泥臭，有时臭窖泥味并不突出，但却在后味中显露出来，也有越喝臭窖泥味越突出的。出现臭窖泥的主要原因是窖泥营养成分比例不合理（蛋白质过剩）、窖泥发酵不成熟、酒醅酸度过大、出窖时混入窖泥等原因所造成的。

⑥ 酒稍子味　略酸、涩，酒尾的味道，一般是由馏酒时上甑不匀和摘酒不当引起的。

⑦ 馊香　馊香是白酒中常见的一种香气，是蒸煮后粮食放置时间太久，开始发酵时产生的似2,3-丁二酮和乙缩醛综合气味。

⑧ 苦涩味　白酒中苦、涩味往往同时呈现。其形成原因比较复杂，与原粮、曲子、酵母菌、工艺条件、污染杂菌等多种因素有关。例如清香型白酒中正丙醇和异丁醇均会呈现苦味或苦涩味，其中正丙醇苦味较重，异丁醇苦味极重。

⑨ 泥香　泥香指具有老窖泥香气，似臭皮蛋气味，比较舒适细腻，不同于一般的泥臭、泥味，又区别于窖香，比窖香粗糙，或者说窖香是泥香恰到好处

的体现，浓香型白酒中的底糟酒含有舒适的窖泥香气。

⑩ 木香　是指白酒中带有一种木头气味的香气，难以描述。

⑪ 胶香　胶香是指酒中带有塑胶味，令人不快。

（3）常用的描述放香的词

① 无香气　香气淡弱无法嗅出。

② 微有香气　有微弱的香气。

③ 香气不足　香气清淡，未达到应有香气的浓度。

④ 秀雅　香味恰当，一种独特风格卓越的感觉。

⑤ 醇厚　香气入鼻时，一种厚实，浑然一体的感受。

⑥ 甘润　香气丰富，不单薄，香气圆润。

⑦ 挺爽　香气入口一种挺拔有力，回味爽快的感觉，使酒体彰显大气沉稳的感觉。

⑧ 清雅　香气浓度恰当，令人愉快又不粗俗。

⑨ 细腻　香气纯净而细致柔和。

⑩ 纯正　有正常应有香气，纯净无杂气。

⑪ 浓郁　香气浓烈馥郁。

⑫ 暴香　香气浓烈但过于强烈粗猛。

⑬ 放香　从酒中释放的香气。

⑭ 喷香　香气扑鼻，犹如从酒中喷涌而出。

⑮ 入口香　酒液入口后感到的香气。

⑯ 回香　酒液咽下后才感到的香气。

⑰ 留香　饮后齿颊间留有的香气。

⑱ 谐调　酒中各种香气成分协调、和谐，没有不愉快的刺激感。

⑲ 完满　香气丰满完善。

⑳ 浮香　香气短促，一哄而散，缺少正常香气的持久性，有人工加工香的感觉。

㉑ 芳香　香气芬芳悦人。

㉒ 固有的香气　该类酒应该具有的香气。

㉓ 焦香　令人愉快的焦煳的香气。

㉔ 异香　不是该类酒应该有的香气。

㉕ 臭气　各种令人不愉快的气味。

一般的白酒都会具有一定的溢香，但很少有喷香和留香，只有优质酒和名酒，才能在溢香之外，拥有较好的喷香和留香，像名酒中的五粮液，就是以喷香著称的，而茅台酒则是以留香而闻名。

4.2.3　类型的划分

白酒的类型按感官评价来说就是香型，而目前国家标准化技术委员会设立的标准香型共有十二种：酱香、浓香、清香、米香、凤香、兼香型、药香、芝麻香型、特型、豉香型、老白干香型、馥郁香型。在国家级品酒中，往往是按这种方法对酒进行归类然后评比。白酒的香型主要取决于生产工艺、发酵、设备、自然条件等。也就是说用什么样的生产工艺、发酵方法和什么样的设备，就能生产什么样香型的酒。

4.3　怎样提高嗅觉效果

4.3.1　全神贯注已经闻到的东西

人们总是说"脑袋不用会变蠢"，同样的道理也适用于人的感官，你越用你的感官就越敏锐。学习如何描述嗅觉，你甚至可能需要做一个嗅觉记录！为了更好的体验，在你把自己的眼睛蒙住后让别人拿不同的东西到你的鼻子跟前，看看你是否能猜出是什么东西。

4.3.2　让香气与你互动

嗅觉神经直接与你大脑的情感区域相连，所以有时候你会对不同的香气产生不同的喜厌反应。研究发现，一般情况下，快速食品的包装、新鲜的面包或油酥的食品会增加令人生气的可能性；薄荷和桂皮能提高注意力并使驾驶员的情绪更平静。而柠檬和咖啡能给人一个清醒的思维和高度集中的注意力。一杯凤香型白酒下肚可以提高药材有效成分的供给，增加幸福感。

4.3.3　熟悉制酒工艺对嗅觉具有辅助作用

品酒是一门学问。品酒的基础建立在对白酒基础知识的了解之上，包括白酒类型和酿造工艺等。在品尝白酒之时，如果能借助这些已知信息，会更轻松地品尝出白酒的味道。当然，这个过程是建立在反复实践之上的，因为味觉就如同你的记忆一样，需要在脑海里形成一个完整的类型、香气与风味的立体图。

4.4　怎样保护好嗅觉器官

避免那些会产生过多黏液的食物。你有没有注意到当你感冒时你的嗅觉会减弱甚至可能完全丧失？当你鼻塞时，鼻子里的黏膜上的嗅觉敏感的神经末梢被抑制，所以会减弱你的嗅觉能力，避免那些会让你鼻塞的食物（牛奶、奶酪、酸奶和冰激凌）可能会好一些。

避免那些会减弱你嗅觉能力的物质。有些感冒药会让你失去嗅觉。抽烟也会影响你的嗅觉能力，尽量不要多喝酒，当你血液里的酒精含量一上升，你的嗅觉能力就会减弱。

多吃富含锌元素的食物。嗅觉减弱通常与缺乏矿物质锌元素有关。为了提高你的嗅觉能力，去试试吃一些富含锌元素的食物吧，譬如牡蛎、小扁豆、葵花子、薄壳山核桃。有人说，人每天吃一些至少含有7mg锌的复合维生素有助于嗅觉敏感度的提高。

运动。研究发现当我们运动完后我们的嗅觉会更加的灵敏，我们又有了一个保持健康的理由。

使用加湿器。空气的湿度变大能同时增加你鼻腔里的湿度，湿润可以提高嗅觉的灵敏。

远离恶臭。长时间暴露在恶臭的环境里会减弱你的嗅觉能力。

在闻东西的时候应该很轻微简短地闻一下，这会提升你采集气味的能力。

4.5 嗅觉是品酒的灵魂

4.5.1 白酒的香气大致决定了白酒的品质

品酒时七分靠闻，三分靠尝，品酒最重要的也是最考验人的步骤就是"闻香"，酒样上齐后，通过闻香排出次序，就完成了品酒过程的一大半。经验证明有时即使不喝，也能评个八九不离十了。

白酒的香气是比较复杂的，不仅各种香型的白酒有不同的香气，即使同一香型的白酒香气也略有差异，即香韵有别。比如浓香型白酒，有的窖香浓郁、有的喷香突出、有的浓中带陈香、有的芳香浓郁、有的香纯如幽兰、有的酒香芬芳飘逸……

白酒的香气是产品的一种属性，是形成白酒风味特征、决定白酒品质的重要指标，一般好酒香气大，香气怡人，陈香好，口感谐调，余香持久，香与味是一致的；质量差一些的酒香气杂、散、不持久，口感淡薄，香与味是分离的、脱节的，会有香大于味的情况。

白酒的香气决定了酒的品质，因而白酒香气（含香味）成分的含量比例不同，形成了白酒的不同香型。但香气和香型之间并无直接关联性。白酒属于什么香型就应具有什么样的香气特征。但反之不然，即某一种香气不仅仅反映

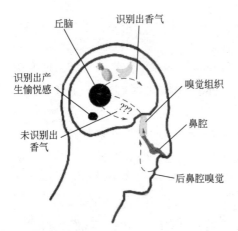

丘脑

识别出香气

识别出产生愉悦感

未识别出香气

嗅觉组织

鼻腔

后鼻腔嗅觉

某种香型的白酒，往往是几种不同香型的白酒兼而有之。如清香型和特香型白酒都具有愉悦的清香。白酒的香气如与白酒的香型相对应时，则属于正常的香气；反之，如某香型白酒中有不正常出现的香气，则应视为不正常的香气，将影响其感官质量。

对白酒香气的评价，一般分为五个等级：优级，为醇香扑鼻，幽雅悦人；良级，为香气纯正，但醇香较差；中级，为香气较正，微有异香；可级，香气尚可，欠协调；差级，为刺鼻难闻、带刺激性气味。

此外，评价白酒的香气时，还有主体香是否突出，放香的大小、香气的协调程度等内容。对白酒香型的评价，主要考察该酒是否符合所标示的香型风格，本香型风格是否突出或明显。

4.5.2　大脑中储存的香气样本越多、越清晰，品酒时的判断就越准确

白酒中风味物质的香气通过鼻腔到达后端的嗅觉组织（香气也可以通过口中的后鼻腔到达），接下来，嗅觉组织将香气变成电信号给丘脑。丘脑就如同一个香气数据库，如果对比和香气数据库里的香气一致，就会返回一个明确的结果，同时大脑会产生愉快的感觉，就像获得好成绩一样。假如大脑数据库里没有该香气，丘脑就会告诉你，这个香气识别不出！因此，大脑里面储存足够的香气样本是非常重要的（图4-3）。

嗅觉是品酒的灵魂。国家级品酒大师指出，分辨种类繁多的白酒通常不是依靠味觉而是依靠嗅觉，因为一个人的味觉只能分辨出酸甜苦辣这些基本味道，而嗅觉则可以分辨出众多不同的气味，粮香的、曲香的、窖香的等，每种不同的酒之间，都有细微的差异，而这种差异就通过嗅觉牢牢变成记忆。因此从某种程度上来说，品酒师都要有超强的记忆力，能记住不同样酒通过气味展

现出的细小的差异。

4.5.3 闻香的规范动作和规范习惯

闻香时，人体通过鼻孔吸气能够激活嗅觉神经细胞，从而感受到白酒的香气，这是通过"鼻前通路"感知外界气味的过程。闻香时应注意感受香气正或者不正，放香大或者放香小，香单或丰满，细腻优雅或暴香刺鼻，以及有无陈香气，有无典型特征等。

（1）闻香的规范动作　将酒杯端在手里，头部略微下低，酒杯放在鼻下，离鼻子1～2cm，让酒中的香气自下而上进入鼻孔，使香气在闻的过程中，容易在鼻甲上产生涡流，使香味物质分子更多地接触嗅黏膜。闻酒时不能对酒呼气，只能对酒吸气，一杯酒一般闻嗅三次就要进行准确的表述。闻完一杯酒后要稍休息片刻，再闻嗅另一杯。

（2）闻香时的规范习惯　酒杯要一致，酒杯中装的酒量要一致；鼻子和酒杯的距离要一致；吸气量不要忽大忽小，吸气不要过猛；不宜不停摇摆酒杯；嗅闻时，只能对酒吸气，不要呼气；逐一记录；按照杯号顺序，12345或54321进行嗅闻；闻香动作一致；闻香时注重节奏，当疲劳时要停顿一下，让自己的大脑"空白"或"清零"；当不同香型混编品评时，应先分出香型，而后按香型的顺序依次进行嗅闻。

（3）品酒要点　一杯酒嗅两次、品一次所得的初步结果即为第一次判断结果；第三次闻嗅时的再判结果与第一次相同时，即可终止；若第三次闻嗅结果与第一次结果不同，则应休息片刻，再进行第四次嗅和第二次品；其结果相同哪次，就确定哪次的判断结果，不再继续品尝了；不要轻易否定第一次的判断结果，一般闻三四次，品两次就要得出结论。一组酒（五杯）品尝时间应在15min左右，不宜太多的反复。

此外，品酒时，嗅觉最灵敏，但最容易疲劳，所以闻酒时间不宜过长，注意嗅觉休息，感冒、饮酒、吸烟、饮咖啡或食香气过浓的食品，对品酒都有极大干扰。

点评

"工欲善其事必先利其器"，保护好你的嗅觉，避免那些会减弱你嗅觉能力的物质。它可是你的软实力哦。有些感冒药会让你失去嗅觉，抽烟也会影响你的嗅觉能力，尽量不要多喝酒，当你血液里的酒精含量一上升，你的嗅觉能力就会减弱，所以闻香之前不要去喝任何一杯酒，哪怕是一点点，否则会引起你的嗅觉失灵。

小贴士

Tip1：如何进行白酒品评练习

① 尝试多种香型白酒。尝试不同品种以及不同品质的白酒。

② 比较品尝。品尝同一香型不同品牌的白酒，或者同一品牌生产的不同质量的白酒等，通过比较来锻炼你的感觉器官。

③ 学习品酒词汇。拓展品酒词汇表是一个值得投入时间的学习。要找到准确的词汇来表达白酒的特征，然后记住它。

④ 在帮助、交流下学习。特别是对于白酒品评的初学者而言，向大师请教，或是向身边的同学交流，都能更容易进入状态。

⑤ 盲评。不要受到品牌和价格的影响，这样才能对白酒进行更客观的评价。

Tip2：标准描述不一定适合每一位品酒者

在单体香品评培训的过程中，我体会到了书本上的香气描述并不一定适合每个人，如书本上说一些高级醇具有杂醇油气，有苦涩味，刺激，而我闻到的是不愉快的油漆味；书上说正丙醇是水果香和青草香，而我却因为它像酒精的味道记住了它。同样的，对于不同香型的白酒，不一定每一位品酒者都完全认同标准的描述，最重要的是把自己的感受深深地印在脑海里，在下一次遇到这种味道的时候能快速反应出来。

Tip3：如何快速记住各类白酒的特点

① 放置会浑浊的白酒有：米香型酒（桂林三花），放置一会儿即浑浊；特香型酒（四特酒），久置浑浊。

② "黄色"的白酒有酱香型白酒；特香型白酒；豉香型白酒（有时会调色）。

③ 特殊味道记住不同类型的白酒。浓香型：粮香、窖香。酱香型：酱香、焦香，空杯留香。清香型：酒精味加水果香味。凤香型：醇厚，香甜甘洌。豉香型：油哈味。老白干：酱油味（也有人说是面粉味）。米香型：醪糟味。特香型：糊味。芝麻香型：芝麻香和糊味。董香型：中药材味。

第五章

味觉很重要

味觉是人体感知外界的重要方式，神农尝百草，让后人学会了中医治病，猿人尝酒，使得酿酒技术被人类所发明。视觉和嗅觉带给人们的是表观的判断，而给出最终答案的往往是味觉。在白酒品评中也是如此，七分靠闻，三分靠尝，但是闻香并不能准确判定最终结果，只有通过品尝后，才能综合判定白酒质量。因此，味觉在白酒品评中往往起到了画龙点睛的作用。白酒品评过程中，视觉、嗅觉和味觉这三个方面是相辅相成、相互影响的。酒龄长的白酒颜色微黄，味道醇厚；含有杂质的白酒颜色不够透亮，味道会杂乱一些；香气自然舒适的白酒，口感更为协调；异香暴香的白酒，有异杂味，后味不愉快。因此，白酒品评中，味觉应是对视觉、嗅觉结果的验证统一。颜色、香气、口感若能保持一致，基本能够确定品评结果的准确性，但香气浓郁而口感较差，说明闻香或是品尝时出现误差，需要重新验证。因此，评酒中应将观色、闻香和品尝结合起来，综合评定白酒的风格、质量。

不同于视觉和嗅觉，味觉在白酒品鉴中，味觉带给品鉴者的感受更具有丰富色彩。所谓"人生五味，自在其中"，这句话用在优质白酒带给人的味觉感受上再合适不过了。"酸、甜、苦、辣、涩，绵、甜、净、爽、醇"，浅浅一杯白酒，在与舌交融的瞬间，就带给了品鉴者一个纷繁复杂的味觉世界。

5.1　味觉的艺术

5.1.1　味觉与美学

《说文解字》中提到"美，甘也，从羊从大"，日本学者笠原仲二推论："中国人最原初的美意识是起源于'甘'这样的味觉的感受性"。"味觉审美"在理论上又是一个饶有兴趣的问题。人的情感活动的诸多类型常常借助味觉感受来表达。在语言传达上，人们习惯将某种令人幸福愉悦之情称为"甜蜜"，将那些相反负面的情感称为"苦悲"，其他各负面的情感称为"酸楚""辛苦""酸涩""辛辣"等，这表明了人的情感活动与味觉感受的联系是广泛的、深刻的、密切的。

5.1.2　味觉与酒

酒味本身具有酸、甜、苦、涩、辣、杂等之分。但它给人的感觉也总是复合之味、综合之感。这些味觉的美感在西凤酒中非常突出。譬如人们常说的西凤酒"诸味协调"，就是说西凤酒酸、甜、苦、辣、香五味俱全，均匀、平衡，即酸而不涩、甜而不腻、苦而不黏、辣不呛喉、香不刺鼻、饮后回甘，达到诸味浑然一体，非常协调统一的境界。酒味本身就是一种文化，一方水土养一方人，一方人喝一方酒，酒中糅合了造酒者的性格与信仰。譬如，西凤酒产于八百里秦川的西部，渭北平原之上，这里的人民淳厚朴实，性格坦荡豪放，因而传统的西凤酒也是度高味厚、质朴而浓烈。总之，一种酒独特的典型风味及其结构美，从根本上说，来源于经过几千年发展、完善、精益求精的独特传统工艺。

5.2 味觉概述

5.2.1 味觉的定义

味觉是指食物在人的口腔内对味觉器官化学感受系统的刺激并产生的一种感觉。味感产生的过程，就是可溶性呈味物质进入口腔后，在舌头肌肉运动作用下，与味蕾相接触，刺激味蕾中的细胞，并与受体结合，结合物产生的信号，以脉冲形式通过神经系统传至大脑，经分析后产生的感觉。

味觉有两个重要功能特性，一是适应性，即在持续刺激的条件下反应会降低；二是混合物间的相互影响，即对不同味的混合物表现出部分抑制或相互掩盖的趋势。

5.2.2 味觉的生理基础

人类的味觉感受细胞存在于舌头表面、软腭、咽喉和会厌的上皮组织中，味觉细胞表面有许多味觉感受分子，不同物质能与不同的味觉感受分子结合而呈现不同的味道。口腔内感受味觉器官的主要是味蕾，其次是自由神经末梢。味蕾大多分布在舌头表面的乳状突起中，尤其是舌黏膜皱褶处的乳状突起中最密集。味蕾一般由40～150个味觉细胞构成，大约10～14天更换一次。婴儿有10000个味蕾，成人几千个，味蕾数量随年龄的增大而减少，同时对物质的敏感性也降低。

从味感物质刺激味蕾到感受到滋味，时间仅需1.5～4ms，比视觉、听觉、触觉都要快，这是神经传递的结果。舌前三分之二的味蕾与面神经相通，舌后三分之一的味蕾与舌咽神经相通，软腭、咽部的味蕾与迷走神经相通，而其他感觉的传递需要通过一系列次级化学反应来传递，过程较慢。一般来讲，人对咸味的感觉最快，对苦味的感觉最慢，但就人对味觉的敏感性来讲，苦味比其他味觉都敏感，更容易被觉察。

5.2.3　基本味觉

长期以来，人们通常都接受"存在有限的基本味道"的说法，这些基本味道组成了所有食物的味道，并且可以对此进行分组分类。和基础颜色一样，这些基本味道仅仅只是对应人类的感受器，比如舌头可以识别不同类型的味道。

目前被业界广泛认可的基本味觉就是酸、甜、苦、咸、鲜。尽管生理学上对味觉的认识基本趋向一致，但是不同地区的人们习惯上对味觉有自己的见解：欧美国家将味觉分为酸、甜、苦、辣、咸、金属味、钙味；印度等东南亚国家习惯上将味觉分为酸、甜、苦、辣、咸、涩味、淡味、不正常味。

关于味觉，有许多基本概念需要厘定。

辣味是不是一种味觉？

准确来说，辣味并不是一种味觉，而是一种痛觉。辣味可由辣椒中的辣椒素产生，辣椒素能刺激我们的辣椒素受体，这是一种非常重要的受体。除了辣椒素，白酒中的醛类物质、酸类物质等，也使舌头的味蕾产生灼痛感。由此来看，辣味是一种痛觉，不是味觉。

麻味是否为味觉？

花椒产生的麻味跟辣味有相似之处，它们都是三叉神经感觉，产生麻味的物质叫作羟基山椒素。不过，麻既不是痛觉也不是触觉，而是一种震动感，它刺激的是我们的震动感受器。2013年，英国的科学家发现了麻的本质，这是一种接近于50Hz的震动。也就是说，如果你想体验一下麻的感觉，但是手边又没有花椒的话，你可以让自己的舌头以每秒钟50次的频率来震动，它们的感受差不多。因此，麻味是震动感而不是味觉。

涩味是否为味觉？

涩味是食物成分刺激口腔，使蛋白质凝固时而产生的一种收敛感觉。涩味不是食品的基本味觉，而是刺激触觉神经末梢造成的结果。

鲜甜二味有关吗？

人们通常会用鲜甜并用的方法描述这种感觉，也就是所谓的"鲜甜鲜甜"的感觉。在烹饪的过程当中，少量的糖常被用来提鲜。那么甜和鲜这两种感觉究竟有什么关联呢？

甜味是某些含多元羟基的化合物产生的刺激，而鲜味则是某些游离氨基酸产生的刺激。甜味和鲜味之间存在某种关联，它们都可以激活一些受体，而其中有一个受体是它们共用的，它们还可以同时激活同一个离子通道蛋白，这也许就是甜味和鲜味具有某种联系的根本原因。

味觉地图存在吗？

在以前的教科书中，味觉通常被描述成这样，不同的感知区域感知不同的味觉：舌尖对甜味敏感，舌根对苦味敏感，舌头两侧则对酸味和咸味敏感，即所谓的味觉地图。1974年，美国的研究者Collings通过实验证明了舌头每个区域都能尝出咸味、甜味、酸味、苦味这几种物质的味道，只是敏感阈值不同。因为味蕾里包含50~150个味觉受体细胞，而味道就是通过这些味觉受体细胞传递到大脑的。但每个味觉受体细胞究竟是只传递一种味道，还是几种味道都能传递，在学术界有争议。但不管是哪种模型，一个味蕾是能同时品尝到各种味道的。

（1）苦味　苦是味觉中最敏感的一个，许多人将其理解为不愉快的、锐利的或者无法接受的感觉。苦味的阈值与其他味觉比较是最低的。

苦味是由含有某些化学物质的液体刺激引起的感觉。由分布于味蕾中味细胞顶部微绒毛上的苦味受体蛋白与溶解在液相中的苦味质结合后活化，经过细胞内信号传导，使味觉细胞膜去极化，继而引发神经细胞突触后兴奋，兴奋性信号沿面神经、舌咽神经或迷走神经进入延髓束核，更换神经元到丘脑，最后投射到大脑中央后回最下部的味觉中枢，经过神经中枢的整合最终产生苦味感知。

（2）咸味　咸味是通过味觉细胞上的离子通道来感知的，阳离子往往产生咸味，阴离子往往抑制咸味。氯化钠和氯化锂是典型的咸味，钠离子和锂离子产生咸味，钾离子和其他阳离子产生苦味和咸味，当盐分子的原子量增大时，有苦味增大的趋势。氯离子本身是无味的，对咸味抑制作用很小。较复杂的阴离子不但抑制阳离子的味道而且本身也产生味道。物质的咸度是以氯化钠作为基准的，其值为1。钾盐，如氯化钾，也是盐物质的重要组成之一，其咸度为0.6。咸味物质的相对咸度，与离子半径有关，半径较小呈咸味，半径较大呈苦味，介于中间呈咸苦。如氨盐的一价阳离子，以及元素周期表中碱土金属族的二价阳离子如钙离子，虽然它们能够通过离子通道进入舌头的细胞中，并激发动作电位，但它们通常会激发苦味而不是咸味。咸味是鲜味的引发剂，没有咸味很难感知到鲜味，鲜味反过来可抑制咸味。咸味可压制苦味和异味，这也是为什么一些腌制食品重盐的原因。

（3）酸味　酸味是由H^+刺激舌黏膜而引起的味感，AH酸中质子H^+是定味剂，酸根负离子A^-是助味剂，酸味物质的阴离子结构对酸味强度有影响。有机酸根A^-结构上增加羟基或羧基，则亲脂性减弱，酸味减弱；增加疏水性基因，有利于A^-在脂膜上的吸附，酸味增强。酸味的强度与酸的强度不呈正相关关系。有些高级脂肪酸几乎没有酸味，这是因为烷基链加长以后，分子的疏水性增加，多呈现出烷基链的作用。如白酒中的油酸、亚油酸、棕榈酸等几乎无甜味，容易形成脂肪酸乙酯，被认为是造成白酒失光、浑浊的主要原因。

（4）甜味　甜味通常指那种由糖引起的令人愉快的感觉。某些蛋白质和一些其他非糖类特殊物质也会引起甜味。甜通常与连接到羰基上的醛基和酮基有关。甜味是通过多种G蛋白耦合受体来获得的，这些感受器耦合了味蕾上存在的G蛋白味导素。甜味物质的检出阈值是以蔗糖作为基准的，蔗糖甜度设定为1。人类对蔗糖的平均检出阈值为0.01mol/L。对于乳糖来说，则是0.03mol/L，因此其甜度为0.3。

在食品行业中经常添加甜蜜素（环己基氨基磺酸盐），分子式为 $C_6H_{11}NHSO_3Na$；安赛蜜（乙酰磺胺酸钾），分子式为 $C_4H_4KNO_4S$；糖精钠（邻磺酰苯酰亚胺钠盐），分子式为 $C_7H_4NNaO_3S$；阿巴斯甜（L-天冬氨酰-L-苯丙氨酸甲酯），分子式为 $C_{14}H_{18}N_2O_5$ 等甜味剂来增加食品口感，但这些化学合成的甜味剂在白酒企业酒类生产过程中是严禁添加使用的，其在食品安全检测中主要通过低温反相HPLC法进检测。

（5）鲜味形成的机理　鲜味是一种非常可口的味道，由L-谷氨酸所诱发，鲜味受体膜外段的结构类似于捕蝇草，由两个球形子域构成，两个域由3股弹性铰链连接，形成一个捕蝇草样的凹槽结构。L-谷氨酸结合于凹槽底部近铰链部位。IMP则结合于凹槽开口附近。研究人员对鲜味受体的形状进行了少许的改动，发现了一种特殊的变构效应，即IMP结合于L-谷氨酸附近的部位可以稳定VFT闭合构象，增强L-谷氨酸与味觉受体结合的程度及鲜味味觉。相同类型的鲜味剂共存时，与受体结合具有竞争性，不同类型的鲜味剂共存时，有相乘作用。白酒中的鲜味物质主要来源于氨基酸及其衍生物。

科学家所描述的酸、咸、苦、甜、鲜这五种味道，只是人们对口中食物认知的其中一部分。除此以外还包括由鼻子中的嗅上皮细胞所得到的嗅觉味道，由机械感受器得到的口感，以及由温度感受器得到的温度。其中，舌头尝到的和鼻子闻到的，被我们归纳组合成味道。

5.3　影响味觉的因素

5.3.1　物质的阈值

味觉阈值是指味蕾感受物质形成味觉所需要的该物质的最低浓度，不同物质的阈值也不相同。蔗糖（甜感）阈值为0.1%，氯化钠（咸感）为0.05%，柠檬酸（酸感）为0.0025%，硫酸奎宁（苦感）为0.0001%。阈值越低，对该物质的味觉越敏感。

根据阈值的测定方法的不同，又可将阈值分为绝对阈值、差别阈值和最终阈值。

绝对阈值是指人感觉某种物质的味觉从无到有的刺激量。

差别阈值是指人感觉某种物质的味觉有显著差别的刺激量的差值。

最终阈值是指人感觉某种物质的刺激不随刺激量的增加而增加的刺激量。

5.3.2 物质的结构

糖原及羟基——甜味；氢离子及酸类物质——酸味；一些碱金属的盐类——咸味；生物碱及一些杂环类化合物——苦味。

5.3.3 物质的水溶性

呈味物质必须有一定的水溶性才可能有一定的味感，完全不溶于水的物质是无味的，溶解度小于阈值的物质也是无味的。水溶性越高，味觉产生的越快，消失的也越快，一般呈现酸味、甜味、咸味的物质有较大的水溶性，而呈现苦味的物质水溶性一般。

5.3.4 温度

一般随温度的升高，味觉加强，最适宜的味觉产生的温度是10 ~ 40℃，尤其是30℃最敏感，大于40℃或小于10℃时味觉都将变得迟钝。温度不同，对不同味觉的影响也不同，其中对甜度的影响最为显著，对酸味的影响最小。白酒品评中多设置环境温度为20 ~ 25℃，温度过高会加快白酒香气挥发，影响对嗅觉的判定，因此品酒室温选择为白酒最佳存放温度20 ~ 25℃，而不是味觉最敏感的30℃。

糖类中的果糖在低温下容易从液体中析出，甜度增强，而温度升高后出现异构化，甜度降低，因此甜味饮料和某些水果如西瓜，在低温下尝起来会更甜，原因就在于此。

温度对呈味物质的阈值也有明显的影响。以下列举了一些常见呈味物质在0℃和25℃时的不同阈值。

25℃：蔗糖0.1%，食盐0.05%，柠檬酸0.0025%，硫酸奎宁0.0001%

0℃：蔗糖0.4%，食盐0.25%，柠檬酸0.003%，硫酸奎宁0.0003%。

5.3.5 味觉的感受部位

味蕾包含了能感受各种不同味道的味觉细胞，而每一个细胞则只负责辨别其中一种味道。而味蕾在舌头表面和口腔内都有分布，也就是说，舌头上有味蕾的区域都能对所有味觉进行灵敏的分辨。虽然味觉地图是不存在的，但是，通常人感觉上，甜味的味觉似乎是舌尖部位最敏感，苦味似乎总在舌根，咸味似乎总在舌侧前端呈现，酸味多在舌侧后端呈现。

5.3.6 味的相互作用

两种相同或不同的呈味物质进入口腔时，会使二者味觉都有所改变的现象，称为味觉的相互作用。

（1）味的对比现象 指两种或两种以上的呈味物质，适当调配，可使某中呈味物质的味觉更加突出的现象。如在10%的蔗糖中添加0.15%氯化钠，会使蔗糖的甜味更加突出；在醋酸中添加一定量的氯化钠可以使酸味更加突出；在味精中添加氯化钠会使鲜味更加突出。

（2）味的相乘作用 指两种具有相同味感的物质进入口腔时，其味觉强度超过两者单独使用的味觉强度之和，又称为味的协同效应。甘草铵本身的甜度是蔗糖的50倍，但与蔗糖共同使用时末期甜度可达到蔗糖的100倍。

（3）味的消杀作用 指一种呈味物质能够减弱另外一种呈味物质味觉强度的现象，又称为味的拮抗作用。如蔗糖与硫酸奎宁之间的相互作用。

（4）味的变调作用 指两种呈味物质相互影响而导致其味感发生改变的现象。例如白酒中酸的综合含量和强度达到某一值时，白酒的苦味就会消失，回甜感明显，给人味觉完全不同的两种感受。

（5）味的疲劳作用 当长期受到某种呈味物质的刺激后，就感觉刺激量或刺激强度有减小的现象。

5.3.7 其他影响味觉的因素

人体的衰老程度、荷尔蒙水平、基因差异、口腔温度、服用药物及使用化学品、中枢神经疾病、鼻塞、缺锌等都会对味觉产生不同程度的影响。

5.4 白酒中的呈味物质

白酒中的每一种成分对味觉都有一定的影响，造成了各种白酒口味不同的特点，白酒中影响味觉的物质概括起来有以下几类。

5.4.1 酸味物质

形成酸味的主要物质是无机酸和有机酸，在白酒中又以有机酸为主，包括乙酸、丁酸、己酸、乳酸、戊酸、柠檬酸和苹果酸等。有机酸对白酒有相当重要的作用：能消除酒的苦味；是新酒老熟的有效催化剂；是白酒最重要的味感剂；对白酒的香气有抑制和掩蔽作用。白酒的挥发酸有甲酸、乙酸、丙酸、丁酸等，以乙酸为主；不挥发酸有乳酸、苹果酸、柠檬酸。多数挥发酸既是呈香物质，又是呈味物质，非挥发酸只呈酸味，而无香气。这些挥发酸在呈味上，分子量越大，香气越绵柔，酸感越低；相反，分子量越小，酸的强度越大，刺激性越强。碳原子较多，或不挥发性的酸，这些有机酸在酒中起调味解暴作用，是重要的调味物质，但要注意它们的含量，以及它们之间的比例关系。

白酒中油酸、亚油酸、棕榈酸被称为白酒中的三大脂肪酸，是一类沸点高、水溶性差、易凝固的有机酸，含量很微小，但构成呈味物质。它们和酒精反应生成油酸乙酯、亚油酸乙酯、棕榈酸乙酯，这些不饱和酯类性质不稳定，溶于醇而不溶于水，当白酒加浆水降度或是温度降低时，由于其溶解度降低而出现了白色絮状胶体沉淀。但它们使传统固态法白酒产生自然感，是传统工艺白酒典型风格特征的微量物质成分之一。微量情况下可以存在，含量过多时多采用过滤、吸附等方法将其除去。

白酒中基本不含柠檬酸，但它具有很舒适的酸味和回甜味，被食品工业大量采用。经测试在白酒中含一定量的柠檬酸，能改善白酒的口味，但它是三元酸，在钙离子存在下会发生缓慢反应，生成含四个结晶水的柠檬酸钙，微溶于水，能溶于酸，几乎不溶于乙醇，随酒精度升高而溶解度降低，从而形成沉淀物。由于反应缓慢，在勾调时不会产生沉淀，而造成货架期沉淀，对白酒质量危害较大，并易给白酒带来涩味。在低度白酒中，其微量存在是有益的。

白酒中挥发性的乙酸和不挥发的乳酸，是白酒中含量最大的两种酸，它们不但是白酒的重要香味物质，而且是许多香味物质的前体，对白酒风味贡献最大。一般白酒中乙酸含量接近乳酸含量，而优质酒中，乳酸量大为增加。乙酸气味单一刺鼻，有醋的气味和刺激感，口感爽快带甜，给白酒带来愉快的香气和酸味。乳酸只有酸味，酸中带涩，适量有浓厚感，能增加白酒的醇厚性，比较柔和，但过浓时则呈涩味，使酒呈馊酸味。

5.4.2 甜味物质

以白酒中带羟基（—OH）团的物质为代表。一般来说，羟基数增多，则甜味增大。例如，甘露醇比甘油甜，而赤藓醇则更甜。乙醇带有甜味，是因为本身含的羟基（—OH）。在酒中还含有甘油和2,3-丁二醇等均有甜味。

醇类物质在白酒中呈香呈味作用都很重要。高级醇是醇甜和助香的主要物质，也是酯类的前驱物质，是香与味的连接纽带，起呈香和呈味的桥梁作用。醇类是构成白酒相当一部分味觉的骨架，这主要表现出柔和的刺激感，甘甜兼有醇厚感、绵柔感，有时也赋予酒体一定的苦味。甜味在品尝时常常在呈味感中来得比较迟，呈后味，称"回甜"。若酒入口初就感到甜味，或回甜消失时间太长、甜味太强，则为白酒的缺点。

醇类中的甘油，又称丙三醇，具有脂肪醇的化学活性，同时又是多元醇，是最简单的三元醇，由白酒发酵过程所产生，能够使酒体变得甘甜、醇香，能够与白酒中的单宁、醛类物质发生反应，使得白酒涩感减弱。甘油在白酒中的添加方法和添加量是有一定要求的，添加过多会使得白酒发腻，口感不协调。

白酒中采用增加酸度和酸感来增加回甜的做法，这主要是利用味觉的变调作用，酸度增加后会使苦味消失，白酒甜味相对突出，回甜感增加。

5.4.3　咸味物质

白酒中体现咸味的物质都是盐类，但盐类并不等于食盐，一般来说，除食盐以外的绝大部分盐类物质都有咸味。白酒中的咸味，多由加浆水而来，适当的咸味，可使白酒风味完整，同时能够增强甜味，但如果含盐类太多，就带异杂味，不爽口，而且还会产生沉淀，所以就必须除去。

5.4.4　苦味物质

苦味物质的化学结构式中一般含有—NO_2、—N—、—SH、—C—S、—SO_3H等基团。一般苦味在口味上较敏感，并且持续时间长，经久不散。其代表物质为奎宁，含量在千分之五时就可尝出。白酒中的苦味物质来源于生物碱、L-氨基酸、某些低肽、酚类化合物、美拉德反应产物焦糖以及酵母代谢产物，如酪氨酸生成酪醇，色氨酸生成色醇等，这些物质均表现为苦味。

白酒中产生苦味的生物碱类物质，一般是由酿酒原辅料中带入，通过蒸馏进入酒中而引起苦味，如苦壳碱。研究认为生物碱是引起苦味并饮后口干的主要因素，这将是中国白酒未来的关注方向之一。

由于生物碱易溶于酒精等有机溶剂，难溶于水，可采用加水降度的方法。同时根据味觉的相杀原理，增加酸感或酸强度，会减少苦味感，因此也可以通过加酸的方法消除苦味。

5.4.5　辣味物质

辣味不是味觉，而是刺激鼻腔和口腔黏膜的一种痛感。在酒中，凡带有—CH—CH—、—CHO、—CO—、—S和—SCN等基团的有机物都有辣味。酒中的辣味成分，主要与酒精和醛类有关，是因其刺激性而产生的。新酒的辛辣味以醛类为主。

在低度白酒中，由于加入了较多的水，相应地使辣味物质的含量得到稀释，因此低度酒一般没有多大的燥辣味。新酒中由于含有较多醛类，口感辛辣，一般通过延长储存时间来减少辛辣感。

5.4.6　涩味物质

涩味是一种收敛性味，因麻痹味觉神经而产生的。酒中的涩味，主要是单宁、醛类、过多的乳酸及其酯类。低度白酒的涩味来源于基础酒，如基础酒无涩味，那么低度白酒一般也没有，如基础酒涩味重，则低度白酒一般也带有一定的涩味，只是表现不突出而已。酸度过大，易引起涩味出头，降涩通常通过降低酸度来解决。

5.4.7　鲜味物质

白酒中的鲜味物质主要来源于氨基酸，是由蛋白质分解而来的，具有舒适的香甜味。氨基酸的衍生物是构成白酒陈曲香气味的重要物质，使白酒绵柔醇厚，香味淡雅、舒适。目前人们正在设法提高白酒中氨基酸的含量，从而提高白酒的内在质量。在白酒的分析中已检测出了至少有17种氨基酸，优质酒中精氨酸多，丙氨酸较少，这说明了氨基酸的种类、含量、比例关系对白酒中香味的形成有一定的影响。它们单体的香味多呈鲜味，也有呈苦味和咸味的，在白酒中这些鲜、苦、咸与其他微量成分结合，演变而构成特殊的淡雅陈味，有净爽、细腻的感受，使酒体谐调丰满。

5.5　味觉是白酒品鉴的点睛之笔

味觉是食物品鉴中的最后一道关卡，食物是否香甜可口，只有通过细细品味，才能得到最终答案，所以说味觉不仅是白酒，也是美食品鉴最终的"点睛之笔"。将闻香与品味联系起来，享受食物在舌尖上带来的丰富感受，这也是为何称美食品鉴为"舌尖上的中国"之缘由。

白酒品评中，"七分靠闻香，三分靠品味"，三分的品味却是验证七分香气，领略白酒内在品质，得出结论的关键一步。浅浅一杯酒，如何品出其中滋味，又如何与闻香联系起来，这其中既靠的是勤学苦练，也需悟出要领所在。

5.5.1　尝评的要领

（1）入口　白酒品评的关键之一是控制进口量，入口量过多，容易使舌头疲劳；入口量过少，白酒无法铺满舌面，影响味觉判断。因此，利用味觉品鉴白酒时，入口量以1～2mL为宜，入口速度要慢而稳，让酒液先停留在舌尖上1～2s，使酒液接触舌尖、舌边，并平铺于舌面和舌根部，全面接触味蕾，然后再用舌鼓动口中酒液，使之充分接触上颚、喉膜、颊膜进行全面辨味，仔细品评酒质的醇厚、丰满、细腻、柔和、谐调及刺激性等。

（2）回味　入口2～3s后，将口腔中的余酒缓缓咽下，然后使酒气随呼吸从鼻孔排出，检查酒气是否刺鼻及香气浓淡，判断酒的后味与回味，涩味可采用移动舌面，与口腔上下摩擦的方法来体会。酒液在口中停留的时间不宜过长，因为酒液和唾液混合会发生缓冲作用，时间过久会影响味的判断，同时还会造成味觉疲劳。在一轮品尝并有初步结论后，可适当加大入口量，以鉴定酒的回味长短，尾味是否干净，是回甜还是后苦，并鉴定有无刺激喉咙等不愉快的感觉。

（3）判定　酒的滋味应有醇厚、浓郁、淡薄、绵柔、辛辣、纯净和邪味之别，酒咽下后，又有回甜、苦辣之分。其滋味评价以绵柔、醇厚、爽净、无异味、无强烈刺激性为上品，以入口柔、吞咽顺为最佳，每次品尝后需用纯净水或淡茶水漱口，以尽快恢复味觉。在进行味觉判断时，气味分子的气体会部分通过鼻咽部进入上鼻道，嗅觉也在发挥一定的作用，因此，味觉需与鼻后嗅觉同时感知，才能体会到滋味。

一般品评遵循香气与口感一致的原则，即闻香优雅舒适的白酒，口感如果柔顺协调的话，基本能够判定为优质酒，反之亦然。若闻香和口感不一致，应该是某一环节出现误差，需要结合其他方面的感受，重新进行判定。

5.5.2　尝评的步骤

尝评时按酒样的多少，一般分为初评、中评、总评三个阶段。

（1）初评　一轮酒样嗅香气后，从嗅闻香气小的开始尝评，入口酒样量以能布满舌面和能下咽少量酒为宜。酒样下咽后，可同时吸入少量空气，并立即闭口用鼻腔向外呼吸，这样可比较全面地辨别酒的味道。做好记录，排出初评的口味和顺序。初评对酒样中口味较好和较差的判断比较准确，中等情况的或口味相差不多的判断可进入中评判断。

（2）中评　重点对口味相似的酒样进行认真品尝比较，确定中间及酒样口味的顺序。

（3）总评　在中评的基础上，可加大入口量，一方面确定酒的余味，另一方面可对暴香、异香、邪杂味大的酒进行品尝，以便最后确定排出本次酒的顺位，并写出确切的评语。蒸馏白酒的基本口味有甜、酸、苦、辣、涩等，白酒的味觉感官检验标准应该是在香气纯正的前提下，口味丰满浓厚，绵软、甘洌、尾味净爽、回味悠长、各味谐调，过酸、过涩、过辣都是酒质不高的标志。品酒员应根据尝味后形成的印象来判断优劣，写出评语，给予分数。

尝评中按照上述顺序，既能够节省时间，也增加了品评结果的准确性，使品酒者达到事半功倍的效果。

5.5.3　尝评影响因素的消除

（1）品酒次序　品酒的顺序应依照闻香的排列次序，先从香气淡的开始逐个进行尝评，把异味大的异香和暴香的酒样放到最后尝评，以防止味觉刺激过大而影响品评结果。尝评时，将酒液饮入口中，每次饮入的量要尽量保持一致，酒液入口时要慢而稳，使酒液先接触舌头，布满舌面，进行味觉的全面判断。

（2）品酒中的效应

① 顺效应。人的嗅觉和味觉经长时间连续刺激，变得迟钝，以致最后失去知觉。

② 后效应。品评前一个酒样后，影响后一个酒样的心理作用。

③ 顺序效应。品酒时，产生偏爱前一个或者后一个酒样的心理作用。

在品酒过程中，我们必须避免出现顺效应、后效应和顺序效应的情况。因此，应当在白酒品评中使用明评法、暗评法和差异品评法交替进行，纠正心理因素的误导，避免因效应因素而影响结果的准确性。

白酒品鉴中的味觉不是孤立的，需和视觉、嗅觉相辅相成，形成"一看二闻三品尝"的系统过程。同时，品评时还应结合各白酒的工艺及特点，做到以味识酒，在尝评中体会白酒的精髓所在。通过味觉感受，从酒的醇和、绵甜、圆润、谐调、爽净上去体现产品自然的幽雅、舒适、健康特质，利用味觉的对比、相乘、消杀、转化等作用，通过味与味的博弈，来给白酒品评画上点睛之笔。

> **点评**
>
> 品酒员一定要注意保护自己的味觉，平时忌吃酸、辣刺激性食品，饮食要清淡，女性忌用带芳香味的化妆品，品酒前不要熬夜，保持一种清新、健康、平和的精神状态，才是一个专业品酒师应有的状态，即所谓"素食、素颜、素心"三素原则。

苦味

酸味　　　酸味

咸味　　　咸味

甜味

图5-1　味觉地图示意

苦味　　咸味

甜味　　鲜味

酸味

图5-2　实际的味觉地图示意

小贴士

Tip1："味觉地图"真的存在吗

谎言：舌头上特定区域专司一种味觉，舌尖对甜味最敏感，舌根对苦味最敏感，而舌两侧则负责品尝酸味和咸味。这就是大家常说的"味觉地图"（图5-1）。

真相："味觉地图"的说法流传了几十年，长盛不衰，然而却被证明是错误的。事实上，由美国加利福尼亚大学圣迭戈分校生物学教授查尔斯·朱克（Charles Zuker）发起的研究表明，味蕾包含了能感受各种不同味道的味觉细胞，而每一个细胞则只负责辨别其中一种味道。而味蕾在舌头表面和口腔内都有分布，也就是说，舌头上有味蕾的区域都能对所有味觉进行灵敏的分辨，传言中的"味觉地图"其实并不存在。

结论：原来味蕾是多面手，而非传说中的"专业工人"。由于味蕾是四散分布在口腔内，因此，实际的"味觉地图"应该是图5-2这样的。

Tip2：如何"打开"味蕾

从某种意义上说，味蕾确实可以"打开"离子通道：字面意义的"打开味蕾"。

首先，让我们来认识一下味蕾（图5-3）。一部分味蕾存在于舌头的"菌状乳头"中，每条舌头上大约有一两百个菌状乳头，主要分布在舌头前端；另一些味蕾分布在舌根处的"环状乳头"和两侧的"叶状乳头"上，除了舌头，软腭、咽喉等处也有少量味蕾。菌状乳头上有一些小孔，味蕾就埋在小孔下方，每个菌状乳头含有少则一个，多则约20个味蕾。球状的味蕾由味觉细胞组成，感受各种食物的味觉感受器就在这些细胞表面，唾液中的物质经过小孔进入味蕾，就能接触到这些感受器了。

味觉感受细胞具有神经元的性质，它们可以把味觉物质带来的化学信号转化成电信号。而要想产生电信号，就离不开一种细胞膜上特殊的"管道"——离子通道。在味觉细胞上，味觉感受器控制着这些离子通道的"开关"，当它们接收到味觉刺激时，这些离子

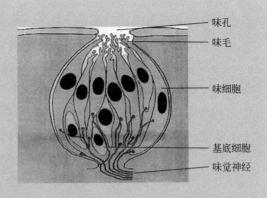

味孔
味毛

味细胞

基底细胞
味觉神经

图5-3 味蕾结构示意

通道随之打开，就会产生神经电信号。这些电信号传递到大脑的相关区域，我们就产生了甜、酸、苦、咸、鲜这几种味觉感受。舌尖上的每一次味觉感知，其实都要经历呈味物质"打开"味觉细胞上的离子通道、产生神经信号的过程。这大概就是对"打开味蕾"最贴切的解释了。

Tip3：变化的味觉

随着年龄的增长，味蕾的数量是逐渐减少的，而且剩下来的味蕾功能也大不如前。从这个角度来看，味觉确实会发生变化，但遗憾的是味蕾会慢慢"关闭"而不是打开。不仅如此，疾病、一些药物、吸烟等状况也会导致味觉功能失调乃至丧失。

说到味觉，还要说说嗅觉的作用。嗅觉与味觉是紧密联系的两种感觉，它们（也许再加上口感和温度等）共同组成了食物完整的"味道"。很多表示自己"尝不出味道"的人，最后发现出问题的其实也是嗅觉。离开嗅觉，味觉能做的其实很有限。

Tip4：温度影响味觉

舌和口腔中除了味蕾以外，还有大量的温度感觉细胞，在中枢神经内，把感觉综合起来，特别有嗅觉参与，就能产生多种多样的复合感觉。

①酒样温度的高低，直接影响人的味觉，白酒的品评温度为15～20℃。为了保证品评结果的准确，

要求各轮次的酒样温度应保持一致。一般在评酒前24h就必须把评酒样品放置在同一室内，使之同一温度，以免因温度的差异而影响评酒的结果。

②勿用热水漱口。每次品尝后用水漱口，防止味觉疲劳。注意漱口时勿用热水，刚品完酒用热水漱口会使舌头麻木，影响下轮品评。

Tip5：注意"第一印象"

品评一般有初评、中评、总评几个阶段，反复品评可以提高准确度，但"第一印象"也很重要，味觉容易疲劳，初评时味觉相对敏感些，对酒样易于区分和判定。

Tip6：入口时间要适宜

味觉受纳器也是化学受纳器，主要是舌的味蕾内含有味细胞，接触食品中含味物质而受其刺激，传到中枢神经，产生感觉。味觉必须是将呈味物质溶解于水中方可感觉，但酒液在口中停留时间不宜过长，因为酒液和唾液混合会发生缓冲作用，时间过久会影响味的判断，同时还会造成疲劳。

Tip7：多接触多训练，提高味觉敏感度

品酒后天学习尤为重要，培养高级品酒员除了先天性的因素外，最主要的是要多品尝，增加大脑对这方面的信息记忆，加强对各种味道差别的识别能力和记忆功能，不断提高味觉感受器的灵敏度和适应性，这是锻炼味觉敏感度的有效办法。一个人味觉的灵敏度与味蕾的多少有关，但保持味蕾的健康和训练有素更为重要，所以一个好的品酒员更多是练出来的，反复接触各种味道并在每次判断后得到正确的反馈。但训练也应有限，一般评酒时，每天评30～40个以内酒样是味觉所能承受的，即有效的工作量。

Tip8：味觉的保养

①不良的饮食习惯混乱着人们的味觉系统，而更糟糕的是，这还会加速锌的流失，而锌就是怂恿人们味觉逃亡的主犯。锌是唾液中的味觉素的组成成分之一，长期缺锌会影响舌表面的味蕾的生长。措施：一天补锌约15mg，就可以预防味觉障碍。含锌最多的食物是牡蛎，此外小鱼、绿茶、可可、芝麻、杏仁、海藻、黑米、蛋黄、动物肝脏也是含锌量较高的食物。

②平时护理。

a.补充维生素A、维生素E及B族维生素。

b.经常吃含锌多的食物，口服硫酸锌或摄入含锌丰富的动物类食品、贝类水产品。

c.咀嚼口香糖、用小苏打水漱口。

d.改变食物品种及烹调方法，从色、香、味来刺激食欲。

e.进食时充分咀嚼，让食物与味蕾接触机会增加，提高其兴奋性。

f.每餐不吃得太饱，让味蕾经常处于兴奋状态。

g.避免刺激性及过冷过热的食物。这些可能破坏舌面的味蕾，影响味觉神经，使口味越来越重。

h.由于味蕾细胞都是由周围上皮细胞更新，所以味觉的恢复至少在10天以上。不过一定要及早发现治疗，味觉障碍产生后1个月内发现进行治疗的，80%能恢复正常，半年内发觉、治疗的治愈率为70%，超过半年的治愈率不到50%。

第六章

典型性培训

典型性的品评是白酒品评中至关重要的一环，每一杯典型性酒样都代表着不同厂家和香型的白酒风格和特点。识别典型性可以加深对各大香型的认识，熟悉和了解每个厂家的风格特点，牢记白酒制作工艺。认识了白酒的典型性才是认识了白酒，认识了香型，认识了风格。刚开始培训时，选择酒样非常的重要，需要选取各香型最经典的标准酒样，如凤香型必须选择55°西凤酒；浓香型必须选择52°泸州老窖大曲。

典型性品评时，要求受培训人员通过观色、闻香、尝味以及其综合起来的风格特点，迅速熟练地判断出酒样的香型、酒度、制酒原料、发酵容器、发酵剂等相关信息及其工艺特点。

6.1 典型性的概念

白酒典型性是一种白酒所具备的具有排他性的独特风格，是白酒类型划分的第一依据。目前具有标委会白酒标准类型共十二种。典型性就是指白酒在十二种香型中的类型划分。熟练分辨出不同类型的白酒、分辨出相近类型白酒的具体特点，这一点，一般人经过训练就可以达到。其主要工作是区别白酒的香气、口味及其协调平衡性，也就是某种白酒的区别于其他白酒的独特性。

白酒的风格是由色、香、味三大要素组成，按酒体的类别来划分乃情理之中。而我们日常生活中谈到酒的香型，均就白酒而言。白酒是我国传统而独具的产品，酿造工艺丰富多彩，产品风格千姿百态。20世纪70年代中后期，酿酒行业对白酒的香型进行研究，通过对酒内香味成分的剖析，香气成分与工艺关系的研究，逐步形成了香型理论。于1979年进行的第三届全国评酒，首次按香型进行评比。自此，白酒的香型遂为行业所接受。

6.2 白酒的类型及风格特点

白酒产品由于地理条件、气候条件、原料品种、用曲、生产工艺、酿酒设备和设施的不同，品种繁多、名称各异，一般可按以下几种方法分类。

（1）按使用原料分类　白酒使用的原料多为高粱、大米、小麦、糯米、玉米、薯等含淀粉物质或含糖物质。常将白酒以这些酿酒原料冠名。其中以高粱做原料酿制的白酒最多，酒质好。

（2）按糖化发酵剂分类　白酒生产过程中，由于糖化、发酵使用的曲不同，而产出的酒名称各异。以大曲作糖化发酵剂生产出的酒，称为大曲酒；以小曲作糖化发酵剂生产出的酒，称为小曲酒；用麦麸作培养基接种的纯种曲霉作糖化剂，用纯种酵母为发酵剂生产出的酒，称为麸曲酒。但近年来，随着整个白酒行业的发展，制酒工艺的革新，按糖化发酵剂区分白酒类别，已不是很科学。例如，大曲和小曲共用的药香型白酒，大曲和麸曲共用的芝麻香型白酒等便无法用这种方法分类。

（3）按发酵方法分类

① 固态发酵法　在配料、蒸粮、糖化、发酵、蒸酒等生产过程中都采用固体状态流转而酿制的白酒，称为固态发酵白酒。其工艺特点是配料时加水量多控制在50%～60%之间，且全部酿酒过程的物料流转都在固体状态下进行，发酵容器主要采用地缸、窖池、大木桶等设备，多采用甑桶蒸馏。固态发酵的酒质较好，目前国内的名优酒绝大多数是固态发酵白酒。

② 液态发酵法　液态发酵法白酒，一种是以粮食为原料，经过液态糖化发酵，经多塔蒸馏而成的高纯度乙醇，再经过调配而生产出的白酒；另一种是在小曲酒生产中采用固态糖化、液态发酵、液态蒸馏而生产的白酒（也作半固半液态发酵）。前者是目前液态发酵生产白酒的主要形式，其特点是发酵成熟醪中含水量较大，发酵蒸馏均在液体状态下进行，生产相当部分采用酒精生产设备，只是在蒸馏时采用多塔蒸馏、纯化而成，液态法白酒是安全的。

关于液态法白酒，消费者有误会，认为是酒精勾兑而成，这一认识是错误的，而行业内很多企业往往是遮遮掩掩不去解释，有的企业生产液态法白酒却标称固态法白酒，这些做法却是错误的，我们知道，液态法白酒也是以粮食等物质生产而成的，只是发酵工艺、蒸馏方法不同而已，所谓高纯度乙醇就是酒精。

（4）按感官特征分类　截至2007年，国家认可的白酒香型共有十二种，它们的特征在前面的章节已有所介绍，此处再进行较详细说明。

① 浓香型白酒　亦称泸香型、窖香型，属大曲酒类。其特点可用六个字、五句话来概括：六个字是香、醇、浓、绵、甜、净；五句话是窖香浓郁，清冽甘爽，绵柔醇厚，香味协调，尾净余长。浓香型白酒的种类是丰富多彩的，有的是柔香，有的是暴香，有的是落口团，有的是落口散，但其共性是香气要浓郁，入口要绵并要甜（有"无甜不成泸"的说法），进口、落口后味都应甜（不应是糖的甜），不应出现明显的苦味。浓香型酒的主体香气成分是己酸乙酯的香气，并有乳酸乙酯所呈现的香气，以及微量丁酸乙酯呈现的香气。窖香和糟香要谐调，其中主体香（窖香）要明确。有的浓香酒厂还强调窖泥香，近年来已被逐渐抛弃。

江南大学运用新的分析方法对浓香型白酒香气香味成分进行分析，共检测到浓香型白酒84种香气化合物，其中脂肪酸类13个，醇类11个，酯类28个，酚类4个，芳香族类10个，酮类2个，缩醛类3个，硫化物1个，内酯类1个，吡嗪类6个，呋喃类5个。香气强度较大的是己酸乙酯（4.00）、1,1-二乙氧基-3-甲基丁烷（4.00）、丁酸乙酯（3.67）、戊酸乙酯（3.67）、己酸（3.67）、3-甲基丁醇（3.50，水溶性组分中）、3-甲基丁酸乙酯（3.50）、2-甲基丙酸乙酯（3.33）、己酸丁酯（3.33）丁酸（3.33）。酯类占绝对优势，大约占总香味组分含量的60%，其中主体香是己酸乙酯，含量为各微量成分之冠。含量较高的酯类还有乳酸乙酯、乙酸乙酯、丁酸乙酯。其己酸乙酯乳酸乙酯比为1：（0.6～0.8）；己酸乙酯丁酸乙酯比为10：1左右，己酸乙酯乙酸乙酯比为1：（0.5～0.6）。有机酸是浓香型酒的重要呈味物质，绝对含量仅次于酯类，其中乙酸、己酸、乳酸、丁酸每种含量约在10mg/L以上为最高数量级。四酸总和占总酸的90%以上。其中己酸与乙酸比例为1：（1.1～1.5）；己酸与丁酸比例为1：（0.3：0.5）；己酸与乳酸比为1：（1～0.5）；浓香型酒醇酯比为1：5左右；乙缩醛比乙醛为1：（0.5～0.7）。以上比例关系对整个浓香型的质量影响很大，同时也由于这些量比关系的微小差别决定同为浓香酒，但风味各有不同。

浓香型白酒的发酵周期一般为45～60天，有的长达3个月以上，酿酒原料的粉碎要求通过20目标准筛的细粉占80%～85%。大曲粉碎要求通过20目筛的细粉占60%～70%。浓香型白酒的配料采取混蒸续糟配料法，酒醅（母糟）出窖后除留一甑酒醅作为回糟外，需要配入新粮，分别称为大糙和小糙，配入较多粮食的酒醅称为大糙，配入较少粮食的酒醅称为小糙。出池酒醅（母糟）与粮粉混合，并堆积一段时间，使粮食从母糟中吸收水分和酸度，这一过程称为润料。一般在出池后立即加入酿酒粮食然后堆积，堆积前要充分搅拌均匀，润料时间一般为1h左右。浓香型白酒的发酵周期较长，辅料的使用原则是多用母糟，少用辅料，稻壳用量为投粮数的18%～22%。辅料使用越少越好，只要能保持蒸馏时酒醅疏松则可，不可用量过大。辅料必须经过清蒸，清蒸时间不少于1h。

现在浓香型白酒有四种流派。

流派一是以泸州老窖为代表的单粮浓香酒，其以高粱为原料的本窖还本窖的原窖生产，质量特点为无色透明、窖香浓郁、醇厚绵甜，饮后尤香，清冽甘爽，回味悠长，其较之多粮浓香就是窖香味更加突出，酒香更加纯净、干爽。

流派二是以五粮液酒为代表的多粮浓香酒，以五种粮食（高粱、大米、糯米、小麦、玉米）为原料的循环式的跑窖生产，其质量特点为香气悠久、味醇厚、入口甘美，落喉净爽，口味协调，并且窖香中有粮香，香气更加的丰满，酒体更加馥郁，恰到好处，以酒味全面著称。

流派三是以高粱为原料采用老五甑生产工艺的苏鲁皖豫浓香型白酒，如古洋河大曲，其香味较之前两类绵甜柔和，香气柔和不甚浓郁。

流派四是以剑南春为代表的浓香带酱白酒，剑南春酒采用糯米、大米、小麦、高粱、玉米五种粮食为原料，用小麦制成中高温曲，泥窖固态低温发酵，采用续糟配料、混蒸混烧、量质摘酒、原度储存、精心勾兑调味等工艺成型，具有芳香浓郁、纯正典雅、醇厚绵柔、甘洌净爽、余香悠长、香味谐调、酒体丰满圆润、典型独特的风格，为中国浓香型白酒的典型代表之一。浓香型大曲酒的主体香为己酸乙酯，都采用续糟混蒸、泥窖发酵固态生产的工艺。由近年来浓香酒的发展的趋势看，各种流派在逐步融合，在生产工艺中，大致趋于跑窖，使窖池发酵均匀化，在酒体设计中，以单粮为主，辅以多粮，增加香气的丰富感已是不公开的秘密，一些高端浓香型白酒，多辅以多粮型白酒、酱酒、芝麻型白酒。除南方大型浓香型企业外，北方地方型浓香酒企业，多是通过多粮口感的调配，无浓香型白酒生产的基本要求。

② 清香型白酒　亦称汾香型，以山西汾酒为代表，属大曲酒类。清香型白酒的特点及工艺可参见前面章节介绍。

在汾酒中共检测出香气组分101个，包括醇类16种，酯类23中，酸类13种，醛酮类2种，芳香族化合物14种，酚类7种，萜烯类化合物2种，呋喃类3种，吡嗪类2种，缩醛类2种，硫化物2种，内酯类2种，其他化合物1种，未知化合物（不能鉴定化合物）12种。乙酸乙酯与乳酸乙酯是清香型白酒的重要风味成分。没有乙酸乙酯与乳酸乙酯则勾兑不出清香型白酒。乙酸乙酯与乳酸合计占酯类总量的84%，其中乙酸乙酯占酯类总量的49%以上，略高于乳酸乙酯。清香型酒中醇含量最高的是异戊醇，其次是正丙醇、异丁醇和正丁醇。异戊醇、异丁醇俗称"杂醇油"其含量约占总醇含量50%以上。醇酯比汾酒原酒最低，其他清香型大曲酒也小于1，而清香小曲酒醇酯比大于1，这一点是两类酒的明显区别。

清香类型白酒由于地理、原料、发酵剂的不同等原因，风格多种多样。如在清香基础上发展出的其他与汾酒风格差异较大的小曲清香、麸曲清香、二锅头等。其中小曲清香、麸曲清香香气仍是乙酸乙酯的香味，但由于发酵剂的不同，小曲清香清香味不够纯正、明显，而麸曲清香则是酸涩味比较突出。而二锅头作为大曲清香，其相对汾酒香气较弱，且其味更偏向于麸曲清香，酸味较突出。二锅头、老白干、毛铺老酒等都属于清香范畴。总体而言，清香型白酒其风格特点均是具有以乙酸乙酯为主体的清雅协调的复合香气，清香纯正。

③ 凤香型白酒　凤香型白酒已经有3000多年的历史，始于周秦、盛于唐宋，有着悠久的历史，被誉为中国白酒最早的雏形。近年来的研究表明，黔、川一带的白酒都与凤香型白酒有关。

凤香型白酒的典型风格特点可参见前面章节相关介绍。

在凤香型白酒中，共检测出微量成分1410种，其中解析出的成分1047种。其中，酯类336种，醇类156种，酸类77种，醛类36种，缩醛类13种，酮类77种，酚类40种，萘类12种，呋喃类10种，吡嗪类6种，噻唑类14种，其他杂环类化合物34种，胺类51种，烷类69种，烯类112种，其他10种。凤香型酒中重要香气成分中，醇类香气贡献最大的是3-甲基丁醇。酯类中贡献最大的，香气强度大于3的主要是乙酸乙酯、己酸乙酯、辛酸乙酯。凤香型酒对香气有贡献的脂肪酸类有14种，香气贡献最大的是丁酸、己酸和辛酸。在凤香型酒分析计算中得出最重要的化合物有11种，其中9个是酯类化合物，酯类中OAV最大的是己酸乙酯，其次为辛酸乙酯、2-甲基丁酸乙酯、丁酸乙酯。

凤香型白酒的代表品牌有陕西西凤酒，其在工艺上采用混蒸混烧续糟、土暗窖发酵工艺，每年更换一次窖泥，并有着其独有的"立、破、顶、圆、插、挑"生产工艺。因凤香型白酒的主要香气是以乙酸乙酯为主，己酸乙酯和高级醇为辅的复合香气，因此凤香型白酒又有醇香型白酒之称。西凤酒中异戊醇含量相对其他香型白酒十分突出，因此西凤酒中异戊醇味相对比较明显，所以常有"杏仁苦味口中悬"的话来描述西凤酒。关于西凤酒的特点，专家学者有不同的表述，"西凤酒具有多类型的香气、含有多层次的风味。"所谓具有多类型的香气，是指西凤酒清而不淡、浓而不艳，集清香型、浓香型白酒风格特点于一体，酸、甜、苦、辣、香五味俱全，均不出头。西凤酒妙在"香味入口成串，入腹一条线"，"不上头、不干喉、回味愉快"被称为"三绝"。

凤香型白酒都选用高粱作为酿酒原料，大麦、豌豆混合中高温制曲，与清香型白酒有明显区别，在发酵容器上，汾酒采用地缸，西凤酒采用土窖池；制曲原料配比虽然相同，但汾酒制中温曲，西凤酒曲心温度最高可达58~60℃，属中高温曲。发酵工艺汾酒采用清渣二次清，西凤酒采用续渣混烧发酵。储存容器上，西凤酒用酒海储存，汾酒用瓷缸储存，二者明显有区别。

④酱香型白酒　亦称茅香型，以贵州茅台和四川郎酒为代表，属大曲酒类。其酱香突出，幽雅细致，酒体醇厚，回味悠长，清澈透明，色泽微黄。以酱香为主，略有焦香（但不能出头），香味细腻、复杂、柔顺。含浓（浓香）不突出，酯香柔雅协调，先酯后酱，酱香悠长，杯中香气经久不变，空杯留香经久不散（茅台酒有"扣杯隔日香"的说法），味大于香，苦度适中，酒度低而不变。主体香，一般认为前香是由低沸点的醇、醛、酸类物质组成，后香主要是由高沸点的酸类物质起作用。

对酱香酒中的76个化合物进行了定量分析，25种酯类中含量高的有乳酸乙酯、乙酸乙酯、己酸乙酯、丙酸乙酯、2-甲基丙酸乙酯、丁酸乙酯和戊酸乙酯。

10种醇类中，3-甲基丁醇浓度最高，其次是正己醇，1-癸醇最低。9种醛酮类中3-甲基丁醛浓度最高，加之其香气阈值低，所以香气贡献最大。8种芳香族化合物中，苯乙酸含量最高，其次是苯乙醇和苯甲醛，其中3-苯丙酸乙酯虽浓度比这三个化合物低，但其阈值很低，所以香气贡献较大。5种呋喃类中糠醛含量最高，贡献大于其他呋喃化合物，其次2-乙酰基呋喃和5-甲基糠醛也有较高含量。6种酸中，丁酸和己酸含量最高，己酸阈值低于丁酸，所以它的香气贡献大一些。4种酚类含量都很低，其中4-甲基苯酚浓度高、阈值低，香气贡献较大。3种萜烯类为萜烯醇、香叶基丙酮和大马酮，其中大马酮阈值极低，所以香气贡献大，萜烯醇香气贡献也很大。定量分析出的还有含氮化合物3种，硫化物1种，内酯类1种，缩醛类1种。

酱香型白酒由于其工艺"三高"的特点，使得其香味成分十分的复杂，也形成了其独有的代表性的"酱"的特点。酱香型白酒的工艺特点可参见前面章节的相关内容，此处只介绍几个重点环节的工艺。

清蒸下沙——采用总投料量的一半，经润粮→配料→上甑蒸粮→下甑泼量水→摊凉→洒酒尾→撒曲→堆积→下窖→封窖发酵→开窖取醅为清蒸下沙工艺流程。

混蒸糙沙——采用总投料量的另一半，经润粮→配料（加入一次清蒸下沙后的醅料）→上甑蒸粮蒸酒（这次蒸出的酒不作正品，泼回酒窖重新发酵）→下甑泼量水→摊凉→洒酒尾→撒曲→堆积→下窖→封窖发酵→开窖取醅为混蒸糙沙工艺流程。

九次蒸煮——清蒸下沙一次，混蒸糙沙一次，混蒸糙沙后的醅料→上甑蒸酒为第三次蒸煮，第三次蒸煮后的醅料为熟糟，熟糟经摊凉→撒曲→堆积→下窖→封窖发酵→开窖取醅→上甑蒸酒六个轮次循环过程中有六次蒸煮，共九次蒸煮。

八次发酵——清蒸下沙一次，混蒸糙沙一次，熟糟→蒸酒六个轮次循环过程中有六次封窖发酵，每次加曲入窖发酵1个月，共八次发酵。

七次取酒——混蒸糙沙上甑蒸酒后第一次取酒，熟糟→上甑蒸酒六个轮次循环后取六次酒，共七次取酒。经七次取酒后的酒糟为丢糟。

各轮次酒质量各有特点，应分质储存，3年后进行勾兑。勾兑后再储存1年，经微调后出厂。

⑤ 米香型白酒　亦称蜜香型，以桂林三花酒和全州湘山酒为代表，属小曲酒类，一般是以大米为原料小曲作糖化发酵剂，经半固态发酵酿成。其典型风格是在"米酿香"及小曲香基础上，突出以乳酸乙酯、乙酸乙酯与β-苯乙醇为主体组成的幽雅轻柔的香气。其中醇含量大于酯含量，异戊醇最高可达16mg/100mL，醇总量在200mg/100mL，酯总量150mg/100mL，醇酯比＞1，

乳酸乙酯高于乙酸乙酯，两者比例为（2～3）:1，两酯合计占总酯73%以上，乳酸乙酯≥0.05g/L，乳酸含量最高，占总酸90%，醛含量低。米香型白酒因其小曲发酵、以大米为酿酒原料其香味特点与米酒十分的相像，且后味比较酸涩。一些消费者和评酒专家认为，用蜜香表达这种综合的香气较为确切。概括为蜜香清雅，入口柔绵，落口甘洌，回味怡畅。即米酿香明显，入口醇和，饮后微甜，尾子干净，不应有苦涩或焦煳苦味（允许微苦）。

其工艺为桂林三花酒是液态发酵、液态蒸馏，相当于小曲酒生产。酿酒原料为大米，蒸米后加曲粉糖化，由糖化缸转入发酵缸，加水拌匀，进行醅缸发酵。

蒸米：大米用60℃以上温水浸泡约1h，淋干；倒入甑内，扒平，盖好甑盖进行蒸煮，圆汽20～30min，揭盖，疏松扒平，盖好续蒸，上汽后再蒸20min，揭盖疏松，待原料变色后泼第一次水，直至蒸至米熟时，泼第二次水，疏松扒匀，再蒸米至熟透。熟米要求透心，颗粒饱满，粒粒伸腰，化验水分为62%～64%。

加曲：将蒸熟的饭团搅散扬冷，当温度至32～35℃，加入为原料量的0.75%的曲粉，拌匀。

入缸发酵：将米饭下入缸内，饭缸中间留一空洞以供应空气，米饭厚度为12～15cm，天热时稍薄，待品温达到30～32℃，将缸盖盖好，根霉开始进行繁殖并糖化。在糖化过程中温度不断上升，糖化到20～24h，品温可达37℃，一般品温也不宜超过39℃。

若发酵过程中品温过高，要采取降温措施，或将饭粒倒入另一醅缸降温，发酵过程中常将米饭扒开，使中心呈凹形，而又使汁液留于中间，使四周饭粒通气较好，总糖化时间20～24h，化验糖分达80%～90%，即进行加水。加水为原料量的1.2～1.4倍，夏季水温为34～35℃，冬季水温为36～37℃，加水后搅拌均匀，品温保持36℃左右，泡水后糖分含量为9%～10%，总酸不超过0.7，酒精含量2%～3%，一般分装成两个醅缸，醅缸一般为饭缸的二分之一；醅缸发酵冬季保温，夏季冷却，发酵5～6天，发酵液酒精度为10～12度，总酸不超过1.5。

蒸馏：传统的蒸馏设备，均采用间歇蒸馏工艺，将待蒸的酒醅倒入储池中，然后用泵泵入蒸馏釜中，用蒸汽加热蒸馏；蒸酒时气压要均匀稳定，流酒温度在30℃以下，通常截去酒头5～10kg；以排除低沸点杂质，成品酒度为58°。酒尾转入下一釜蒸馏。储酒容器为瓦缸，用石灰拌纸筋封好缸口，存放1年以上，经化验、勾兑、装瓶后即为出厂成品酒。

三花酒生产，前一段工艺相当于黄酒生产，后边工艺相当于酒精生产，工艺比较独特，有一定特点。

⑥ 兼香型白酒　以安徽口子窖和湖北白云边两个为最典型的兼香型白酒代表，其以高粱、玉米、大米等为主要原料，经发酵、储存、勾兑而酿制成，具有浓香兼酱香独特风格的蒸馏酒。无色（或微黄）透明，无悬浮物、无沉淀、酱浓谐调、幽雅舒适、细腻丰满，回味爽净，余味悠长。

兼香型白酒检出香气化合物114个，已经定性的呈香化合物有脂肪酸13个，醇类16个，酯类29个，酚类6个，醛酮类6个，芳香族类15个，呋喃类7个，含氮类10个，硫化物1个，缩醛类3个，内酯类1个，未知化合物7个。从香气强度来看，依次是己酸乙酯（香气强度4.00）、4-乙烯基愈创木酚（3.67）、己酸（3.50）、3-甲基丁醇（异戊醇3.33）、3-甲基丁酸乙酯（异戊酸乙酯3.33）、4-乙基愈创木酚（3.17）、香草醛（3.17）、乙酸苯乙酯（3.17）、丁酸（3.00），对香气贡献最大。对香气贡献较大的呋喃化合物还有2-乙酰基-5-甲基呋喃，呈焙烤香，香气强度为2.67，吡嗪类化合物香气强度依次为2,3,5,6-四甲基吡嗪、2-乙基-6-甲基吡嗪、2,3,5-三甲基吡嗪、2.5-二甲基-3-乙基吡嗪。兼香型白酒香气最强的几个化合物是己酸乙酯、庚酸乙酯、二甲基三硫、戊酸乙酯、丁酸乙酯、丙酸乙酯、丁酸、己酸。

而兼香型白酒又有浓兼酱与酱兼浓之分，其区分也比较简单，也就是分辨其香气中更加偏重酱香还是浓香。其中浓兼酱多为闻香上浓香为主，后味有酱香，而酱兼浓则是闻香酱香为主，但又没酱香酒香气那么突出，并且品尝时，有明显浓香特点。以白云边为例，其工艺特点为以高粱为原料，多次投料，6轮堆积，清蒸清烧和混蒸续糟相结合，9轮操作，7次取酒，窖泥发酵。

⑦ 药香型白酒　风格特点为清澈透明、香气典雅，浓郁甘美、略带药香、谐调醇甜爽口，后味悠长。以贵州遵义董酒为代表，四川金盆地所产药香型白酒也独具风格。药香型白酒是中国白酒中丁酸、丁酸乙酯含量最高的白酒，因此其区别于其他白酒的最大特点就是闻香上丁酸与丁酸乙酯的气味明显。

药香型白酒的典型代表就是董酒，董酒产于遵义，董酒中成分主要以酯类、有机酸类、高级醇类为主，并含有醛酮类、萜烯类、呋喃类、吡嗪类、挥发性酚类、缩醛类等多种微量成分，其部分挥发性成分或不挥发性微量成分来自于中草药中，有些是自然发酵中不能产生的。董酒的香味成分有"三高一低一反"的说法。三高，一是总酸高，是其他酒的2～3倍，其中丁酸是酱香酒的2倍，浓香酒的3倍，米香酒的25倍；二是高级醇含量高（主要是正丙醇、仲丁醇）；三是丁酸乙酯高，是其他香型酒的3～5倍。一低是乳酸乙酯含量低。一反是一般酒都是酯大于酸，它是酸大于酯，酯酸比小于1。董酒工艺吸纳了部分酱香型白酒的特点，其小曲生产工艺独树一帜，使用了大量药材，故赋予董酒一种独特的药香风格。董酒是小曲酒，其工艺独特，风味特殊，吸取我国小曲白酒和大曲白酒酿造工艺的精华，尤其是在蒸馏技术上的创举，可为各类白酒所借鉴。董酒的生产工艺分小曲酒和窖酒两大部分，用小曲酒醅串香老香醅而得董酒。

高粱小曲酒的生产：取高粱375kg，用开水（90℃）浸泡8h，放泡水。基本滴干后装甑蒸粮，待上汽后蒸煮60min，再用70℃以上的温水闷粮，其中，糯高粱闷粮10～20min，粳高粱闷粮30～60min，然后放闷水，待粮食吃足水分后，大汽蒸煮，圆汽后再蒸1h以上，然后打开甑盖加入量水；蒸煮20min，使其透心。

熟粮入培菌箱前，先经摊凉，在培菌箱底放一层醅糟约2～3cm厚。表面掩一层稻壳，将熟粮用扬渣机打入箱中，鼓风吹冷，夏天，吹至33℃左右下曲，冬天吹至40℃左右下曲，加高粱量的0.4%～0.5%的米曲，分两次加曲，每下曲一次拌和一次，不能翻动底层的醅糟，拌和均匀后，将箱内粮食收拢，在四周插一道沟缝，宽约18cm，在缝内填满热配糟，以利箱内保温。收好箱后，夏天要求箱温28℃左右，冬天要求34℃左右，保温培菌约经24～26h，培菌完毕，至出箱时品温以不超过40℃为宜；培菌糖化后375kg高粱；约加配糟900kg，其配糟比约1∶2.4。将培菌糟和醅糟迅速翻拌均匀，鼓风冷却，夏天吹得温度越低越好，冬天在28～29℃左右入窖；入窖后，每窖下热水120kg，水温夏天45℃左右，冬天65℃左右，踩紧，用泥密封发酵6～7天，最高升温不超过40℃，即可蒸馏。传统董酒的工艺是先蒸馏出小曲酒，再将小曲酒入底锅与老香醅串蒸得董酒，近年来在串蒸工艺上作了改进，在甑的下层装高粱小曲酒糟；上层装老香醅，可不单另烤小曲酒。

董酒老香醅的生产：在发酵材料下窖前，先将酒窖打扫干净，铲除窖边周围的杂菌，再取隔天蒸酒后的高粱小曲酒糟750kg，董糟350kg，香糟350kg，下麦曲粉75kg，拌和均匀，即可下窖，下窖后，夏天将当天的下窖糟耙平踩紧，冬天将发酵糟在窖内或晾堂堆积培菌一天，第二天将入窖糟耙平踩紧，每2～3天下酒一次，每窖大约下60°高粱小曲酒550kg左右，12～14天满窖，之后用拌好的黄泥封窖，经发酵期半年至10个月左右，即制得老香醅。

董酒的串香工艺：从大窖中取出发酵半年以上的老香醅，又称香糟，约350～400kg，用铁铲搓细结团，视酒糟含水情况加入不超过5kg左右的清蒸稻壳，拌匀，堆起。待小曲酒糟装甑完成后，将香糟装于甑的上层，两个醅层中间以稻壳相隔，进行分层蒸馏。蒸出的酒，经截头去尾，新产董酒经品尝鉴定，分级储存，再勾兑包装出厂。董酒摘酒度为60.5°～61.5°。董酒由于在小曲中加入大量中药材，所以，新酒就有明显的药香。

其工艺特点概括为酿酒原料不粉碎，采用大、小曲酿酒，制曲要添加少量中草药，独特的筑窖材料（白善泥、石灰和杨桃藤使窖池偏碱性），窖池为石灰窖，用煤封大窖（香醅窖），香醅的制备，蒸馏采用独特的串香工艺。

⑧ 特型白酒 风格为无色清亮透明，无悬浮物，无沉淀，香气幽雅、舒适，诸香谐调，柔绵醇和，香味悠长。以江西樟树四特酒为代表。

对四特酒进行分析，共检测出酒中香气香味成分65种。其中酯类17种，醇类15种，有机酸类12种，含氮化合物6种，芳香族化合物5种，醛酮类化合物7种，其他化合物3种。香味成分量比关系：富含奇数碳脂肪酸乙酯（包括丙酸乙酯、戊酸乙酯、庚酸乙酯与壬酸乙酯）其总量为各类白酒之冠；含有多量的正丙醇，它的含量与丙酸乙酯之间有相关性；国家标准中规定了丙酸乙酯＞20mg/L；含固形物较高，标准规定＜0.9g/L。

以大米为原料，富含奇数碳酯的复合香气，香味谐调，余味悠长。四特酒采用传统的"三进四出"续糟混蒸的生产工艺，分层蒸馏，量质摘酒，瓷缸储存。特型白酒其工艺特点可概括为"整粒大米为原料，大曲麦麸加酒糟，红褚条石垒酒窖，三型具备犹不靠"（三型是指酱香、清香、浓香三型），而香气特点又描述为"先闻似清香，再闻为浓香，细闻焦煳香"，与其工艺特点一脉相承。整粒大米不经过粉碎、浸泡，直接使用。大曲用面粉、麸皮、酒糟混合踩制而成，制曲温度为52～55℃，顶点温度可达58～60℃，亦属中高温大曲，续糟混蒸配料，窖池为红褚条石砌成，水泥勾缝，底部垫泥，发酵周期25天以上，成品酒富含奇数碳脂肪酸酯、正丙醇、丙酸乙酯等。特型酒的其他生产工艺与浓香型白酒类似。

⑨ 豉香型白酒 风格为玉洁冰清、豉香独特，醇厚甘润，后味爽净。以广东佛山九湾玉冰烧和佛山九江酒厂的九江双蒸酒为代表，其酒度低且初馏酒时便用肥肉浸泡陈酿，具备独特的"豉味"，是豉香型白酒独有的风格。豉香型白酒的主要原料是大米，要求无虫蛀、霉烂和变质，含淀粉在65％以上。传统的生产工艺是蒸饭时，每锅先加清水110～115kg，通蒸汽将水煮沸后，倒入大米100kg，加盖煮沸，利用沸腾将大米搅拌，关闭蒸汽，待米粒吸水饱满，开少量蒸汽焖饭20min，便可出饭。蒸饭要求米粒熟透疏松，无硬心。现多用连续蒸饭机进行蒸饭，然后摊凉冷却，要求冷却至35℃以下，品温均匀，尽量使饭耙松。然后加曲发酵，加曲量为大米量的18％～24％，加曲后经搅拌均匀后装入瓦缸或发酵罐，加入大米量1.2～1.3倍的清水，搅拌后密封发酵。发酵周期为15～20天，发酵完毕将发酵醪泵入蒸馏釜蒸馏，酒度低，掐头去尾得初馏酒称之为"斋酒"。初馏酒装入瓦缸，每缸加入肥猪肉20kg，进行浸泡陈酿，陈酿期3个月便可香醇可口，同时具有独特的"豉味"，陈酿后将酒倒入大容器中，肥肉仍留在瓦埕中，再放新酒浸泡和陈酿；倒入大容器的酒，自然沉淀20天。

根据中国食品发酵研究院最新分析结果，豉香型白酒（以九江双蒸酒为样品）初步定性出风味物质615种。其中包括醛类16种，酮类27种，缩醛类9种，醇类67种，酯类116种，萜烯类3种，苯酚类8种，硫化物11种，酸类31种，苯类33种，吡啶及吡咯类7种，吡嗪类3种，呋喃类7种，含氨基类7种，烷类31种，其他化合物5种，未知峰234个。风味成分能定量分析的达118种，其中醇类27种，醛酮类15种，酯类45种，酸类25种，其他6种。国标中规定豉香型白酒的特征成分有四种：β-苯乙醇，三种二元酸二乙酯，另外还有9,9-二乙氧基壬酸乙酯及3-甲硫基丙醇也可能是豉香型白酒特征成分的说法。其香气成分量比关系：高级醇含量高，总醇占总微量成分的35.45%，绝对含量为各类酒首位；β-苯乙醇含量最高，平均65mg/L，高出米香型白酒近1倍；乳酸乙酯高于乙酸乙酯，两者含量占总酯的95%以上；低酸低酯，总酸平均值0.40g/L，总酯平均值0.72g/L，酸酯比1：1.8。

豉香型白酒属于半固态发酵的低度白酒，这特殊的工艺决定了豉香型白酒的酸、酯含量比固态发酵的浓香型、清香型白酒要明显的低，但高级醇的含量多，其绝对含量占香气成分之首，是基础香的主要组成部分。醇类是豉香型白酒生产过程中大酒饼的特定氨基酸经过发酵过程复杂的微生物作用而形成，而二元酸的酯类是斋酒在浸肉过程中随着脂肪氧化降解形成二元酸和醇类结合形成的，同时二元醇也是豉香型白酒中重要的风味物质。它们都与豉香型白酒特殊的生产工艺密切相关，是形成豉香型白酒典型风格的关键。

⑩ 芝麻香型白酒　风格为清澈透明、酒香幽雅，入口丰满醇厚，纯净回甜，余香悠长，以山东景芝为代表。芝麻香型白酒中，总酯含量及己酸乙酯含量相对较低，吡嗪类化合物又有相当的绝对含量，它相对酯类组分或己酸乙酯的含量所占的比例增加，因此，在芝麻香型白酒中吡嗪类化合物的香气作用必然突显，同时含氧的呋喃类化合物也会呈现类似吡嗪化合物的特点。呋喃类化合物大多具有甜样的焦香气味，极易与吡嗪类化合物的气味融合，形成独特的焦香。芝麻香型白酒区别于其他香型白酒的独特组分是：二甲基三硫、3-甲基丙醇和3-甲基丙酸乙酯。

最新分析结果表明，一品景芝的香气、香味、成分经检测总量为810种（定量了120种），其中醛类化合物29种，缩醛类化合物29种，酮类化合物27种，醇类化合物78种，酯类化合物191种，脂肪酸类43种，萜烯类化合物2种，硫化物10种，芳香类化合物55种，吡啶及吡咯类化合物6种，吡嗪类化合物8种，呋喃类化合物25种，其他类化合物88种，未知化合物219种。其香气成分量比关系：适量的己酸与己酸乙酯含量，己酸平均含量261mg/L、己酸乙酯平均含量在440mg/L，比酱香型酒还高一些，芝麻香型酒几种酸的比例为乙酸＞乳酸＞己酸＞庚酸＝丁酸；乙酸乙酯含量较高，平均含量为1413mg/L仅低于清香型白酒，三大酯的比例关系为乳酸乙酯＞乙酸乙酯＞己酸乙酯；相当稳定的吡嗪类化合物总量，吡嗪类化合物总量稳定在3000～5000μg/L之间，仅低于酱香型白酒，高于兼香和浓香型白酒；糠醛、β-苯乙醇在芝麻香白酒中含量较高，其中糠醛含量达到114mg/L，约为酱香的一半，苯甲醛含量低于酱香，β-苯乙醇含量高于茅台酒；特征成分3-甲硫基丙醇含量普遍，每批样品中均能检出，虽然含量只在0.4～2mg/L，但其工艺来源已查清，它对芝麻香型白酒典型风格形成的贡献是比较大的。

芝麻香型白酒的一般配料为高粱80%、小麦10%、麸皮10%。由于培养麸曲、细菌和生香酵母菌，均采用以麸皮为主的培养基，因此麸皮总量约占原料总量的30%。芝麻香型白酒的发酵容器为砖壁泥底窖为佳，窖底铺15cm左右的浓香型人工老窖泥。由于其砖墙泥窖底的独特窖池结构，各层发酵蒸馏出的酒，质量风格有所差异，分别为底层偏浓、中层偏清、上层偏酱的特点，因此，这三种不同风格特点的原酒要分层蒸馏、分级储存。其工艺特点为清蒸续糟、泥底砖窖、大麸结合、多微共酵、三高一长（高氮配料、高温堆积、高温发酵、长期储存）、精心勾兑。

⑪ 老白干香型白酒 风格以河北衡水的"衡水老白干"为代表，在老白干中检测出风味化合物108种，其中醇类14种，酯类19种，酸类14种，芳香族化合物14种，酸类6种，萜烯类化合物2种，呋喃类9种，吡嗪类5种，缩醛类化合物2种，硫化物1种，内酯类3种，其他化合物2种，未知化合物17种。其香气成分量比为：老白干原酒的乳酸乙酯高于乙酸乙酯，其他清香酒是乙酸乙酯高于乳酸乙酯；老白干香型白酒水溶性组分的香气物质主要是高级醇类物质，其中贡献最大的是异戊醇和β-苯乙醇，其香气强度为3.67，高级醇类物质在老白干酒的香气上占有一定比例，但对酒的整体贡献较小；老白干香型白酒的酸性组分中的呈香物质主要是脂肪酸和酚类化合物，其中4-乙基愈创木酚贡献最大，香气强度3.83，它在老白干酒中的香气上占有很重要地位；老白干香型白酒香气组分较多，包含酯类、醛类、缩醛类、吡嗪类、呋喃类、内酯类，其中最主要的是酯类化合物，其中贡献最大的是乙酸-2-苯乙酯，其香气强度为3.83；老白干香型白酒特征成分有γ-己内酯、香兰素、3-甲基-3-丁烯-1-醇、3-乙氧基丙醇，这几个香气化合物主要来自老白干酒的主辅料，酒醅中的微生物的代谢和酒储存过程中的氧化还原、酯化等反应形成。

老白干酒工艺：以高粱为原料，小麦中温大曲为糖化发酵剂，地缸为发酵容器，采用续糟老五甑酿酒工艺，发酵期15天左右，储存期1年左右。这套工艺可概括为"一中两短"，"一中"就是中温大曲，"两短"就是发酵期短、储存期短。酒色清澈透明，醇香清雅、甘洌丰柔、回味悠长，曾为清香型白酒的一个分支，属于大清香类型白酒。用精选小麦踩制的清茬曲为糖化发酵剂，以新鲜的稻皮清蒸后作填充料，纯小麦中温曲，原料不用润料，不添加母曲，曲坯成型时水分含量低（30%～32%），以架子曲生产为主，辅以少量地面曲。原料高粱淀粉含量高达61%以上，粉碎度要求4～8瓣，细粉不超过20%，蛋白质含量为8%以上。采取续糟混烧老五甑工艺，低温入池，地缸发酵，酒头回沙，缓慢蒸馏，分段摘酒，分收入库，精心勾兑而成。储存期一般在半年以上，具有"酒体纯净、醇香清雅、甘洌丰柔"的独特风格。

⑫ 馥郁香型白酒　风格以湖南"酒鬼酒"为代表，芳香秀雅，绵柔甘洌、后味怡畅，香味馥郁，酒体爽净。它采用五粮为原料，经高温泡料、原料清蒸、小曲糖化、大曲发酵、低温入窖、窖泥增香、清蒸清烧、洞穴储存、精心勾兑精制而成。微量成分酸、酯、醇、醛与浓香相似，高于小曲清香；高级醇高于浓香、清香，低于小曲清香；有机酸含量低于酱香，高于浓香、清香、小曲清香；用小曲不是小曲酒，用大曲不是大曲酒。

酒鬼酒的生产工艺，传承了湘西悠久的民间传统酿酒技艺，采用多种粮食，多种微生物、多种工艺的融合，形成了具有鲜明个性的独特生产工艺。

工艺总结：以优质高粱、大米、糯米、小麦、玉米为原料，以根霉曲和中高温大曲为糖化发酵剂，采用区域范围内的三眼泉水和地下水为酿造和加浆用水。采用多粮整颗粒原料（玉米粉碎）、粮醅清蒸清烧、根霉曲多粮糖化、大曲续糟发酵、窖泥提质增香、天然洞藏储存、精心组合勾兑。

主要工艺特色：多种粮食为原料，大曲、小曲并用，多曲多粮糖化生产技术；多种酿酒工艺，有小曲酒生产工艺，有大曲酒生产工艺及清蒸清烧生产工艺；多区系微生物发酵，多种工艺带来了多种微生物酶系，酒鬼酒发酵过程中有环境微生物、大曲微生物、小曲微生物、窖泥微生物等共同作用，这些不同类群的微生物对酒鬼酒馥郁香味的形成起到了决定作用。

此外，在这十二大国家承认的香型之外还有二锅头酒和小曲清香江津酒极具特色。

二锅头酒具有悠久的历史和独特的工艺口味，主要产地是北京市。最具有代表性的酒是红星二锅头、牛栏山二锅头。二锅头酒的质量特征：在牛栏山二锅头酒中共检测到香气成分129种，其中醇类14种，酯类26种，有机酸7种，酸酮6种，芳香族11种，酚类4种，萜烯类3种，呋喃类3种，吡嗪类4种，缩醛类1种，硫化物1种，未知化合物49种。牛栏山二锅头原酒的酯总量最多，达5361.25mg/L，二锅头原酒醇的A/B值最高达3.12，二锅头原酒有机酸含量最低，仅185.75mg/L。

二锅头酒有两种生产工艺，可以单用也可以并用。

地缸大曲发酵工艺：高粱原料清蒸、续糟，地缸发酵，30天发酵期，以小麦中温大曲为糖化发酵剂。也有采用"清蒸二排清"，豌豆、大麦中温大曲生产工艺的。

水泥池麸曲发酵工艺：高粱原料清蒸，续糟，水泥池发酵，发酵期7天。麸曲加生香酵母为糖化发酵剂。

两工艺的特点：原料清蒸，续糟与清烧发酵结合；地缸与水泥窖，大小发酵设备结合；大曲与麸曲结合。

小曲清香江津酒产于重庆市，当地的气候、原料及历史久远的传统酿造工艺形成了江津酒的特殊风格，并成为这种风格酒的代表。

酸类分析：江津酒含酸量与其他类型酒有显著的不同，发酵期虽短，但含酸总量一般在0.5～0.8g/L，高的能到1.0g/L，各类酸的含量比较多，除乙酸、乳酸外，还有丙酸、异丁酸、丁酸、戊酸、异戊酸、己酸等，有的还有少量庚酸，其构成可与大曲酒相比，与麸曲清香相似，但含量比较高。江津酒具有较多的低碳酸，特别是丙酸和戊酸含量较多，是区别其他酒种的重要特点，也是构成该酒香味特色的重要因素。

高级醇的分析：江津酒中主要的几种高级醇都有，且含量高，尤其是异戊醇含量在1～1.3g/L，正丙醇和异丁醇在0.28～0.5g/L之间，高级醇总量在2g/L左右，与米香型和大曲、麸曲清香酒相比，还含有较多的仲丁醇和正丁醇。江津酒中的高级醇含量除比大曲清香、麸曲清香等含量高外，比米香型酒也略高些，说明高级醇一方面是构成江津酒风味的主要成分，另一方面如失去控制，对酒的风格产生不利影响。

酯类的分析：江津酒中酯含量一般在0.5～1.0g/L，主要为乙酸乙酯及乳酸乙酯，特别是乳酸乙酯含量较低。这点与米香型白酒有显著不同，但与麸曲清香型酒是一致的。不同的是江津酒含有少量丁酸乙酯（10～20mg/L）、戊酸乙酯和己酸乙酯，量虽少但阈值低，对口感影响大。虽然酒中含各类酸比较全，但相应生成的酯却不多，这是因该酒发酵期短，来不及酯化形成，或是酯化方面的酶较少。江津酒酯的组成和放香程度，说明只能形成淡雅方面的香型白酒。

醛类的分析：江津酒中乙醛和乙缩醛的含量比米香型酒含量高，这也是江津酒固态发酵的特点，比麸曲清香白酒略高，个别酒还含有一定的糠醛，这对江津酒的呈香、呈味，协调和平衡酒体的醇和感，对风味的形成起重要作用。

江津酒的工艺特点采用整粒高粱为原料，二次泡粮，二次蒸粮，纯根霉小曲为糖化发酵剂，箱式培菌，配糟发酵。整个发酵过程要做到出箱原糖、熟粮水分、发酵升温、配糟比例四配合，发酵期5天。发酵设备传统为木桶，后改

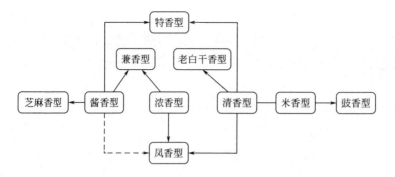

图6-1 各种香型
白酒的相互关系

成石材和水泥桶。

香型对白酒行业的贡献是公认的，香型目前纷争的局面也是很突出的。怎样对待"香型"这个白酒行业中的热点问题，各方说法不一。有的主张再立新香型，越多越好；有的认为不能让香型泛滥成灾，停止确立新香型；有的认为应取消香型。这些观点都有一定道理，但从香型历史上看，还是功大过小；从香型发展上看，注重酒的类型，强调酒的流派，提倡酒的个性是正确的。"少香型，多流派、重个性"的呼声值得考虑。

白酒行业要发展也要必须遵循社会发展的普遍规律。就香型问题而言，泾渭分明的独立香型将被打破，香型之间相互借鉴、取长补短将会深入和加强，香型融合是中国白酒的发展趋势。

有人总结了各香型白酒的相互关系，不同的香型白酒体现着不同的风格特征（或称典型性），而这些风格的形成源于酿酒各自采用的原料、曲种、发酵容器、生产工艺、储存、勾调技术以及不同的地理环境，从而形成了中国白酒风格的百花齐放、各有千秋。中国白酒风格特征、香味成分和工艺特点有着密切的关系，我们研究它，一是要了解有哪十种香型白酒，二是要掌握各香型的成因，从而便于各个香型之间取长补短，提高产品质量，提高工艺水平，不断推动白酒事业的发展。各种香型白酒的相互关系见图6-1。

浓、酱、清、米香型是基本香型，它们独立地存在于白酒香型之中。浓、酱、清、米香型好似其他六种香型的母体，也就是说，其他六种香型是在这四种基本香型基础上，以一种、两种或两种以上的香型，在工艺的融合下，形成了自身的独特风格，进而衍生出的新香型。浓—酱—兼香型（浓中带酱和酱中带浓）；浓—清—酱——特型；以酱香型为基础——芝麻香型；以米香型为基础——豉香型；以清香型为基础——老白干香型。

6.3 不同香型白酒品评术语

不同香型白酒的品评术语见表6-1。

表6-1 不同香型白酒品评术语

香型	评语
酱香型	标准评语：无色（或微黄）透明，无悬浮物，无沉淀，酱香突出、幽雅细腻，空杯留香幽雅持久，入口柔绵醇厚，回味悠长，风格（突出、明显、尚可）
	色泽：无色、晶亮透明，清亮透明，莹澈透明，清澈透明，无色透明，无悬浮物，无沉淀。微黄、稍黄、较黄、发黄、灰白色、白色、乳白色、微浑、稍浑、浑浊、有悬浮物，有沉淀，有明显悬浮物、沉淀等
	香气：酱香突出，酱香较突出，酱香明显，酱香较小，具有酱香、酱香带焦香，酱香带烟香，酱香带异香，酱香不纯，焦香露头，不具酱香，其他香，幽雅细腻，郁而不猛，较幽雅细腻。空杯留香幽雅持久，空杯留香好，空杯留香尚好，空杯留香差，有空杯留香，无空杯留香等
	口味：绵柔醇厚，醇和，丰满，醇甜柔和，酱香味显著、明显，入口绵、平顺，入口冲，有异味，邪杂味较大，回味悠长、长、较长、短，回味欠净，后味长、短、淡，后杂味，焦煳味，稍涩，涩，苦涩，稍苦，酸味大、较大，生料味，霉味等
	风格：风格突出、较突出，风格典型、较典型，风格明显、较明显，风格尚可、一般，具有酱香风格，典型性差、较差，偏格，错格等
浓香型	标准评语：无色（或微黄）透明，无悬浮物，无沉淀，窖香浓郁，具有以己酸乙酯为主体、纯正协调的酯类香气，入口绵甜爽净，香味协调，余味悠长，风格（突出、明显、尚可）
	色泽：无色、晶亮透明，清亮透明，莹澈透明，清澈透明，无色透明，无悬浮物，无沉淀。微黄、稍黄、较黄、发黄、灰白色、白色、乳白色、微浑、稍浑、浑浊、有悬浮物，有沉淀，有明显悬浮物、沉淀等
	香气：窖香浓郁，窖香较浓郁，具有以己酸乙酯为主体纯正协调的香气，窖香不足，窖香较小，窖香纯正，窖香较纯正，具有窖香，窖香不明显，窖香欠纯正，窖香带酱香，窖香带焦煳气味，窖香带异香，窖香带混臭气，其他香
	口味：绵甜醇厚，醇和，香醇甘润，甘洌，醇和味甜，醇甜爽净，净爽，醇甜柔和，绵甜净爽，香味谐调，香醇甜净，醇甜、绵软，绵甜，入口绵，柔顺，平淡，淡薄，香味较谐调，入口平顺，入口冲，冲辣，糙辣，刺喉，有焦味，稍涩，涩，微苦涩，苦涩，稍苦，后苦，稍酸，软酸，酸味大，口感不快，欠净，稍杂，有异味，有杂醇油味，酒稍子味，邪杂味较大，回味悠长，回味较长，尾净味长，尾子干净，回味欠净，后味淡，后味短，后味杂，余味长、较长，生料味，霉味等
	风格：风格典型，风格突出，风格独特，风格明显，风格较明显，风格尚可，偏格，风格不明显，风格一般

香型	评语
清香型	标准评语：无色、清亮透明，无悬浮物、无沉淀，清香纯正，具有以乙酸乙酯为主体的清雅、协调的香气，入口绵甜，香味协调，醇厚爽冽，尾净香长，风格（突出、明显、尚可）
	色泽：无色、晶亮透明，清亮透明、莹澈透明，清澈透明，无色透明，无悬浮物，无沉淀。微黄、稍黄、较黄、发黄、灰白色、白色、乳白色、微浑、稍浑、浑浊，有悬浮物，有沉淀，有明显悬浮物、沉淀等
	香气：清香纯正，清香雅郁，清香馥郁，具有以乙酸乙酯为主体的清雅、协调的香气，清香较纯正，清香不足，清香较小，有清香，具有清香，清香不明显，清香较纯正，清香带浓香，清香带酱香，清香带焦煳气味，清香带异香，不具清香，其他香气，糟香等
	口味：绵甜爽净，绵甜醇和，香味谐调，自然协调，酒体醇厚，醇甜柔和，口感柔和，香醇甜净，清爽甘冽，清香绵软，爽冽，甘爽，爽净，入口绵，入口平顺，入口冲，冲辣，糙辣，落口爽净，欠净，尾净，回味长，回味短，回味干净，后味淡，后味短，后味杂，稍杂，寡淡，有杂味，邪杂味，杂味较大，有杂醇油味，酒稍子为，焦煳味，涩，稍涩，微苦涩，苦涩，后苦，稍酸，较酸，过甜，生料味，霉味，异味，刺喉等
	风格：风格突出、典型，风格明显，风格尚好，风格尚可，风格一般，典型性差，偏格，错格，具有清、爽绵、甜、净的典型风格等
凤香型	标准评语：无色透明，醇香秀雅，甘润挺爽，诸味谐调，尾净悠长。无悬浮物，无沉淀，具有乙酸乙酯为主，一定量的己酸乙酯为辅的复合香气，醇厚丰满，风格（突出、明显、尚可）
	色泽：无色、晶亮透明，清亮透明、莹澈透明，清澈透明，无色透明，无悬浮物，无沉淀。微黄、稍黄、较黄、发黄、灰白色、白色、乳白色、微浑、稍浑、浑浊，有悬浮物，有沉淀，有明显悬浮物、沉淀等
	香气：醇香秀雅，香气芬芳，香气雅郁，有异香，具有以乙酸乙酯为主、一定量己酸乙酯为辅的复合香气，醇香纯正、较正
	口味：醇厚丰满，甘润挺爽，诸位协调，尾净悠长，醇厚甘润，协调爽净，余味较长，较醇厚，甘润谐调，爽净，余味较长，有余味等
	风格：风格突出、较突出，风格明显、较明显，具有本品固有的风格，风格尚好、尚可、一般，偏格，错格等
米香型	标准评语：无色透明，无悬浮物，无沉淀、蜜香清雅，入口绵甜，落口爽净，回味怡畅，风格（突出、明显、尚可）
	色泽：无色、晶亮透明，清亮透明、莹澈透明，清澈透明，无色透明，无悬浮物，无沉淀。微黄、稍黄、较黄、发黄、灰白色、白色、乳白色、微浑、稍浑、浑浊，有悬浮物，有沉淀，有明显悬浮物、沉淀等
	香气：米香清雅、纯正，米香清雅、突出，具有米香，米香带异香，其他香等
	口味：绵甜爽口，适口，醇甜爽净，入口绵、平顺，入口冲，冲辣，回味怡畅，幽雅，回味长，尾子干净，回味欠净，后味淡，后味短，后味杂，余味长、较长，生料味，霉味等
	风格：风格突出、较突出，风格典型、较典型，风格明显，较明显，风格尚好、尚可，风格一般，固有风格、典型性差，偏格，错格

香型	评语
兼香型	标准评语：清澈透明（微黄）、芳香、幽雅、舒适、细腻丰满、酱浓协调、余味爽净、悠长。清亮透明（微黄）、浓香带酱香、诸味协调、口味细腻、余味爽净
	色泽：无色，清亮透明，清澈透明，微黄透明，较黄透明，无悬浮物，无沉淀，微混，稍混，浑浊，有悬浮物，有微小悬浮物，有明显悬浮物，有沉淀，有明显沉淀
	香气：浓酱谐调，幽雅馥郁，幽雅舒适，芳香幽雅，浓酱较谐调，纯正舒适，酱香带浓香，浓香带酱香，有酱浓复合的香气，浓酱欠谐调，焦香，焦煳香，放香大，放香较强，放香小，香气杂，异香
	口味：细腻丰满，醇厚丰满，醇和丰满，酒体醇厚，酒体丰满，醇厚柔和，醇甜柔和，醇厚绵柔，进口味甜，有陈味，有油味，有糠味，进口欠醇和，口感粗糙，口味淡薄，回味悠长，回味爽净，回甜爽净，回味爽，回味较长，酱味较长，后味干净，后味略有酸涩味，尾味微苦，尾味微涩，回味较甜，带焦煳味，后味短，后味淡薄，后味杂，尾味带煳苦味，尾味有焦苦味
	风格：具有本品明显的风格，风格突出，风格较突出，风格典型，有酱浓结合的风格，风格较典型，风格较明显，风格尚好，风格尚可，风格不典型，典型性较差，风格不突出，风格一般，偏格，错格
特香型	标准评语：酒色清亮、酒色芬芳、酒味纯正、酒体柔和、诸味协调、香味悠长
	色泽：无色，晶亮透明，清澈透明、莹澈透明，清澈透明，无色透明，无悬浮物，无沉淀。微黄、稍黄、较黄、发黄、灰白色、白色、乳白色、微浑、稍浑、浑浊，有悬浮物，有沉淀，有明显悬浮物、沉淀等
	香气：酯类复合香气为主体，突出奇数碳原子乙酯为主体的香气特征，明显的庚酸乙酯似的香气并带有轻微焦煳香
	口味：醇厚绵甜，回甜，香绵甜润，绵甜爽净，香甜适口，诸香谐调，绵柔，甘爽，入口平顺，入口冲，冲辣，刺喉，涩，稍涩，苦涩，酸，较酸，甜，过甜，欠净，稍杂，有异味，有杂醇油味，有酒稍子味，回味悠长、较长、长，回味短，尾净香长，有焦煳味，有生料味，有霉味等
	风格：风格突出、较突出，风格明显、较明显，具有本品固有的风格，风格尚好、尚可、一般，偏格，错格等
药香型	标准评语：清澈透明、浓香带药香、香气典雅、酸味适中、香味协调、尾净味长
	色泽：无色，晶亮透明，清亮透明，莹澈透明，清澈透明，无色透明，无悬浮物，无沉淀。微黄、稍黄、较黄、发黄、灰白色、白色、乳白色、微浑、稍浑、浑浊，有悬浮物，有沉淀，有明显悬浮物、沉淀等
	香气：具有较浓郁的酯类香气，药香突出，带有丁酸及丁酸乙酯的复合香气
	口味：醇厚绵甜，回甜，香绵甜润，绵甜爽净，香甜适口，诸香谐调，绵柔，甘爽，入口平顺，入口冲，冲辣，刺喉，涩，稍涩，苦涩，酸，较酸，甜，过甜，欠净，稍杂，有异味，有杂醇油味，有酒稍子味，回味悠长、较长、长，回味短，尾净香长，有焦煳味，有生料味，有霉味等
	风格：风格突出、较突出，风格明显、较明显，具有本品固有的风格，风格尚好、尚可、一般，偏格，错格等
豉香型	标准评语：玉洁冰清、豉香独特、醇厚甘润、余味爽净
	色泽：无色，晶亮透明，清亮透明，莹澈透明，清澈透明，无色透明，无悬浮物，无沉淀。微黄、稍黄、较黄、发黄、灰白色、白色、乳白色、微浑、稍浑、浑浊，有悬浮物，有沉淀，有明显悬浮物、沉淀等

香型	评语
豉香型	香气：以乙酸乙酯和苯乙醇为主体的清雅香气，并有明显脂肪氧化的陈肉香气
	口味：绵甜爽净，香甜适口，诸香谐调，绵柔，甘爽，入口平顺，入口冲，冲辣，刺喉，涩，稍涩，苦涩，酸，较酸，甜，过甜，欠净，稍杂，有异味，有杂醇油味，有酒稍子味，回味悠长、较长、长，回味短，尾净香长，有焦煳味，有生料味，有霉味等
	风格：风格突出、较突出，风格明显、较明显，具有本品固有的风格，风格尚好、尚可、一般，偏格，错格等
芝麻香型	标准评语：清澈透明、香气清冽、醇厚回甜、尾净余香，具有芝麻香风格
	色泽：无色、晶亮透明，清亮透明、莹澈透明，清澈透明，无色透明，无悬浮物，无沉淀。微黄、稍黄、较黄、发黄、灰白色、白色、乳白色、微浑、稍浑、浑浊，有悬浮物，有沉淀，有明显悬浮物、沉淀等。
	香气：香气典雅、香气突出、香气纯正、暴香、喷香、香闷、香燥、香大、香小、香柔和、香气丰满、沉香、微陈香、微酱香、焦香、煳香、空杯香正、空杯香小、空杯香杂、香气偏格、泥腥、泥臭、糟臭、煳臭、油臭、霉烂、微酸、香气欠正、其他杂香等
	口味：诸香谐调，绵柔，甘爽，入口平顺，入口冲，冲辣，刺喉，涩，稍涩，苦涩，酸，较酸，甜，过甜，欠净，稍杂，有异味，有杂醇油味，有酒稍子味，回味悠长、较长、长，回味短，尾净香长，有焦煳味，有生料味，有霉味等
	风格：风格突出、较突出，风格明显、较明显，具有本品固有的风格，风格尚好、尚可、一般，偏格，错格等
老白干香型	标准评语：无色或微黄透明，醇香清雅，酒体谐调，醇厚挺拔，回味悠长
	色泽：无色、晶亮透明，清亮透明、莹澈透明，清澈透明，无色透明，无悬浮物，无沉淀。微黄、稍黄、较黄、发黄、灰白色、白色、乳白色、微浑、稍浑、浑浊，有悬浮物，有沉淀，有明显悬浮物、沉淀等
	香气：主体香突出、明显、不明显，放香大、较大、较差，香不正，有异香，冲鼻、刺激、新酒臭较大
	口味：香绵甜润，绵甜爽净，香甜适口，诸香谐调，绵柔，甘爽，入口平顺，入口冲，冲辣，刺喉，涩，稍涩，苦涩，酸，较酸，甜，过甜，欠净，稍杂，有异味，有杂醇油味，有酒稍子味，回味悠长、较长、长，回味短，尾净香长，有焦煳味，有生料味，有霉味等
	风格：风格突出、较突出，风格明显、较明显，具有本品固有的风格，风格尚好、尚可、一般，偏格，错格等
馥郁香型	标准评语：芳香秀雅、绵甜甘冽、醇厚细腻、后味怡畅、香味馥郁、酒体净爽
	色泽：无色、晶亮透明，清亮透明、莹澈透明，清澈透明，无色透明，无悬浮物，无沉淀。微黄、稍黄、较黄、发黄、灰白色、白色、乳白色、微浑、稍浑、浑浊，有悬浮物，有沉淀，有明显悬浮物、沉淀等
	香气：香气幽雅、香气馥郁、焦香、焦煳香，放香大，放香较强，放香小，香气杂，异香
	口味：醇厚绵甜，回甜，香甜适口，诸香谐调，绵柔，甘爽，入口平顺，入口冲，冲辣，刺喉，涩，稍涩，苦涩，酸，较酸，甜，过甜，欠净，稍杂，有异味，有杂醇油味，有酒稍子味，回味悠长、较长、长，回味短，尾净香长，有焦煳味，有生料味，有霉味等
	风格：风格突出、较突出，风格明显、较明显，具有本品固有的风格，风格尚好、尚可、一般，偏格，错格等

6.4 十二大香型品评技巧

（1）浓香型品评技巧

① 依据香气浓郁大小的特点分出流派和质量。凡香气大，体现窖香浓郁突出特点的为川派，其中川派又有单粮浓香与多粮浓香之分，多粮浓香香气馥郁丰满、香气浓烈；单粮浓香香气纯且净，而以口感醇、绵甜、净、爽为显著特点的为江淮派。

② 品评时，酒的甘爽程度，是区别不同酒质量的重要依据。

③ 后味长短、是否干净，也是要掌握的主要区分点。

④ 绵甜是优质浓香型白酒的主要特点，也是区分酒质的关键所在。体现为甜得自然舒畅，酒体醇厚。稍差的酒不是绵甜，只是醇甜或甜味不突出，这种酒体显单薄，味短，陈味不够。

⑤ 香味谐调，是区分白酒质量好坏，也是区分酿造、发酵酒和固、液态配制酒的主要依据。酿造酒中己酸乙酯等香味成分是生物途径合成，是一种复合香气，自然感强，故香味谐调，且能持久。而外添加己酸乙酯等香精、香料的酒，往往是香大于味，酒体显单薄，入口后香和味很快消失，香与味均短，自然感差。如香精纯度差，添加比例不当，更是严重影响酒质，其香气给人一种厌恶感，闷香，入口后刺激性强。当然，如果香精、酒精纯度高、质量好，通过精心勾调，也能使酒的香和味趋于协调。

⑥ 浓香型白酒中最易品出的不良口味是泥臭味、涩味等，这主要是与新窖泥和工艺操作不当，发酵不正常有关。这种混味偏重，严重影响酒质。

⑦ 无色透明（允许微黄），无沉淀物。

（2）清香型品评技巧

① 主体香气为以乙酸乙酯为主，乳酸乙酯为辅的清雅、纯正的复合香气，幽雅，舒适，但细闻有优雅的陈香，没有任何杂香。

② 由于酒度较高，入口后有明显的辣感，且较持久，如水与酒精分子缔合度好，则刺激性减小。

③ 口味特别净，质量好的清香型白酒没有任何邪杂味。

④ 尝过几口后，甜味也表现出来。尝第二口后，辣感明显减弱，甜味突出，饮后有余香。

⑤ 无色透明。

⑥ 酒体突出清、爽、绵、甜、净的风格特征。

（3）凤香型品评技巧

① 闻香是以醇香为主，配有乙酸乙酯加己酸乙酯混合香气，常品就会记住这类香气的特点。尤其是异戊醇含量高，苦杏仁味十分明显，这也是凤香型白酒的最主要特点。

② 入口后有挺拔感，就是香气往上蹿，细品就会感觉到。

③ 凤香型酒如在清香型酒中品评，就要找出它含己酸乙酯的特点。

④ 诸味谐调，一般指酸、甜、苦、辣、香五味俱全，搭配谐调，饮后回甜，诸味浑然一体。

⑤ 有酒海储存带来的特殊口味。

（4）酱香型品评技巧

① 空杯留香长、香气优雅。

② 微黄透明。

③ 酱香突出，酱香、焦香、煳香的复合香气，酱香＞焦香＞煳香。

④ 酒的酸度高，是形成酒体醇厚、丰满、口味细腻幽雅的重要因素。

（5）米香型品评技巧

① 以乳酸乙酯和乙酸乙酯及适量的β-苯乙醇为主体复合香气较明显。

② 口味显甜，有发闷的感觉。

③ 后味稍短，但爽净。优质酒后味怡畅。

④ 口味柔和，刺激性小。

⑤ 香气上似米酒香味。

⑥ 放置时间稍长，易出现酒体浑浊。

（6）药香型品评技巧

① 香气浓郁，酒香、药香谐调，舒适。

② 入口丰满。

③ 酒的酸度高，后味长。

④ 药香型是大、小曲并用的典型，而且加入多种中药材，故既有大曲酒的浓郁芳香，醇厚味长，又有小曲酒的绵柔、醇和的特点，且带有舒适的药香、窖香及爽口的酸味。

⑤ 药香型中丁酸与丁酸乙酯含量高，所以其丁酸及丁酯的香气非常突出。

（7）豉香型品评技巧

① 突出豉香，有特别明显的油脂香气（类似"油哈味"）。

② 酒度低，入口醇和，余味净爽，后味长。

③ 香气与米香型类似，但缺少蜜、甜感。

（8）芝麻香型品评技巧

① 闻香以芝麻香的复合香气为主，有明显陈味。

② 入口后焦煳香味突出，细品有类似芝麻香气（近似炒芝麻的香气），后味有轻微的焦香、酱香，味醇厚。

（9）特香型品评技巧

① 清香带浓香是主体香，细闻有焦煳香。入口类似庚酸乙酯，香味突出。味绵甜，稍有糟味。

② 口味柔和，有黏稠感，糖的甜味明显。

③ 正丙醇含量较大，其香味明显。

④ 类似菜籽油刚入锅时的香气。

（10）兼香型品评技巧

酱中带浓：闻香以酱香为主，略带浓香；入口后浓香较突出；味较细腻，后味较长。

浓中带酱：闻香以浓香为主，带有明显的酱香；入口绵甜较甘爽，以浓味为主；浓、酱协调，后味带有酱味；味柔顺、细腻。

（11）老白干香型品评技巧

① 香气以乳酸乙酯和乙酸乙酯为主体的复合香气，协调、清雅，似清香型，但香气没那么浓郁，微带粮香，香气比较广。

② 入口醇厚，口感比较丰富，又能融合在一起，不暴、不刺激。

（12）馥郁香型品评技巧

① 闻香浓中带酱，且又舒适的芳香，诸香谐调。

② 入口有绵甜感，柔和细腻。

③ 余味长且净爽。

6.5　典型性评酒培训方案

（1）培训时间　每天早晨8:30开始，每天训练4轮，每轮30min，每轮之间间隔10min。

（2）培训地点　品酒室（可选择开阔通风的安静环境）。

（3）培训对象　所有评酒员。

（4）培训目的　典型性的品评是白酒品评中至关重要的一环，每一杯典型性酒样都代表着不同厂家和香型的白酒风格和特点。识别典型性可以加深对各大香型的认识，熟悉和了解每个厂家的风格特点，牢记白酒制作工艺区别。认识了白酒的典型性才是认识了白酒，认识了香型，认识了风格。典型性培训是以原酒（商品酒）为样本进行的，选择时，注意酒度是否是主流产品或标志产品，酒度相近的放在一起品评。

（5）培训材料　品酒杯若干，凤香型西凤酒，汾酒，宝丰酒，三花米香酒，老白干酒，泸州老窖酒，洋河酒，剑南春酒，五粮液酒，习酒（浓香），习酒（酱香酒），郎酒，茅台酒，凤兼浓兼香酒，四特特型酒，口子窖兼香酒，白云边兼香酒，药香型董酒，红星二锅头酒，牛栏山二锅头酒，芝麻香型景芝酒，豉香型玉冰烧酒，江津小曲清香酒，凤香型太白酒，芝兼浓酒，小曲清香酒。

（6）培训方案（表6-2）

表6-2　培训方案

轮次	酒样	品评要求
1	1#38°西凤酒、2#55°西凤酒、3#65°西凤酒、4#48°凤香型太白酒	明评：这一轮是凤型酒的典型性，评酒员将面前的酒杯按顺序排列仔细体会并寻找其中的差别和每杯酒的特点，并写下评酒记录
2	1#55°西凤酒、2#48°凤香型太白酒、3#65°西凤酒、4#38°西凤酒	暗评：评酒员将面前的酒杯打乱，仔细品评看能否根据各自的特点找出酒样
3	1#53°汾酒、2#54°宝丰酒、3#52°江津小曲酒	明评：这一轮是清香型酒的典型性，评酒员将面前的酒杯按顺序排列仔细体会并寻找其中的差别和每杯酒的特点，并写下评酒记录
4	1#宝丰酒、2#汾酒、3#52°江津小曲酒	暗评：评酒员将面前的酒杯打乱，仔细品评看能否根据各自的特点找出酒样
5	1#52°泸州老窖、2#52°五粮液、3#60°剑南春、4#55°洋河、5#53°习酒（浓香）	明评：这一轮是浓香型酒的典型性，评酒员将面前的酒杯按顺序排列仔细体会并寻找其中的差别和每杯酒的特点，并写下评酒记录
6	1#52°五粮液、2#60°剑南春、3#52°泸州老窖、4#53°习酒（浓香）、5#55°洋河	暗评：评酒员将面前的酒杯打乱，仔细品评看能否根据各自的特点找出酒样
7	1#53°茅台酒、2#53°郎酒、3#53°习酒（酱香）	明评：这一轮是酱香型酒的典型性，评酒员将面前的酒杯按顺序排列仔细体会并寻找其中的差别和每杯酒的特点，并写下评酒记录
8	1#53°茅台酒、2#53°习酒（酱香）、3#53°郎酒	暗评：评酒员将面前的酒杯打乱，仔细品评看能否根据各自的特点找出酒样
9	1#55°三花酒、2#52°红星二锅头、3#50°牛栏山二锅头、4#53°景芝酒、5#52°四特酒	明评：这一轮是四大香型之外其他香型白酒的典型性，评酒员将面前的酒杯按顺序排列仔细体会并寻找其中的差别和每杯酒的特点，并写下评酒记录
10	1#53°景芝酒、2#50°牛栏山二锅头、3#52°红星二锅头、4#52°四特酒、5#55°三花酒	暗评：评酒员将面前的酒杯打乱，仔细品评看能否根据各自的特点找出酒样
11	1#54°衡水老白干、2#52°董酒、3#29.5°玉冰烧、4#52°口子窖兼香酒、5#42°白云边兼香酒、6#48°绵柔西凤兼香酒	明评：这一轮是四大香型之外其他香型白酒的典型性，评酒员将面前的酒杯按顺序排列仔细体会并寻找其中的差别和每杯酒的特点，并写下评酒记录
12	1#52°董酒、2#48°绵柔西凤兼香酒、3#42°白云边兼香、4#54°衡水老白干、5#52°口子窖兼香酒酒、6#29.5°玉冰烧	暗评：评酒员将面前的酒杯打乱，仔细品评看能否根据各自的特点找出酒样

轮次	酒样	品评要求
13	1#38° 西凤酒、2#54° 汾酒、/3#65° 西凤酒、4#45° 太白酒	暗评：评酒员细细体会，此轮主要是看评酒员能否在众多凤香型白酒中找到清香型白酒
14	1#54° 汾酒、2#53° 宝丰酒、3#52° 江津小曲、4#52° 五粮液	暗评：评酒员细细体会，此轮主要是看评酒员能否在众多清香型白酒中找到浓香型白酒
15	1#55° 五粮液、2#52° 泸州老窖、3#剑南春、4#55° 洋河、5#53° 郎酒	暗评：评酒员细细体会，此轮主要是看评酒员能否在众多浓香型白酒中找到酱香型白酒
16	1#53° 茅台酒、2#53° 习酒（浓香）、3#53° 郎酒、4#55° 西凤酒	暗评：评酒员细细体会，此轮主要是看评酒员能否在众多酱香型白酒中找到凤香型白酒
17	1#38° 西凤酒、2#54° 汾酒3#65° 西凤酒、4#48° 太白酒、5#53° 宝丰	暗评：评酒员细细体会，此轮主要是看评酒员能否在众多凤香型白酒中找到两种清香型白酒
18	1#54° 汾酒、2#53° 宝丰酒、3#53° 江津小曲、4#52° 五粮液、5#52° 泸州老窖	暗评：评酒员细细体会，此轮主要是看评酒员能否在众多清香型白酒中找到两种浓香型白酒
19	1#52° 五粮液、2#52° 泸州老窖、3#52° 剑南春、4#55° 洋河、5#53° 郎酒、6#53° 茅台	暗评：评酒员细细体会，此轮主要是看评酒员能否在众多浓香型白酒中找到两种酱香型白酒
20	1#53° 茅台酒、2#53° 习酒（浓香）、3#53° 郎酒、4#55° 西凤酒、5#38° 西凤酒	暗评：评酒员细细体会，此轮主要是看评酒员能否在众多酱香型白酒中找到两种凤香型白酒
21	1#53° 习酒（浓香）、2#52° 红星二锅头、3#52° 泸州老窖、4#53° 郎酒、5#52° 四特酒	暗评：从这轮开始进行大规模的重复性联系，评酒员仔细品评看能否找出对应酒样
22	1#47° 衡水老白干、2#53° 董酒、3#29.5° 玉冰烧、4#52° 口子窖兼香酒5#52° 白云边兼香酒、6#50° 绵柔西凤兼香酒	暗评：从这轮开始进行大规模的重复性联系，评酒员仔细品评看能否找出对应酒样
23	1#52° 五粮液、2#52° 泸州老窖、3#52° 剑南春、4#55° 洋河、5#53° 郎酒、6#54° 汾酒	暗评：从这轮开始进行大规模的重复性联系，评酒员仔细品评看能否找出对应酒样
24	1#53° 茅台酒、2#29.5° 三花酒、3#53° 景芝酒、4#55° 西凤酒、5#52° 口子窖兼香酒、6#52° 四特酒	暗评：从这轮开始进行大规模的重复性联系，评酒员仔细品评看能否找出对应酒样
25	1#38° 西凤酒、2#29.5° 玉冰烧3#65° 西凤酒、4#48° 太白酒5#53° 宝丰、6#52° 江津小曲	暗评：从这轮开始进行大规模的重复性联系，评酒员仔细品评看能否找出对应酒样

点评

典型性品评是白酒品评中最基本也是最简单的一个环节。关键是记忆，平时多训练，对每种香型的闻香特点熟记于心。以自己体会的特点去记忆，比如有的人认为老白干香型酒的香气是大枣味，而有人却认为是煮马铃薯的味道，只要你对这种气味熟记于心，品评时对号入座，就不会出错。

小贴士

Tip1：典型性酒样从认识到检出是一个复杂的过程，其需要训练的轮次远远不止上面说的那么简单，一定要多训练，勤记录。

Tip2：典型性的品评也是有技巧的，可以从工艺上判断，比如浓香酒就分为多粮浓香和单粮浓香，其风格特点有明显区别，比如五粮液，以多粮为主，泸州老窖、剑南春就是单粮，可以从这些方面进行区分。

Tip3：典型性的品评在犹豫不决的时候也可以通过其他知识来判断，比如在米香和豉香型之间摇摆不定的时候通过酒度就可以判断，米香型的酒度一般比豉香型的高。

Tip4：酱香型、芝麻香型、芝兼浓香型白酒的区分。

酱香型白酒酱香突出、色泽微黄、略有焦香，空杯留香。

芝麻香型白酒类似轻炒的芝麻香气，这种焦香气味是由于芝麻香型白酒中的呋喃类化合物具有甜样的焦香气味，极易与吡嗪类化合物融合形成独特的焦香。

芝兼浓香型白酒的芝麻香味道在浓香味道的衬托下更加明显，但是细闻之下，芝麻香味不够纯粹，还有酱香酒的味道。

这三种香型的白酒都有焦香的味道，所以初学时易产生混淆。最好的辨别方式是空杯留香法，即初评之后将酒倒掉，酱香型白酒空杯留香持久，酱香浓郁；芝麻香型白酒空杯有淡淡芝麻味或者无味道；芝兼浓香型白酒空杯有窖泥的臭味。

Tip5：大清香范畴中几类白酒的区分

大曲清香：绵甜爽净，给人的感觉像大家闺秀般含蓄柔和、留香持久；大曲清香代表是汾酒和宝丰，汾酒香气较宝丰饱满，香气持久，宝丰酒乍闻有点像酒精味。宝丰酒由于本身清香味道略寡淡，是品评难点，应更加注意"快速"品评，以免品评时间过长，嗅觉失聪，加大品评难度。

小曲清香：小曲发酵，清香香味不够纯正，但仍旧香气怡人，犹如小家碧玉般温柔甜美。

老白干：以小麦踩制的清茬曲为糖化发酵剂，有大曲清香酒乙酸乙酯为主的闻香特点，能闻到高级醇的味道。

二锅头：有股酱菜味，并略带杂味；其中红星二锅头和牛栏山二锅头闻香有差别。

大清香范畴中大曲清香、小曲清香、老白干、二锅头较难区别，需要反复练习，不断强化记忆，重点练习。

Tip6：兼香型白酒

以安徽口子窖和湖北白云边是最典型的兼香型白酒代表，区分兼香型白酒就是分辨其香气中更加偏重酱香还是浓香。口子窖乍闻是浓香，后有酱味，是浓兼酱型白酒；白云边乍闻是酱香出头，但酸味明显，后有浓香味道，是酱兼浓型白酒。

Tip7：不同香型白酒的特点

① 浓香　多粮浓香——五粮液：整体放香很浓，己酸乙酯呈香明显，细闻可以闻见粮食味，稍有似胶皮烧焦的气味。单粮浓香——泸州老窖：己酸乙酯的气味明显，气味较单一纯正，后味（空杯）有窖泥味。

② 清香　汾酒——乙酸乙酯的气味浓烈，酒体干净，酒精味似乎比宝丰明显，放香饱满，入口协调柔和。宝丰——香气自然淡雅，酒精味不明显，香气欠饱满，入口有酸涩感，没有汾酒协调。小曲清香——闻着似甜丝丝的糖浆味，入口有药（似甘草片）苦味。麸曲清香——气味很浓烈、很杂，似乎有种生瓜子味，和其他的清香相比较特别。老白干——整体气味很刺激，入口整个口腔都是灼辣感，标准酒样的老白干带点生面粉的气味，和其他清香区别是入口酒精的刺激感强。

③ 米香型酒　乙酸乙酯与β-苯乙醇为主体组成的幽雅轻柔的香气，似醪糟的气味，杯中放久了酒体会变浑浊。入口柔和，稍有清爽、冰凉的药味，酒精度不高。

④ 特型酒　微黄，闻着似生油味，空杯细闻稍有窖泥味。

Tip8：区分浓香型酒和酱香型酒

浓香型白酒，入口香甜，闻香清新且芳香，入喉不辣不涩，酒香并不持久，很容易消散。酱香型白酒，入口香辣，闻香厚重但是醇和，有一股"酱"的香味，可以理解为酱油的那种味道，而且夹杂一点点酸味，留香持久，入喉回味悠长，但是入腹就会有一股很猛的热流往鼻子冲，小腹感觉会有一团火在烧，浓香型的没有这种感觉，而且喝了之后，嘴里会回香。

Tip9：清香型酒和浓香型酒的区别

清香型白酒可以概括为清、正、甜、净、长五个字，清字当头，净字到底。清香酒乙酸乙酯气味突出，嗅闻有股花香味，出入口硬朗辣喉，三四口后慢慢顺达，体味到清冽中的清香与地道。浓香酒己酸乙酯气味突出，入口比清香酒香气饱满，酒气上顶，特别是川酒中的名酒，如五粮液、剑南春，大多52°起，入口都汹涌澎湃，香气恣肆；洋河、双沟等苏酒度数低，入口稍软，香气相对淡一些。

Tip10：正确区分酱香型酒和芝麻香型酒

所谓酱香，就是有一股类似豆类发酵时发出的一种酱油味。酒液微黄透明、香气优雅细腻、入口醇甜、绵柔，具有明显的酸味，回味悠长，其"空杯留香持久"最是出名。芝麻香型酒是处于浓香、清香、酱香3个香型为三角形的中心位置的一个香型，其典型性是表现在香气和口感上有着一种独特细腻、清炒芝麻的香气，这是它区别于酱香酒极其重要的标志。

Tip11：凤香型白酒中因含有较高的异戊醇，所以其最为主要的一点是其入口后有明显的"苦杏仁味"，这是判断凤香型白酒的重要的依据。凤香型白酒典型性品评时，若是在大清香内，它就会表现出明显的"浓香"感，而在浓香酒中间其又会呈现"清香"感，即所谓的"清而不淡，浓而不艳"。

Tip12：清香型、米香型、豉香型白酒的辨别要点

清香型白酒闻香上是香气清雅，很纯，久闻有股甜甜的香气；入口净，后味回甜。米香型白酒和清香型类似，但米香型白酒闻香感觉后香有蜜感，清香则是甜而且米香型白酒倒入品酒杯久置容易产生浑浊。豉香型白酒香气感觉与米香型类似，但没有米香型清爽，有油腻感，同时，豉香型白酒酒度低是其明显的判断依据。

Tip13：老白干酒在品评时，首先通过闻香就能明确地感觉出其较明显的乙酸乙酯的香味，便可将其判定为大清香范围内，然后仔细地感觉可以闻出淡淡大枣的甜香。如此可判断出此为老白干香型白酒。还有一点就是老白干香型白酒闻香上有较明显的粮香。

Tip14：浓香型白酒判断依据就是其浓郁的窖香味，而不同类别的浓香酒其香气特点不一。多粮浓香不但有窖香，还有些许粮香，香气丰满、馥郁；单粮浓香则为纯正的窖香，窖香纯、净，有绵甜感，有陈香味；而江淮派浓香则是窖香比较适中、淡雅，香气不如川派浓香那样浓郁。

Tip15：酱香与芝麻香白酒分辨要点，酱香型白酒主要判断依据有三点：一是颜色（一般为浅黄色）；二是闻香有焦香；三是空杯留香持久。判断芝麻香酒，首先颜色，微黄不是酱香就是芝麻香；其次其香气也似

酱香但更像煳香；再次就是其入口有苦涩感，有浓香感觉不如酱香细腻。

Tip16：兼香型白酒评判主要是判断出是浓兼酱还是酱兼浓，其中最大的区别是，入口后浓兼酱后味偏浓，酱兼浓后味偏酱，同时兼香型白酒闻香上都有酸辣感。以白云边为例，初闻时，其浓香特点明显，且其酸味比较突出并伴随着较强的辣味刺激感，入口后，其后味酱味较为明显。

Tip17：特型白酒闻香有油菜子的气味，类似菜籽油倒入热锅里一瞬间冒出的气味；特型白酒入口不是很净，稍有糟味；同时特型白酒容易与兼香型白酒搞混，其最大的区别就是兼香型白酒酸辣感明显，刺激性较强，而特型白酒相对而言比较闷，且入口有淡淡的甜味。

Tip18：药香型白酒的品评时，由于其酒体中丁酸与丁酸乙酯含量较高，因此药香型白酒最大的一个特点就是闻香时，丁酸与丁酸乙酯的气味格外明显，这也是判断药香型白酒最显著的依据，同时药香型白酒入口后有浓香酒的感觉，但与之不同的是药香型白酒生产过程中加入了中药，所以其酒体中有药香，后味稍有苦味。

Tip19：区分55°凤型、绵柔凤香、凤型基酒的品评要点

55°凤型：纯凤香型白酒，香气比较协调，收敛，喝下去有苦杏仁味，稍微带点海子味。

绵柔凤香：兼香型白酒，凤中带浓，浓中带凤，香气较55°凤型大，喝下去有点甜甜的感觉。

凤型基酒：凤香型原酒，香味较55°凤型香艳，喝起来也比55°凤型暴辣。

Tip20：芝兼浓与芝麻香的区别

芝麻香白酒以景芝白干为代表，芝麻香有一种轻微的酱香感，类似轻炒的芝麻香气。芝麻香喝下去有点酸、涩，后味稍微有点苦；芝兼浓的芝麻味比芝麻香的芝麻味大，后味有点浓香酒的味道，要细细体会。另外，品评完之后，可以倒掉酒杯中的酒隔几分钟再闻香，芝麻香空杯闻香就是淡淡的芝麻味，而芝兼浓空杯闻香能闻出窖泥臭味。

Tip21：品评55°凤型、45°绵柔凤香、45°陈年凤香、40.8°太白酒的要点

①55°凤型　乙酸乙酯香味较明显，有淡淡的青草味，较愉悦，闻香有明显苦杏仁味。

②45°绵柔凤香　和55度凤型相比，酒体偏浓，己酸乙酯味较明显。

③ 45° 陈年凤香　气味比较闷，与45°绵柔凤香接近，但味弱于绵柔，有酱味，芝麻香味比较复杂。

④ 40.8° 太白　放香不好，入口甜，后味短。

Tip22：如何区分同一香型但不同厂家的酒

同一香型但不同厂家的白酒一般不容易区分，最重要的是要能找出它们之间比较细微的区别来。如山西汾酒和北京二锅头都属于大清香范畴，其主体香味成分为以乙酸乙酯为主体的复合香味。但是仔细品评还是有较大区别的，山西汾酒酒体特别纯净，一清到底，没有杂味，品尝起来醇香自然，给人以舒适的感觉。相比之下，北京二锅头喝起来后味就比较杂，味淡、闷，有混涩感。再比如，泸州老窖和浓香型习浓都属于浓香型白酒，但是和泸州老窖相比，浓香型习浓有明显的窖泥臭，而泸州老窖没有，领会了这一点很容易将二者区分出来。

Tip23：区分泸州老窖和剑南春的技巧

泸州老窖和剑南春都是典型的浓香型白酒，不同的是，泸州老窖多是单粮浓香，而剑南春是复合浓香。品尝泸州老窖和剑南春时，剑南春白酒己酸乙酯味很突出，很浓，香气比较复杂，细闻有粮食味。泸州老窖白酒己酸乙酯好像没有剑南春突出，比较单调，但是其窖香特别浓郁，喝下去有回甜的感觉。

Tip24：如何区分凤香型白酒不同生产阶段的基酒

凤香型白酒生产周期为1年，共分六个阶段，分别是立窖、破窖、顶窖、圆窖、插窖、挑窖。品评凤香型基酒时，破窖酒香味突出，乙酸乙酯味突出，与汾酒相似；圆窖酒粮食香味突出；顶窖酒香味突出，香气奔放，有醇香味；插窖酒味淡，无杂味；挑窖酒有股麻油的味道，酸味重。

第七章

白酒的质量差品评

白酒品评中，质量差的训练可以说是品评工作的关键和灵魂，一切训练的目的最终要落到质量差的品评上。我们学习白酒品评的目的就是要利用我们前面所掌握的一切品评方法和技巧去分辨各种类型白酒的质量优劣，分辨出什么是好酒，什么是不好的酒，它们的差异在哪里，优点是什么，缺陷又是什么。这不仅有利于我们对产品进行识别、分级、鉴赏，分辨假冒伪劣产品，确定质量等级，评选优质产品，又能为酒体设计提供参考意见，进行小样配方的选定、调整、改进和优化，保持批次间的一致性并持续提高酒体质量。通过白酒品评，还能通过发现有质量缺陷的新产酒，追溯到它的生产工艺，找到造成这种缺陷的直接原因，从而改进工艺克服缺陷提高产品质量。从宏观角度来讲，通过产品质量的评比，还可以检验不同历史时期生产技术水平的高低，推动不同省、市、自治区之间的相互学习、共同进步，以便于科学地总结传统工艺；同时积极推动继承与发扬学创结合的精神，促进行业进步和香型创新与发展；对白酒行业的发展进步起到了积极的推动作用。

本章中我们将对不同香型的白酒质量差的品评训练进行简单的阐述，希望能对大家在白酒品评过程中有所帮助和启迪。

7.1 质量差概念

白酒的质量差是指某种特定香型的一组白酒从理化指标、卫生指标、感官指标符合该香型产品标准的程度而最终给出的综合结论。可以是不同的等级判定（如优级、一级、二级、等外品），也可以是同一等级下不同的质量排序。

白酒品评的质量差主要是指品评人员通过感官方式，即通过眼观其色、鼻闻其香、口尝其味，综合起来看风格的方式对所品评的酒样给出一个等级判定或者质量次序。质量差的品评通常都是在同一香型的白酒中品评，不同香型的白酒一般不进行白酒质量差的品评，因为评判的标准不一样，很难进行质量差的评判。不同香型的白酒放在同一轮次品评也会有失公正。

7.2 质量差判定的标准

白酒的质量差判定的标准是依据该香型白酒的国家标准或企业标准中规定的理化指标、卫生指标、感官指标三项指标来综合评判。具体品评时根据特定酒样与标准中所列项目逐一打小分，比如色、香、味、酒体、风格、个性分别打分最后计算总分，最终排出质量次序。各香型白酒都有相关标准，所以一个合格的品酒师首先必须了解各香型白酒的国家标准，熟悉评判依据，熟悉各香型白酒的典型风格特征，好坏的区分以及相接近酒样的细微差别，做到明察秋毫，评判清楚，定位准确，公平、公正的对所评酒样做出一个精准的评价。

同时，在本章质量差品评内容中涉及很多成品酒和酒精之间的混合样品，我们在品评时默认为酒精加的越多该样的质量越不好，这是依据酒样的典型性偏离度粗略判定的，在实际生产中有的酒样添加酒精反而会使酒样放香更愉快，口感更协调。

7.3 质量差品评

7.3.1 几种基本品评方法

根据品评的目的，确定提供酒样的数量、评酒员人数的多少，可采用明评和暗评的品评方法，也可以采用多种差异品评法的一种。

7.3.1.1 明评法

明评法又可分为明酒明评和暗酒明评。明酒明评是公开酒名，品酒师之间明评明议，最后统一意见，打分并写出评语。暗酒明评是不公开酒名，酒样由专人倒入编号的酒杯中，由品酒师集体评议，最后统一意见，打分，写出评语，并排出名次顺位。

7.3.1.2 暗评法

暗评是酒样密码编号，从倒酒、送酒、评酒一直到统计分数，写出评语，排出顺位的全过程，分段保密，最后揭晓公布品评的结果。品酒师所做出的评酒结论具有权威性，他人无权更改。

7.3.1.3 差异品评法

差异品评法又分为以下五种方法。

（1）一杯品尝法 先拿一杯酒样，品尝后拿走，然后再拿一杯酒品尝，最终做出两个酒样是否相同的判断，这种方法可用来训练品酒师的记忆力。

（2）两杯品尝法 一次拿两杯酒样，一杯是标准酒样，一杯是对照酒样，找出两杯酒的差异，或者两杯酒样相同无明显差异。此法可用来训练品酒师的品评准确性。

（3）三杯品尝法 一次拿三杯酒样，其中两杯是相同的，要求品酒师找出两个相同的酒样，并找出这两杯酒样与另一杯酒的差异。此法可用来训练品酒师的重现性。

（4）顺位品尝法 事先对几个酒样差别由大到小顺序标位，然后重新编号，让品酒师按由高到低的顺位品尝出来。一般酒度的品尝均采用这种方法。

（5）五杯分项打分法　一轮次为五杯酒样，要求品酒师按质量水平高低，先分项打小分，然后再打总分，最后以分数多少将五杯酒样的顺位列出来。此法适用于大型多样品的品评活动。国内多以百分制为主，国外多以20分制为主。

7.3.2　品评的步骤

白酒的品评主要包括色泽、香气、品味、风格、酒体、个性六个方面。

7.3.2.1　眼观色

白酒色泽的评定是通过眼睛来完成的。先把酒样放在评酒桌的白纸上，用眼睛正视和俯视，观察酒样有无色泽和色泽的深浅，同时做好记录。在观察透明度，有无悬浮物和沉淀时，要把酒杯拿起来，然后轻轻摇动，使酒液游动后进行观察。根据观察，对照标准，打分做出色泽的鉴评结论。

7.3.2.2　鼻闻香

白酒中的香气是通过鼻子判定的。当被评酒样上齐后，首先注意酒杯中的酒样多少，使同一轮酒样中各杯酒的酒量基本相等，之后开始嗅闻其香气。嗅闻时要注意：鼻子和酒杯的距离要一致，一般在1～4cm；吸气量不要过猛，不要忽大忽小；嗅闻时，只能对酒吸气，不要对酒呼气。在嗅闻时，按1、2、3、4、5顺序辨别酒的香气和异香，做好记录，再按5、4、3、2、1的顺序进行嗅闻。对不能确定香型的酒样，最后综合判定。

7.3.2.3　口尝味

白酒的味是通过味觉确定的。先将盛酒的酒杯端起，入口少量酒样于口腔内，品尝其味。品尝师要注意：每次入口量保持一致，以0.5～2.0mL为宜；酒液布满舌面，仔细辨别其味道；酒样下咽后，立即张口吸气，闭口呼气，辨别酒的后味；品尝次数不宜过多，一般不超过3次。每次品尝后用水漱口，防止味觉疲劳。品尝要按闻香的顺序进行，先从香气小的开始，逐杯进行品评。在品尝时把异杂味大的异香和暴香的酒样放到最后尝评，以防味觉刺激过大而影响品评结果。尝评一般分为初评、中评、总评三个阶段。

初评：一轮酒样上齐后 通过闻香和尝味，初步排出本轮次酒样顺位。

中评：重点对初评时口味相近似的酒样进行认真品尝比较，确定中间酒样的顺位。

总评：在中评的基础上，可加大入口量，一方面确定酒的多余味，另一方面可对酒的暴香、异香、邪杂味大的酒进行品尝，最终从品尝中排出本轮次酒的顺位。

7.3.2.4　综合起来看风格，看酒体、找个性

根据色、香、味品评情况，综合判断出酒的典型风格、特殊风格、酒体状

况、是否有个性。最后根据记忆或记录，对每个酒样分项打分和计算总分，完成评分表，得出最终品评结论。

7.3.3 品评技巧

7.3.3.1 黄金十分钟

多年的评酒经验证明，评酒一定要抓住关键性的前10min，这是品酒的黄金时间段，当酒样全部上齐后从闻香开始，这时我们的味觉、嗅觉系统还是一片空白，未受任何干扰，从第一杯开始仔细闻香，在大脑中记忆每杯酒的香气特点，可做简单的记录，逐一完成，这大概在3min内完成，可以按香气的好坏初步排一个顺序出来。一般优秀的品酒师对酒的闻香只需3次，一组酒嗅3次即可排出香气次序。然后再按闻香的排序逐一品味，看是否香与味一致，好的酒，香与味是一致的，不好的酒香与味是分离的、脱节的，会有香大于味的情况，我们这时就要按香与味是否一致的情况在排序上做调整。这样白酒品评的初评阶段基本完成，大概在10min内初定乾坤。我们对酒的第一印象，往往是最正确的，所以评酒时间不能太长，人的味觉、嗅觉是极易疲劳的。每轮考试的时间大概40min左右，剩余的时间我们就开始写评语，打分，按考试要求答卷了，在写评语前要查看上几轮品评结果，以确保品评结果在一个基准线上，并同时做好笔记，为下一轮做好准备，因为下一轮次或许就有再现性考试了，所以笔记很重要。

7.3.3.2 三七规律

所谓"三七规律"就是评酒时七分靠闻，三分靠尝，这是多年的评酒所得经验。也有专家说，评酒时对酒的好坏的判断以闻香为主，70%以上可以从香气决定酒的品质。酒样全部上齐后，先观察液面高度是否一致，酒样的多少对闻香的影响是很大的，郁金香杯中酒的液面高度不一致，酒与空气的接触面是不同的，放香大小就会不一样，这就要求我们自己观察，太少的酒样让倒酒人员给补充，太多的酒样自己可以倒出一些在废液桶里，注意一定要用无味的餐巾纸擦干酒杯外壁，不要让酒杯外壁和手上沾上酒液，手上温度较高会影响下一杯的闻香，这也是经验。然后开始闻香，闻3次即可基本按香气的丰满、协调、柔和的情况对几杯酒样排出次序，这就完成了评酒过程的一大半。经验证明有时即使不喝，也能评个八九不离十了。然后再入口品尝感知味觉，看香与味是否协调一致。三七规律不表示香气大的酒就好，香气的判定要以协调、优雅为基本标准。如果香气优雅细腻，自然纯正，那酒的品质也一定不会差。

7.3.3.3 先闻后尝一定牢记，一看，二闻，三尝，四品，后综合

先观察酒样颜色，是否有色，是否清亮透明，再开始闻香，切记闻香完成

之前千万不要去喝任何一杯酒，更不能闻一杯喝一杯，一旦喝下一杯酒，后面基本是闻不出什么味的，因为味觉感受到刺激后会引起嗅觉的"失聪"，这一点大家可以去体验。没有品评经验的人往往是一组酒上来后不懂章法，每个酒样先喝一口，等到几杯酒样全喝完了，你问他哪杯酒香气如何，这时他端起酒杯去闻，告诉你说就是酒味啊，没什么区别的，这就是他的嗅觉"失聪"所致。所以主要靠闻，喝在最后，只是为了验证香与味是否一致。四品，用心细细品味，最后综合前面我们对色、香、味的综合信息做判定。一般情况下，如果酒色发黄或为酱香型白酒，或属于陈酒，这是品质较好的表现，但也有人为添加色素或是酒体本身就有邪杂味（如焦味、苦味、橡胶味等）所致，品评时一定要仔细甄别。

7.3.3.4 相信自己的第一感觉，不道听途说，不受干扰

评酒时一定要相信自己的第一感觉，因为每个人的喜好是不同的，主观性很强，人都有接受心理暗示的心理效应，听别人说哪杯酒好，你就会接受这种心理暗示，马上会觉得这杯酒好，严重干扰自己判断。所以评酒时千万不要道听途说。好多次经验教训就是，明明自己评对了，听了别人的议论后改错了，后悔莫及。大型的评酒会上，一般参评人员很多，不受干扰是不可能的，所以尽量不接受别人的心理暗示，两耳不闻杯外事，一心只评自己的酒，让自己沉浸在自己的世界里，也可以稍事休息，让大脑清零，几分钟后再从头开始。一定记录好自己的初评结果，若几次品评拿不定主意的时候，相信自己的第一感觉，初评结果往往准确性是最高的。

7.3.3.5 关于对"香艳"的理解

我们常常会接触到这样的酒样：端起酒杯，香气四溢，扑鼻而来，香气很浓、很香，你一定会认为这个酒很香是好酒，但等你再入口细品，你就会发现酒体寡淡，粗糙不协调，有前香没后味，香气与酒的口味没一点关系，这种香，就是我们所说的"香艳"或者说是"浮香"。大多是质量较差的酒调香所致，是一种浮香，不是酒本身产生的正常香气，与酒体是脱节的。这种酒往往要排在后面，不要让它干扰了你的判断。品质好的酒是一种自然、纯正、优雅的香气，是酒自身散发出来的一种自然香气，香与味是浑然一体的。

7.3.3.6 记忆力很重要

评酒人员要具备的四种能力，即检出力、识别力、记忆力、表现力都要同时具备，但记忆力尤其重要，这一点要强化训练。

检出力：检出力是指对香味有很灵敏的检出能力，即嗅觉和味觉都极为敏感。在考核评酒员时，常使用一些与白酒不相干的砂糖、味精、食盐等进行测验，其目的就在于检验评酒员的基本素质，也是评酒员的基础条件。

识别力：这比检出力提高了一个台阶，检出力回答的是有没有的问题，识别力则是回答是什么的问题。例如评酒员测验时，要求其对白酒典型体及化学物质作出判断，并对其特征、协调与否、酒的优点、酒的问题等作出回答。又如要对基本的单体乙酸乙酯、乳酸乙酯、己酸乙酯、丁酸乙酯，以及基本的酸类、醇类、醛类有一定的识别能力。

记忆力：记忆力是评酒员的基本功，也是必备条件，在品尝过程中，评酒员要记住所评白酒的特点，再次遇到该酒时，其特点应立即从记忆中反映出来。例如评酒员检测时，采用同酒异号或在不同的轮次中出现的酒样进行测试，以检验评酒员对重复与再现的反应能力。

表现力：表现力是凭借着识别力、记忆力找出白酒的问题所在，能将品尝结果准确地表述清楚。掌握主体香气成分及化学名称和特性，能够熟悉本厂生产工艺的全过程，能提出白酒生产工艺条件、储存、勾兑上的改进意见。

四种能力中记忆力很重要，所以一定要做笔记，脑子也要记。一旦你对某种酒有了深刻的记忆，下次这杯酒出现在你面前的时候一下子就能认出它，就像见到了老朋友。这在典型性、重复性、再现性的考试中特别有用，平时一定多评、多练，强化记忆，品评时就能从大脑的储存库里提取出来。

7.3.3.7　注意克服三种效应

人的嗅觉味觉是极易疲劳的，在品酒过程中我们必须避免受顺序效应、后效应、顺效应的影响。

克服顺效应：人的嗅觉和味觉经过长时间的连续刺激，就会逐渐减低敏感性，直至变得麻痹，显然会影响后面酒样的品评，这种效应叫作顺效应。抑止顺效应通过控制评酒尝评节奏和品评时间来解决。每次安排评酒轮次不能太多，每轮次酒样不能多于六杯等。

克服顺序效应：有的人品评时会比较偏爱前面的酒样，有的人比较偏爱后面的酒样，这种效应叫作顺序效应。克服顺序效应，可通过平时多训练，反复变化样品编号来提高克服顺序效应的能力。

克服后效应：品尝前一种酒样时 会对后一种酒样产生影响，叫后效应。如先尝一个苦涩味重的酒样后再尝一个苦涩味轻的酒样会感觉没有苦涩味，这就是后效应。可通过增加每杯酒之间的品评间歇、漱口、稍做停留的方法控制后效应的发生。

总的来说，要消除这些影响，就必须注重品评技巧，如每天评酒次数不能太多，每次品评轮次不要安排得太多，每轮酒样评完后要适当休息，去室外透透气，或食用少量中性面包以消除味觉疲劳。每杯酒品评之间要用淡茶水漱口，以消除前一杯酒的影响。在品评顺序上，先按1，2，3，4，5的杯号顺序评1次，再按5，4，3，2，1的顺序评1次，反复验证，就能基本得出较准确的排序。另外，在品酒过程中若出现难以判断的情况时，不妨发发呆，什么也不要去想，让大脑暂时清零，这是过滤杂念的好方法，稍后再重新开始。

7.3.3.8 注意品评顺序

（1）香气由淡到浓　品酒的顺序应依照香气的排列次序，先从香气淡的开始（如先喝酱香再喝清香一定会影响个人对于清香的品鉴）。

（2）颜色从浅到深　一般颜色较深的酒，要么年份较长，要么质量较好，所以在尝评的时候按颜色深浅先排一个次序，这不仅有利于质量排序，也减少了品评难度，先尝酒龄短的或质量较次的，后尝酒龄长的或是品质好的，在味觉上就会产生一个梯度感，觉得酒越来越好，就会把好的酒评出来，否则先尝了好的酒，这种味觉还没消失的时候，再尝一杯酒就会影响味觉判断，质量的层次感不明显，会掩盖次酒的品质。

（3）酒度由低到高　一般安排酒的质量差品评，尤其是企业在选取配方的时候，上酒次序是由低度酒开始，逐轮增加酒的度数，这样才不会影响评酒的准确度。如果先上一轮高度酒，再上低度酒的话，味觉会很麻木，影响本轮次评酒的准确性。

（4）注重初评结果　仔细记录初评结果，初评往往是最准确的。如果在评酒过程中，经过几轮的嗅尝后比较难下结论的时候，就要以初评结果为准，因为第一印象往往比较准确，它是在未受任何干扰的情况下得出的结论，所以一定要做好记录。

（5）注重香与味结合　品评要注重香与味的结合，虽然评酒七分靠闻，但有时香气很好很艳丽的酒并不一定就是好酒，这种香气是因为调香所致，是一种"浮香"。当你去品味的时候就会发现口味并不怎么样，香与味是脱节的，是很不协调的，这就不能算好酒，只有香与味协调一致，酒体丰满圆润、柔顺的酒才是好酒。

（6）注意闻香、入口量、停留时间一致　闻香时注意每杯酒的嗅闻时间要一致，五秒都五秒，十秒都十秒，要保持闻香时间长短一致，因为嗅觉会因嗅闻时间的不同产生较大的变化，也就是说嗅觉极易疲劳，某杯酒你嗅闻时间较长的话就会不知其味。再说入口量，每杯入口量大小要一致，以0.5～2mL为宜，否则会因入口量的不同而影响味觉感知度的不同做出错误的判断。入口时要慢而稳，轻啜一小口，让酒液先停留在舌尖上1～2s，此时主要体验酒的绵甜度，再把舌头轻触腭，让酒液平铺全舌，并转几回，使之充分接触上腭、喉膜、颊膜，让酒的醇厚爽滑弥漫在整个口腔中，仔细品评酒质醇厚、丰满、细腻、柔和、协调、爽净及刺激性等情况，2～3s后将口腔中的余酒缓缓咽下，然后使酒气随呼吸从鼻孔排出，检查酒气是否刺鼻及香味的浓淡，判断酒的回味。酒液在口中停留的时间不宜过长，因为酒液和唾液混合会发生缓冲作用，时间过久会影响味的判断，同时还会造成味觉疲劳。注意每杯酒在入口量一致的同时，还要保持在口腔中停留时间长短一致。

（7）注意嗅觉、味觉休息　每次品尝后需用纯净水或淡茶水漱口，以尽快恢复味觉。每评完一轮酒样，尽快离开评酒现场去室外透透气，呼吸新鲜空气，让嗅觉尽快恢复，尝味不闻香，以免相互干扰，切忌边闻边尝，影响品评结果。最后，酒样品完后，将酒倒出，留出空杯，放置一段时间，或放置过夜，以检查空杯留香情况，比如我们常说的浓香型白酒的糟香、窖底香等，此法对酱香型白酒的品评更有显著效果。评酒期间忌吃辛辣刺激性食物，饮食宜清淡，不过度饮酒，要保护好味觉。女士尽量不适用有香味的化妆品，以免影响嗅觉的灵敏度和影响他人。

（8）仔细记录　每轮都要做好记录，这不仅对于本轮次评酒有帮助，在以后各轮次的品评中都是有用处的，尤其重复性品评时评语打分要完全一致。完成的记录还有利于自己积累评酒经验，提高评酒水平。

7.4　各香型白酒的质量差品评

我们常说的质量差品评主要是指不同质量等级酒的质量品评，而作为白酒企业的员工经常要接触新产酒、出厂成品酒、库存陈酒（年份酒）的品评，因此对这些不同类别酒的品评要分别训练，逐步掌握其规律，学会各种白酒的品评。

7.4.1　清香型白酒质量差品评

（1）清香型成品酒的质量差品评

代表酒：山西"汾酒"，名酒还有河南"宝丰酒"、武汉"黄鹤楼酒"。

感官评语：无色透明、清香纯正、后味醇厚、余味爽净。

品评要点：色泽要求无色透明主体香气：以乙酸乙酯为主，乳酸乙酯为辅的清雅、纯正的复合香气。类似酒精香气，但细闻有优雅、舒适的香气，没有其他杂味。由于酒度较高，入口有较明显的辣感，且较持久，但刺激性不大。口味特别干净，质量好的清香型白酒没有任何杂香。尝第二口后，辣感明显减弱，甜味突出了，饮后有余香。酒体主要突出清、爽、绵、甜、净的风格特征。

不同等级清香型白酒的感官描述见表7-1。

表7-1　不同等级清香型白酒感官鉴别

级别	感官特点
优级	清香纯正，具有乙酸乙酯为主体的优雅、谐调的复合香气，口感柔和、绵甜爽净、酒体谐调、余味悠长，具有清香型白酒的典型风格
一级	清香较纯正，具有乙酸乙酯为主体的复合香气，口感柔和、绵甜爽适、酒体较谐调、余味较悠长，具有清香型白酒的典型风格
二级	清香较纯正，具有乙酸乙酯为主体的香气，较绵甜净爽、有余味，具有清香型白酒的固有风格

（2）清香型新酒的质量差品评　生产班组新产白酒一般都要经过感官品评，对新酒进行定级、分类，然后进行组合入库储存，这种方法快速、高效，是新酒验收最为常用的方法。白酒品评人员必须熟悉企业产品标准及分级标准，对所收酒样首先进行信息记录，然后密码编号。先按1，2，3，4，5杯号顺序再按5，4，3，2，1的顺序反复嗅闻几次，综合几次嗅闻情况，排出香气质量次序，检出香气最好和最差的以及有异香、霉味等杂味相对较重的酒样，初步分等，再按香气从淡到浓，或香气从纯正到香气带杂的顺序逐一品尝，有杂味、异香的酒样一定要放在最后品尝，按色、香、味、格分项打分，最终判定酒样达到哪个等级，优级、一级、二级或者等外品。

（3）清香型不同年份酒的质量差品评　新酒是刚烧出的白酒，往往有较大的新酒味，即有辛辣刺激味，酒体欠谐调，随着储存期的延长，一些由蒸馏带来的低沸点杂质便会逐渐挥发，除去了新酒的不愉快气味。通过分子的缔合和重排，减弱了新酒的刺激性，使酒变得柔和醇厚。

陈酒就是指新酒经过一段时间储存后，刺激性和辛辣感会明显减轻，口味变得醇和、柔顺，香气和风味都得以改善，这个过程称为老熟，也称陈酿。经过陈酿的酒，叫作陈酒。

中科院感光化学院研究所王夺元等对汾酒的老熟过程的作用机理进行了研究，认为清香型汾酒的主体香乙酸乙酯在老熟1年半左右的时间内达到最高值，储存期延长，主体香成分反而下降，老熟10余年的汾酒，其主体香成分降低大约75%。清香型白酒中的乳酸乙酯可随着老熟期的延长而减少，这种变化可以产生新的香气成分，有利于改善酒的质量。

清香型新酒与陈酒的主要感官区别见表7-2。

表7-2　清香型新酒与陈酒的主要感官区别

感官指标	新酒	陈酒
色	清亮透明	清香透明，或微黄
香	清香纯正，有刺激感	清香纯正，具有乙酸乙酯的复合香气或陈香
味	辛辣刺激，新酒味明显	醇和或醇厚，绵柔爽净，酒体谐调，余味悠长悠长
格	有典型性和新酒风格	典型或突出

汾酒新酒、陈酒的主要感官区别见表7-3。

表7-3　汾酒新酒、陈酒的主要感官区别

项目	感官区别
新酒	① 首先具有乙酸乙酯为主体的复合香气，具有明显的粮食、大曲（豌豆）的香气，再根据香气的纯正程度，进行等级判断 ② 口感要求达到甜度较好、醇厚、酒体较谐调，回味长 ③ 发酵不正常，操作不规范时酒将出现香气淡、带酸、寡淡，特别有邪杂味、焦杂味、糠杂味、辅料味等现象，这样的酒判为不合格品；有的酒中乙酸乙酯与乳酸乙酯比例失调，酒放香差，口感欠谐调，也可判为不合格品
陈酒	清香型陈酒品质具有陈香感，随着时间延长，酒的陈香逐渐突出，且清雅协调，其他杂味、刺激感明显降低，口味达到柔顺丰满协调的程度。清香型陈酒的特点：自然突出、清雅协调的陈酒香气；香味协调的陈酒香；酒体绵柔、味甜爽净、余味悠长

新酒与陈酒在一起品评时，我们可以根据以上特点细细品味，根据新酒味的大小或是陈味的强弱排出质量次序。

清香型不同年份酒的感官鉴别见表7-4。

表7-4　清香型不同年份酒的感官鉴别

感官指标	2年酒龄	3年酒龄	6年酒龄	9年酒龄
色泽	无色清亮透明	无色清亮透明	无色清亮透明	无色（微黄）清亮透明
香气	清香纯正，具有乙酸乙酯为主体的复合香气	清香纯正，具有乙酸乙酯为主体的清雅谐调的复合香气，略带陈酒香	清香纯正，具有乙酸乙酯为主体的清雅谐调的复合香气，带陈酒香	清香纯正，具有乙酸乙酯为主体的清雅谐调的复合香气，带较浓的陈酒香
口味	口感较醇和、绵柔、酒体谐调、爽净、回味悠长	口感较醇和、绵柔爽净、酒体谐调、余味悠长	口感较醇和、绵柔爽净、酒体谐调、余味悠长	口感较醇和、绵柔爽净、酒体谐调、余味悠长
风格	具有清香型酒的典型风格	具有清香型酒的典型风格	具有清香型酒的典型风格	具有清香型酒的典型风格

（4）酒精稀释的清香型白酒质量差品评　按顺序依次闻香品评，互相对比，先找准标杆（未加酒精的样品）和加酒精最多的样品，以降低品评难度。随着加入的酒精比例的增大，以乙酸乙酯为主体香的清香气味就越淡，酒体就越不协调，酒精对人的刺激感就越强。因为香味成分的放香大小不仅与其阈值有关，也与其在白酒中的浓度有很大关系，随着酒精加量的增加，各香味物质的浓度也呈梯度状下降，酒精的加量越多，香味物质的浓度越小，表现在闻香上就是白酒固有的香气越来越弱。又由于酒精的加入破坏了固态白酒分子间的缔合度，白酒的协调性变差，促使白酒的固态风格越不明显，酒体越显得干净，但同时香气变淡，酒味变得寡淡，酒质变差，酒精味越来越明显。平时反复训

练，充分掌握不同酒精加入量的酒样特点，做到心中有底，品评时就可以很快地区别出质量好坏。

7.4.2 酱香型白酒的质量差

（1）成品酱香型白酒的质量差品评

代表酒：贵州"茅台酒"、四川"郎酒"。

感官评语：微黄透明、酱香突出、优雅细腻、酒体醇厚、回味悠长、空杯留香持久。

品评要点：色泽上，微黄透明；香气，酱香突出，酱香、焦香、煳香的复合香气，次序为酱香>焦香>煳香；酒的酸度高，形成酒体醇厚、丰满、口味细腻优雅；空杯留香持久，且香气优雅舒适。反之，香气持久性差，空杯留香不好，酸味突出酒质差。

品评技巧：酱香型酒质量差首先可以看颜色，用一张白纸做背景，比较几杯酒样颜色深浅。一般情况下，酱香型酒的颜色越深酒越陈，质量也会好一些，这不仅有利于判定质量差，也有助于分组，按颜色找相同的酒样，如某轮次有三杯相同的酒样，首先在颜色上是一致的，其次结合闻香、尝味综合判断是否是同一酒样。一般酱香酒颜色越深的酒龄一般较长，酒质较好，但要注意有时酱香酒颜色发黄很深也可能是人为添加色素所致，这必须具体对待，综合评价，把色、香、味结合在一起看是否一致，是否酱香突出、优雅细腻、空杯留香持久。其中空杯留香、品质好的酱香酒数小时或隔夜后再闻香还是舒适愉快的酱香味，而质量较次的酱香酒，数小时后香气已经很弱，闻香也会变味，甚至有酸臭味，所以要综合判断。

高质量的酱香型白酒的特点：酱香突出、诸味谐调、口味细腻、后味悠长。优级酱香酒酱味突出，香气谐调，在闻香上，一级酱香酒反而比优级酱香酒的酱味更重一些，但酒体没有优级酱香酒优雅细腻。不同等级酱香型白酒感官特点见表7-5。

表7-5 不同等级酱香型白酒的感官鉴别

级别	感官特点
优级	酱香突出，诸味谐调，口味细腻丰满，后味悠长，空杯留香持久，酱香风格典型
一级	酱香较突出，诸味较谐调，口味丰满，后味长，空杯留香持久，酱香风格典型
二级	有酱香，口味醇厚，有后味，酱香风格明显

（2）不同年份酒的感官质量差品评　酱香型酒因其工艺复杂，发酵轮次多，使得新酒的类别不仅多而且差异大，又因储存是酱香型酒的重要再加工工艺，所以新酒与陈酒相比的巨大变化，是其他香型酒不可比拟的。

酱香型新酒入口刺激感较强，随着储存期的延长质量明显提高，口味越来越丰满、柔顺，黄色不断增加，后味不断延长，各种成分相互谐调，风味风格突出，一储储存5年以上的酒均可达到这样的质量水平。下面就酱香型白酒新酒与陈酒的区别作一总结。

① 观其色　酱香型新酒的酒体一般是无色透明或略带黄色的，而陈酒略显微黄，越是年份久的酱香酒黄色就越明显。但也不是越黄就越好，有些商家通过在酒中添加色素，达到改变酒体颜色的目的，欺骗消费者。

② 闻其香　通常新酒或者杂酒酒味刺鼻，有异味，而陈年的酱香白酒香味扑鼻，优雅细腻。

③ 品其味　新酒在入口时就有酒刺舌尖的感觉，接着香气便满口散去，但是陈年酱酒是成团入口进喉，酒越陈越不会散。

④ 感受　当酒进入胃部以后，胃部有烧灼感的是新酒，而好的陈年酒不但没有烧灼感，反而会有一种温热感传遍全身。

⑤ 空杯留香　装过陈酒的杯子酱味停留的时间比较长，有的能长达两三天，而新酒在杯中的酱味散发的比较快。

酱香型新酒、陈酒的主要感官区别见表7-6。

表7-6　酱香型新酒、陈酒的主要感官区别

感官指标	新酒	陈酒
色	清亮透明	清亮透明，或微黄透明
香	酱香或窖底香	柔和圆润或丰满细腻，空杯香舒适或优雅或陈酱香
味	酱味、浓甜、窖底香味，新酒味明显	诸味谐调，酒体丰满或丰满细腻，回味悠长
格	有典型性和新酒风格	典型或突出

相同质量等级的酱香型白酒，一般来说，酒龄越长酒体应该越黄，颜色越深，这个特点在评酒龄差时可作为参考，按颜色由浅到深先排一个顺序出来，再结合口感酒体的细腻程度综合评价。酱香型新酒入口的刺激感较大，较冲，而储存1年、2年、3年、5年甚至更长时间时，酒体慢慢变黄，空杯留香大而持久，酒液挂杯现象明显，挂杯持久。酱香型白酒特殊的酿造工艺决定了它能够充分利用微生物群并发挥它们自身的效应，使其达到"越陈越香"的境界。其他香型的白酒存放时间越长，有的品质反而下降。

什么是挂杯？年份长的酒为什么会挂杯呢？酒与水不同，分布在酒杯壁周边的酒液会产生一种张力，使酒液不会很快地落下，这便称为挂杯。最早关注挂杯现象的学者是19世纪的英国物理学家詹姆斯·汤姆森（James Thomson），他在1855年发表的论文《在葡萄酒和其他酒类表面观察到的一

些奇特运动》，初步认为挂杯是一种由液体表面张力作用引起的"热毛细对流"（Thermocapillary Convection）。10年之后，意大利帕维亚大学的物理学博士卡罗·马兰哥尼（Carlo Marangoni）又发表一篇论文，进一步系统地解释了这种现象，被学术界命名为"马兰哥尼效应"（Marangoni effect）。由于美国物理学家威拉德·吉布斯（Willard Gibbs）后来进一步丰富和发展了马兰哥尼的学说，有时也称"吉布斯–马兰哥尼效应"（Gibbs-Marangoni effect）。具体到年份茅台酒，酒精易挥发，在酒精挥发后，酒杯内壁的酒所含水分表面张力会随着酒精的不断挥发而加大。在表面张力作用下，残留在酒杯内壁上的酒液就会形成一滴滴酒泪，在重力作用下渐渐滑入杯中。另外，酒中并非只有酒精和水这两种成分，还存在一些其他的物质，比如说糖或甘油，这种黏性物质也会影响到酒泪的下滑速度和黏稠程度。正确认识酒泪也许我们可以通过"马兰哥尼效应"来判断酒精、残糖和甘油的含量，但这绝不是判断酒质高低的标准，而行业人士品酒也从不过多关注酒泪挂杯的数量，酒评家也从不把这方面作为打分标准。56°的酒鬼酒在酒精含量上一定超过53°陈年老茅台，但56°的酒鬼酒就不一定比53°的陈年老茅台好。

所以酒的评定标准在于酒精、残糖、甘油等一些物质的平衡度，在于酒香的丰富性和复杂性，在于口感的均衡性、色泽的优雅性和余韵的持续性。当你在晃动酒杯的时候，不应该把精力集中在酒泪的多少，而是迅速地把鼻子贴近杯口，仔细地闻，仔细地去辨别香气。而我们能用酒泪来判断的除了残留物质的多少，还可以去辨别产地、年份和发酵工艺等。

酱香型白酒年份较长的酒会出现"挂杯持久"的现象，这是一个特点也是一种品评经验，但是挂杯持久与否绝不是判断酒质好坏的唯一标准，"挂杯不一定是好酒，但好酒一定挂杯"。

（3）酒精稀释的酱香型白酒质量差品评　酱香型白酒如果添加了不同比例的酒精的话，首先酒体的颜色会发生变化，因为酱香型原酒本身就带有微黄色，随着酒精加量的增加颜色会逐渐变浅，直至无色透明，这个可作为一个参考条件。酱香酒质量差的判断应该尽量拉长每两个样品评的间隔时间，以减小酱味的重叠效应。加酒精后，由于各种香味物质的浓度发生变化得到稀释，呈香呈味力度都会减弱，酒中原有的平衡结构会不同程度的遭到破坏，香气和口感的协调性会变差，酱味会随着酒精加量的增大而减弱。遇到两个质量接近的样品时，可颠倒闻香顺序并结合尝评后再进行判断。此外，还可通过空杯闻香判断，空杯留香香气较大、较持久的酒精含量就越少，反之，酒精含量则越多。品评训练时可以先采取明评的方法，按质量梯度摆好顺序，注意作好品评记录，记下每杯酒的香气、口感的特点，先感受一下各质量梯度酒样的特点，做到熟记于心，然后隐藏编号再暗评，看能否根据前面掌握的特点排出质量次序，反复训练，这种办法很有成效，可达到事半功倍的效果。

7.4.3　浓香型白酒质量差

7.4.3.1　浓香型白酒的分类

（1）风格流派　因酿酒原料、制曲原料及配比的不同；入池条件、发酵周期等生产工艺的不同；地理环境及空气中栖息的微生物的差异等因素的影响，使浓香型白酒中的微量成分及量比关系不同，风格上各有特点，形成了浓香型白酒的不同流派。即以五粮液、泸州老窖特曲为代表的"浓中带陈"或"浓中带酱"的川派；以洋河大曲、古井贡酒为代表的"纯浓型"或"淡浓香型"的江淮派。

（2）单粮多粮　浓香型白酒又因酿酒原料使用种类的多少分为单粮浓香和多粮浓香两大类，最典型的就是以泸州老窖为代表的单粮浓香型白酒和以五粮液为代表的多粮浓香型白酒。品评时往往要求辨别出多粮浓香还是单粮浓香。

什么是多粮浓香？什么是单粮浓香？

多粮浓香是以高粱、大米、糯米、小麦、玉米等多种谷物为酿酒原料而生产的白酒。单粮浓香是以高粱一种谷物为酿酒原料而生产的白酒。

多粮浓香如何判断？单粮浓香如何判断？

多粮浓香与单粮浓香在色泽上都是无色、清亮透明；在闻香上，单粮浓香的香气应具有粮香、窖香并伴有糟香，窖香与糟香谐调，主体香突出，口味微甜爽净，谐调。多粮浓香则具有复合多粮香，纯正浓郁的窖香并伴有糟香，多粮复合的糟香和窖香比较谐调，主体窖香突出，口味微甜净爽。判断单粮浓香和多粮浓香的关键是闻其香是否具有多粮的复合香气，单粮浓香气则较纯净单一，窖底香突出，这是判断两者的关键。

7.4.3.2　成品浓香酒的质量差感官品评

代表酒：四川泸州老窖特曲，五粮液、洋河大曲等。

感官评语：无色透明（允许微黄）、窖香浓郁、绵甜醇厚、香味协调、尾净爽口。

品评要点：色泽上无色透明（允许微黄）；香气浓郁大小，特点分出流派和质量差。凡香气大，体现窖香浓郁突出且浓中带陈的特点为川派，而以口味醇、甜净、爽为显著特点的为江淮派；品评酒的甘爽程度是区别不同酒质量差的重要依据，绵甜是优质浓香型白酒的主要特点，体现为甜得自然舒畅、酒体醇厚，稍差的酒不是绵甜，只是醇甜或甜味不突出，这是酒体显得单薄、味短、陈味不够；品评后味长短、干净程度也是区分酒质的要点；香味协调是区分白酒质量差，也是区分酿造发酵酒和勾兑酒的主要依据，酿造酒中香味成分是生物途径合成的,是自然香气,而添加香精的酒则是一种浮香,有时香精质量差或者添加比例不协调,往往会出现香大于味的现象,给人一种厌恶感,或者闷香,入口刺激感较强。浓香型白酒中容易品出的口味是泥臭味,这主要是与新窖泥工艺偶作不当有关,这种泥味偏重,严重影响酒质。

7.4.3.3　不同年份浓香型白酒的质量差品评

（1）单粮浓香不同年份酒的品评要点　在色泽上不同年份的单粮浓香型白酒并没有明显区别,都是无色（或微黄）清亮透明。在闻香上新酒和1～2年的酒辛辣感和刺激感比较强烈,并有糟香和不同程度的焦香,己酸乙酯的香气浓郁。3年以上的单粮浓香型白酒闻香上没有了新酒的新酒味,辛辣感、刺激感明显降低,表现出不同程度陈香、窖香浓郁感和幽雅醇厚感。时间越长酒体越协调,闻香越幽雅舒适;口感上更加醇厚柔和,回味悠长,落口爽净谐调。

（2）多粮浓香型白酒不同年份酒的品评要点　在色泽上不同年份的多粮浓香型白酒并没有明显区别,都是无色（或微黄）清亮透明。在闻香上新酒和1～2年的酒辛辣感和刺激感明显,有不同程度的焦香。而多粮浓香型的白酒经过一段时间的储存后,香气具有多粮浓香型白酒固有的窖香浓郁优美之感,刺激感和辛辣感明显减弱,酒液中就会自然产生一种使人感到心旷神怡、幽雅细腻、柔和愉快的多粮复合陈香。口感醇厚绵柔,幽雅细腻,甘洌协调有余香,回味悠长,香味更加协调,酒体更加丰满。

7.4.3.4　酒精稀释的浓香型白酒质量差品评

首先按顺序依次闻香品评,互相对比,先找准标杆和加酒精最多的样品,以降低品评难度。随着加入的酒精比例的增大,以己酸乙酯为主体的香味就越淡,酒体就越不协调,入口后口感越甜净,酒精对人的刺激感越强。这都是由于原酒中各种香味物质的浓度发生了变化,得到了稀释,破坏了原有的酒体平衡,使得香与味变得不协调,酒体变得粗糙,随着酒精加量的增加,酒精的刺激性反而越发明显。这是品评此类型白酒时要掌握的特点。

7.4.3.5　浓香型白酒新酒与陈酒的质量差品评

（1）多粮浓香新酒与陈酒质量差品评

新酒:多粮浓香型新酒与陈酒相比辛辣刺激感强,并有类似焦香的新酒气味和糟香,合格的新酒具有多粮复合的窖香和糟香,两者比较协调,主体窖香突出,口味微甜爽净。但发酵不正常或辅料未蒸透的新酒会出现焦苦味、涩味、糠味、霉味、腥味、煳味及硫化物臭、黄水味等异杂味。

陈酒:香气具有多粮浓香型白酒复合的窖香浓郁优美之感,刺激感和辛辣感不明显,口味变得绵甜、醇厚,柔和,风味突出。经长时间的储存,酒液中会自然产生一种令人感到心旷神怡、幽雅细腻、柔和愉快的特殊的陈香风味特征，口感呈现醇厚绵柔、余香和回味悠长，香气更协调，酒体更加丰满，后味爽净。幽雅细腻，口味绵柔、甘洌、自然舒适是体现多粮浓香型白酒储存老熟后的重要标志。

（2）单粮浓香新酒与陈酒质量差品评

新酒：单粮浓香型新酒香气比较纯正单一，有辛辣刺激感，并且有类似焦香的新酒味。合格的新酒窖香和糟香协调，其中主体窖香突出，口味微甜爽净。但发酵不正常的新酒会出现苦味、涩味、糠味、霉味、腥味、煳味及硫化物臭、黄水味、稍子味等异杂味。

陈酒：单粮浓香型陈酒具有了浓香型白酒固有的窖香浓郁感，刺激感和辛辣感明显降低，口味变得醇和、柔顺，风格得以改善。经长时间的储存，逐渐呈现出陈香，口感呈现醇厚绵软、回味悠长，香与味更协调。

图7-1　跑窖法示意

7.4.3.6　浓香型大曲酒生产工艺的基本类型

以四川省为代表的浓香型大曲酒是我国特有的传统产品之一，历史久远，风格独特，在国内外享有盛名。在工艺上有其自己的特点，但在具体操作上，又大致可分为三类：以四川酒为代表的原窖法工艺类型和跑窖法工艺类型，以苏、鲁、皖、豫一带为代表的老五甑法工艺类型。

（1）原窖法工艺　又称原窖分层堆糟法。所谓"原窖分层堆糟"，就是指本窖的发酵糟醅经过加原、辅料后，再经蒸煮糊化、打量水、摊凉下曲后仍然放回到原来的窖池内密封发酵。窖内糟醅发酵完毕，在出窖时窖内糟醅必须分层次进行堆放，不能乱堆。

（2）跑窖法工艺　跑窖法工艺又称跑窖分层蒸馏法工艺。所谓"跑窖"，就是在生产时先有一个空着的窖池，然后把另一个窖内已经发酵完成的糟醅取出，通过加原料、辅料、蒸馏取酒、糊化、打量水、摊凉冷却、下曲粉后装入预先准备好的空窖池中，而不再将发酵糟醅装回原窖。全部发酵糟蒸馏完毕后，这个窖池酒成一个空窖，而原来的空窖则盛满了入窖糟醅，再密封发酵，依次类推窖池循环使用，此方法称为"跑窖法"（图7-1）。

（3）老五甑法工艺　是原料与出窖香醅在同一个甑桶同时蒸馏和蒸煮糊化，在窖内有4甑发酵材料即大渣、二渣、小渣和回糟，出窖分为5甑进行蒸馏，其中4甑入窖发酵，另一甑为丢糟，以苏、鲁、皖、豫江淮酒为代表。料与酒醅同时蒸馏和糊化，各种粮谷本身含有多种香味物质，原料和酒醅混合能吸收香醅中的酸和水分，在酒醅中加入原料可减少辅料用量，原料多次发酵可提高出酒率。

7.4.3.7　浓香型大曲酒三种不同工艺类型的差异

（1）原窖法工艺的优缺点

① 入窖酒醅的质量基本一致，甑与甑之间产酒质量比较稳定。

② 糠壳、水分等配料，甑与甑之间的使用量有规律性，易于掌握入窖糟醅的酸度、淀粉等量，糟醅含水量基本一致。

③ 有利于微生物的驯养和发酵。因为微生物长期生活在一个基本相同的环境里。

④ 有利于"丢面留底"措施。

⑤ 有利于总结经验和教训。

⑥ 操作上劳动强度大，糟醅酒精挥发损失量大，不利于分层蒸馏。

（2）跑窖法工艺的优缺点

① 有利于调整酸度和提高酒质。因为窖池循环使用，可以改善酒醅的发酵环境，做到快速调整发酵条件，改善微生物环境，对酒质的提高很有效。

② 直接在池子里控黄水，可减少酒损。滴窖时间长，一般在20h以上，酒醅中的黄水充分滴出，减轻了原酒的黄水味及杂味，同时也降低了出窖酒醅的含水量，进而减少了用糠量，使酒质更加纯净。

③ 有利于分层蒸馏、量质摘酒、分级并坛等提高酒质的措施。

④ 该工艺配料、配糠、量水用量不稳定，也不一致，无规律。

⑤ 不利于培养糟醅。

（3）老五甑法工艺的特点

① 窖池体积小，糟醅量少，糟醅接触窖泥面积大，有利于培养糟醅，提高酒质。

② 生产效率高。因窖池小，甑桶大，投粮量多，粮醅比为1∶（4～4.5），入窖淀粉含量高（17%～19%），所以产量大。

③ 老五甑操作法，原料粉碎较粗，辅料糠壳用量小。

④ 不打黄水坑、不滴窖是老五甑法又一大特点。

⑤ 糟醅含水量大，拌和前糟醅（大渣、二渣）含水量一般在62%左右，加料拌和后含水量为53%左右，不利于己酸乙酯等醇溶性香味成分的提取，而乳

酸乙酯等水溶性成分易于馏出，这对浓香型白酒质量有一定的影响，应注意此问题的解决。

7.4.4 凤香型白酒质量差

7.4.4.1 凤香型酒的质量差品评

代表酒：陕西"西凤酒"。

感官评语：无色透明，醇香秀雅，甘润挺爽，诸味谐调，尾净悠长。

品评要点：闻香以醇香为主，即以乙酸乙酯为主，己酸乙酯为辅的香气；入口有挺拔感，即立即有香气往上蹿的感觉；诸味协调，指酸、甜、苦、辣、香五味俱全搭配协调，饮后回甜，诸味浑然一体。"西凤酒"既不是清香，也不是浓香，若在清香型酒中品评，就要找它含有己酸乙酯的特点；反之，若在浓香型酒中品评，就找它乙酸乙酯大于己酸乙酯的特点。近年来，由于工艺改进，西凤酒有己酸乙酯升高的趋势，香气偏浓，口感变得较为绵柔。不同等级凤香型白酒感官特点见表7-7。

表7-7　不同等级凤香型白酒感官特点

级别	感官特点
优级	无色、清亮透明，醇香纯正，醇厚协调，甘润挺爽，味长尾净，余香悠长，具有凤型酒的典型风格
一级	无色、清亮透明；醇香较纯正，醇厚较协调，丰满挺爽，味长较净有余味，有凤型酒的独特风格
二级	无色、清亮透明；醇香，口感较协调，无异味，有余香，有凤型酒的风格

7.4.4.2 凤香型不同年份酒的质量差品评

刚烧出的新酒会有糟味、糠味，即我们平时所说的新酒味，闻香令人不愉快；品尝会出现暴辣刺激不协调感，这是酒精分子和各种香味成分的分子都还没有稳定下来，酒精分子和水分子缔合度还不够牢固，随着白酒后熟过程的延长，新酒味会大大降低，酒体也会逐渐变得绵软醇厚，一年酒龄的酒仍带有淡淡的新酒味，两年酒龄的酒新酒味逐渐消失；三年酒龄的酒已经基本老熟，酒体丰满，香气也很自然柔和，五年酒均有酒海储存带来的特殊气味，即"海子味"，此外还有蜜香味，这是由于凤型白酒特有的储存容器"酒海"储存而产生的。蜜香味则是来自于酒海内的涂料蜂蜡，且五年酒的这种特殊气味重于三年酒，三年酒的酒体干净协调，五年酒的酒体比三年酒更加馥郁且略带酱味但却没有三年酒干净。十年酒龄的酒体协调，无杂味，粮香突出。酒龄越长，酒味越陈，没有新酒味，入口刺激感小；酒龄越短，刺激感越强，酒体协调感差。但并不是酒龄越长酒质就越好，有时白酒过长储存反而会使白酒寡淡，香气发散，酒质下降。

7.4.4.3 凤香型白酒破窖、顶窖、圆窖、插窖和挑窖各个阶段的质量差品评

破窖酒：这是新立的窖池，窖内底物浓度较大，绝大部分微生物代谢产物中都有有机酸，空气中的醋酸菌可以将葡萄糖发酵成醋酸，酵母菌的酒精发酵也可生成醋酸，所以破窖时窖内产乙酸较多，在发酵后期大量的乙酸菌和乙醇发生酯化反应产生的乙酸乙酯也就较多。而己酸菌主要在窖泥里，新窖泥里己酸菌含量较少，己酸菌的增加需要一个富集的过程，所以破窖酒中己酸乙酯含量较少，但随着发酵排数的增加己酸乙酯会呈现出增加趋势。正丙醇含量最高，340～500mg/mL，异戊醇含量也较高，杂醇油味明显。破窖时期生产的酒其香味物质、总酸、总酯含量是五个阶段最高的，己酸乙酯最低，乙酸乙酯最高，可以用来做调味酒。

顶窖酒：经过上一排的积累，曲粉及酒醅中都有大量的乳酸菌均会产生大量的乳酸，另外葡萄糖经乳酸菌发酵也产生乳酸，这就积累了大量生成乳酸乙酯的前体物质，使得乳酸乙酯含量较破窖时高，酒体会显得不协调。香味物质位居第二，总酸、总酯第三，乳酸乙酯含量高，主体香不突出，发闷，凤型风格不典型，口感稍欠协调。

圆窖酒：经过前两轮的调整，这一时期窖池内环境达到一种相对平衡状态，酸度、微生物环境相对比较适宜，各种微生物协同作用，相互促进又相互抑制，是一种良性循环状态，所以圆窖的几排酒质都比较好。这种状况会持续6～7排。四大酯含量规律：乙酸乙酯＞乳酸乙酯＞己酸乙酯＞丁酸乙酯，口感以乙酸乙酯为主，己酸乙酯为辅，诸味谐调，凤型风格最突出，储存期满的圆窖酒作为基酒使用可确保凤型酒不偏格。

插窖酒：插窖由于在工艺上只加曲不加粮，让微生物充分利用窖池内的残余淀粉进行发酵，所以插窖酒最干净，酸、酯、醛比例居中，邪杂味少。

挑窖酒：此排既不投粮也不投曲，只添加少量的辅料进行发酵，所以所产酒质既没有粮食的杂味也没有大曲的苦味，酒醅经多轮次发酵积累的香味物质总量也比较多，蒸馏过程中提取的香味物质也较多，所以挑窖酒最香，入口尾净悠长，优于圆窖，酸酯比高于圆窖，品质较高。各工艺期所产白酒各有特点，勾兑时合理使用就能取长补短，勾调出高质量成品酒。表7-8列出了凤香型白酒各特殊工艺期所产新酒的感官特点。

7.4.4.4 酒精稀释的凤香型白酒质量差品评

旨在培训品酒人员对固态白酒和固液法白酒的判断能力。添加酒精的白酒质量差品评有一定难度，往往大家会把添加一定量酒精的白酒评为好酒而把不添加酒精的原度酒评到最后，这在闻香和尝味上有一个误区。因为，往往添加

表7-8　凤香型白酒各特殊工艺期所产新酒感官特点

工艺期	感官评语
破窖	闻之有明显的新酒臭和典型的杂醇油味，口味欠谐调
顶窖	有明显的新酒味，醇厚丰满，但稍欠谐调
圆窖	凤型风格很典型，甘润挺爽，诸位谐调
插窖	酒体较净，有凤型风格，回味较长
挑窖	绵顺、柔和、尾净、回味悠长

较少量酒精（10%～20%），在闻香上较醇和自然，酒体也较干净柔和，而原度酒相比之下，酒略显暴辣、刺激，但在口感上更醇厚，香味复杂，后味较长。这是因为酒精的添加有助于白酒放香，使香味物质更容易挥发，同时也冲淡了原酒的苦辣味，使酒体变得柔和，但超过这个比例又会使酒质下降，这一点必须注意，这是经验。品评时首先按顺序依次闻香，互相对比，先找准没有添加酒精的标杆样品和添加酒精最多的样品，以降低品评难度。随着加入酒精比例的增大，以乙酸乙酯为主己酸乙酯为辅的主体香就越淡，酒体越干净，同时酒精的味道会越来越明显，固态风格越来越淡，可按此闻香规律排序。然后入口品尝，按闻香排出的次序来品尝，即从酒精添加量最多的开始品尝，随着酒精加量的减少，白酒的醇厚感会增加，甘润挺爽的风格越来越明显，馥郁度会上升，固态白酒风格会更加突出，结合闻香和品味最终给出准确结果。这项技能平时必须多加训练，方能掌握规律。

7.4.5　米香型白酒的标准评语及品评要点

代表酒：桂林"三花酒"。

感官评语：清澈透明、蜜香清雅、入口绵甜、落口爽净、回味怡畅。

品评要点：闻香以乳酸乙酯和乙酸乙酯及适量的β-苯乙醇为主的复合香气，β-苯乙醇的香气明显；口味特别甜，有发闷的感觉；口味怡畅，后味爽净，但较短；口味柔和，刺激性小。

7.4.6　芝麻香型白酒的标准评语及品评要点

代表酒：山东"景芝白干"。

感官评语：清澈透明、香气清冽、醇厚回甜、尾净余香，具有芝麻香风格。

品评要点：闻香以清香加焦香的复合香气为主，类似普通白酒的陈味；入口焦煳香味突出，细品有类似芝麻香气（近似炒芝麻的香气），有轻微的酱香气味；口味较醇厚；后味稍有焦苦味。

7.4.7　特型白酒的标准评语及品评要点

代表酒：江西樟树"四特酒"。

感官评语：酒色清亮、酒香芬芳、酒味纯正、酒体柔和、诸味谐调、香味悠长。

品评要点：清香带浓香是主体香，细闻有焦煳香；类似庚酸乙酯，香味突出，有刺激感；口味较柔和（与酒度低、加糖有关），有黏稠感，糖的甜味很明显；口味欠净。稍清香带浓香是主体香，细闻有焦煳香；类似庚酸乙酯，香味突出，有糠味；浓、清、酱白酒特征兼而有之，但均不靠近哪一种香型。

7.4.8　豉香型白酒的标准评语及品评要点

代表酒：广东"玉冰烧酒"。

感官评语：玉洁冰清、豉香独特、醇厚甘润、余味爽净。

品评要点：闻香突出豉香，有明显的油哈味；酒度较低，但酒的后味长。

7.4.9　药香型白酒的标准评语及品评要点

代表酒：贵州"董酒"。

感官评语：清澈透明、浓香带药香、香气典雅、酸味适中、香味谐调、尾净味长。

品评要点：入口丰满，有根霉产生的特殊味；后味长，稍带有丁酸及丁酸乙酯的复合香味，后味稍有苦味；酒的酸度高较明显；"董酒"是大小曲并用的典型，而且加有十几种中药材，既有大曲酒的浓郁芳香、醇厚味长，又有小曲酒的柔绵、醇和、味甜的特点，且带有舒适的药香、窖香及爽口的酸味。

7.4.10　兼香型白酒的标准评语及品评要点

（1）酱中带浓

代表酒：湖北"白云边"。

感官评语：清澈透明（微黄）、芳香、幽雅、舒适、细腻、丰满、酱浓谐调、余味爽净、悠长。

品评要点：闻香以酱香为主，略带浓香；入口后浓香也较突出；口味较细腻、后味较长；在浓香型酒中品评，其酱味突出；在酱香型酒中品评其浓香味突出。

（2）浓中带酱

代表酒：中国"玉泉酒"。

感官评语：清澈透明（微黄）、浓香带酱香、诸味谐调、口味细腻、余味爽净。

品评要点：闻香以浓香为主，带有明显的酱香；入口绵甜较甘爽；浓酱谐调，后味带有酱香；口味柔顺、细腻。

7.4.11　老白干型白酒的标准评语及品评要点

代表酒：河北"衡水老白干"。

感官评语：无色或微黄透明，醇香清雅，酒体谐调，醇厚挺拔，回味悠长。

品评要点：香气是以乳酸乙酯和乙酸乙酯为主体的复合香气，谐调、清雅、微带粮香，香气宽；入口醇厚，不尖、不暴，口感很丰富，又能融合在一起，这是突出的特点，回香微有乙酸乙酯香气，有回甜。

7.4.12　馥郁香型白酒的标准评语及品评要点

代表酒：湖南"酒鬼酒"。

感官评语：芳香清雅、绵柔甘洌、醇厚细腻、后味怡畅、香味馥郁、酒体净爽。

品评要点：闻香浓中带酱，且有舒适的芳香，诸香谐调；入口有绵甜感，柔和细腻；余味长且净爽。

7.4.13　香型融合产品

我们的社会发展很快，尤其是运输和信息产业的迅猛发展，整个世界的时间和空间距离都在拉近。各个领域的相互渗透、相互影响，正在改变着人们的工作和生活方式，也会改变一个行业的发展历程。白酒行业要发展也要必须遵循社会发展的普遍规律。

近十年来中国白酒市场需求有三大趋势：产品向高档化发展；产品向低度化发展；产品向个性化发展。

为适应这种市场需求，各酒企加强了新产品的研发，而研发的方向是将酱香酒作为提高档次的调味酒；将两香融合，作为研发低度酒的工艺路线；将三香融合、多香融合作为高端产品研发方向。市场需求的变化产生了香型融合产品。就香型问题而言，泾渭分明的独立香型将被打破，香型之间相互借鉴、取长补短将会深入和加强，香型融合是中国白酒的发展趋势。香型融合产品已为白酒目前的市场繁荣做出了贡献，在未来白酒实现时尚化，国际化的进程中，也会起到重要的作用。

注：本章7.4.13内容来自黑龙江省酒业协会编写的《白酒香型融合产品勾调技术》培训教材，在此致谢。

7.4.13.1　香型融合应遵循的四个原则

说起香型融合，可能有人认为就是两种或几种酒的掺合，很简单，其实不然。每个香型酒都有相当的独立性，轻易改变，不但收不到好效果，可能还会产生副作用，为此进行香型融合要遵循以下四个原则。

（1）有主有次的原则　经验证明，浓酱兼香酒并非浓酒、酱酒各50%混合就可以了。浓酱兼香两个代表酒由于浓酱成分比例不同而形成两种风格。玉泉酒是以浓为主，浓中有酱，白云边酒是以酱为主，酱中带浓。有主有次的配合，才促成两个酒同香型不同流派代表者的产生。

（2）恰当比例的原则　香型融合需要科学对待，其中要做的科研工作就是在仔细分析掌握各香型酒成分的基础上，经过多次试验找出它们之间的最佳融合点。这里有三点：一是新酒对原酒特征成分的取舍；二是新酒对原酒微量成分量比的改变；三是新酒中各微量成分的平衡。

（3）融合时间要长的原则　无论说白酒有胶状物质的特性也好，还是说每个白酒风味物质都成一定的团状结构也好，要打破原有的平衡，形成新的结构，时间就成为重要的因素。搞浓酱兼香产品勾调的经验证明，两种酒勾调后的储存时间最低不能少于6个月，最好是1年。

（4）提早融合的原则　一是从原料、制曲、工艺上将各香型的优点科学地选用；二是从香醅同蒸、新酒同储、尽量早勾调上，多做些实践性的工作。

7.4.13.2　香型融合要注意的问题

香型融合是新事物，有许多的问题需要进一步研究探讨，所以我们要认真对待，不断实践，由点到面，由少到多的逐步向前发展，尽量少走弯路。

（1）正确处理好工艺上的几组对应关系

① 整粮与碎粮。

② 大曲、小曲、麸曲、细菌曲。

③ 泥窖、地缸、石窖、木板窖。

④ 高温与低温。

⑤ 长期发酵与短期发酵。

⑥ 清蒸清烧与混蒸混烧。

⑦ 不同酒醅的同甑蒸馏。

⑧ 不同类型酒不同等级酒的串蒸。

⑨ 传统工艺与现代设备。

（2）六个方面同步进行　白酒风味风格的形成，主要来源于六个方面：原料、曲子、窖池、工艺、储存、勾调。香型融合在这六个方面都要有动作，因为这六个方面是一个整体，缺一不可，为此要事先学习考察，要制定攻关计划，要有人力、物力的投入，其中最重要一条是要结合本地、本企业、本酒的实际，不能盲目，不能好高骛远，不能急功近利。

7.4.13.3　各企业在香型融合上的技术创新

随着我国市场经济的快速发展，人们把目光逐步转移到消费需求的变化上来，品牌靠品质来支撑、品质靠品味来支撑、品味靠的是香型及工艺技术融合来实现提升。

总结学习名优白酒企业的经验，我们惊奇地发现，他们都在完善、丰富、创新高端产品中，采用了香型融合技术。目前可分如下几种。

（1）同心融合或单元融合　以自身香型为主，丰富、完善自身体系，满足消费者提出对口味的要求，满足市场需要及潜在需求。

如茅台酒，坚持在继承中发扬光大传统工艺以下十二个坚定不移。

① 质量是生命的意识坚定不移。

② 四个服从坚定不移

a.产量服从质量。

b.速度服从质量。

c.效益服从质量。

d.近期利益服从长远利益。

③ 合理水分的掌握坚定不移。

④ 高温堆积坚定不移。

⑤ 高温接酒坚定不移。

⑥ 高温制曲坚定不移。

⑦ 适度润粮坚定不移。

⑧ 确保合理堆积发酵坚定不移。

⑨ 产量是中间高、两头低坚定不移。

⑩ 确保好氧性微生物生长繁殖坚定不移。

⑪ 确保基酒原汁原味入库坚定不移。

⑫ 创造适当条件让各种微生物生长好繁殖好坚定不移。

清香汾酒，加强长期老熟（老熟后陈香大增）。

泸州老窖酒产品不断升级，研发了1573高端酒。他们也是围绕浓香工艺为核心，通过技术融合，达到了香型融合，使"1573"具有粮香、曲香、窖香、糟香、陈香融为一体的独特风格，受到了市场的欢迎。他们注重了以下三项技术的研究。

① 制曲技术包括机械化制坯技术；微氧环境制曲技术；曲坯培菌翻曲技术；曲坯支撑覆盖技术。

② 酿酒技术包括人工培养窖泥技术；翻沙（底糟）发酵技术；窖池分类配料技术；有机酸因子调控技术；窖外发酵生香技术；柔酽母糟发酵技术；封窖泥营养添加技术；甑内提香调控技术；母糟分型发酵技术；黄水综合利用技术；酒尾、黄水综合利用技术；底锅水综合利用技术；丢糟综合利用技术。

③ 勾调/储存技术包括管网及管板集中控制技术；基酒分级储存技术；酒体层次设计技术；加浆水处理技术。

（2）底物融合　这种类型的产品是以两种以上原料为代表的多粮型酒。如五粮液、剑南春酒等把科学合理的配料作为第一关键环节，为丰富酒体奠定了物质基础。在用曲上使用包包曲（中、高温曲）确保了底物与酶系之间的科学对应。酒体设计中最早使用了浓香与酱香的融合技术（酱香他们认为陈香），确立了科学的量比关系，既不失掉浓香特点，又在浓香中独树一帜，无论是行业评比还是市场消费均获得了一致好评。

（3）酒香与药香融合　在这方面，以董酒为代表（大曲、小曲加中药），药香型被评为名酒时间较早。该酒在发展中也遇到一些曲折，除体制外，还有产品的香味复杂，过度浓郁，消费者不习惯等问题。

（4）多元融合（两种以上香型的融合）　高月明专家较早在我国提出并力推浓酱兼香型白酒的发展，以玉泉酒为代表的兼香酒也成功被评为国家优质酒。

西凤近几年在原有基础上，搞了凤兼浓、凤兼酱、凤兼浓酱，再加上它自身就有清香、浓香，可称为多香型融合的典范。

四特酒融合了浓、清、酱三个香型工艺。

芝麻香酒融合了清、酱、浓三种典型体。

酒鬼酒是馥郁香的典型代表，是清、浓、酱多香融合的样板。

（5）多曲多微融合　大曲麸曲结合（二锅头酒、芝麻香酒）。

芝麻香是多微多曲的代表，有大曲（高、中温）、麸曲、小曲、细菌曲、产酯酵母等，有单独培养使用，也有混合使用。这类酒更有美拉德代谢的复杂呈香呈味成分特征。清香类的二锅头酒也是使用高、中、低温大曲及麸曲的典型代表酒。

（6）区域融合　东部白酒与西部白酒风格融合、南部白酒与北部白酒融合、东西南北中白酒的融合，都能赋予产品更新的风味特征。

江苏某种酒也因融合了川酒元素，市场发展迅猛。

黑龙江省也有融合贵州、四川等名酒的产品风味优势并结合自身酒特点，走出了一条融合成功之路的多家酒企。

（7）国际融合　中国白酒风格与国际蒸馏酒风格的融合。

这主要是以酒质改良为基础，在饮用方式上，使中国白酒达到加冰加水不失光不浑浊，基本不变味，同时也可低温饮用，加温饮用。黑龙江省去年有三家企业的产品被评为饮用方式创新白酒。汾酒集团生产研发的"北特加酒"也具有这样的特点。

（8）时尚融合　浓香型由高浓度含量向适度浓度转变。大家更注重增强口味的物质，从而实现像洋河酒的绵柔、古井贡酒的淡雅、孔府家酒的儒雅、沱牌曲酒的柔和、汤沟酒的醇和、古贝春酒的净雅等具有时尚特征的新口味白酒。

"红花郎"、"蓝色经典"演绎的红文化、蓝文化时尚元素也获得成功。

（9）创新融合　不同酒种之间的融合、蒸馏酒与发酵酒的融合尝试。

如东北的古醴传奇酒是液态发酵米酒与蒸馏白酒的融合。还有江苏黄酒是酒糟酒与芝麻香白酒的融合。

7.4.13.4　各地创造香型工艺融合方法

（1）多功能调味酒的开发　主要有多粮调味酒、堆积调味酒、延长发酵期调味酒、回香醅调味酒、双轮底发酵调味酒、高温曲结合高温发酵调味酒、两香多香同储调味酒等。

（2）分层发酵法　该法主要是同一窖中酒醅分层堆糟，分层蒸馏，分层入窖，分层发酵，分层摘酒，分层储存。该法是酱香型酒传统工艺的创新，产生的酒经3年储存，各有特色，非常适合香型融合酒的生产使用。

（3）串蒸法　串蒸是董酒的传统工艺，在香型融合酒的生产工艺中，应用更为广泛，尤其是酒醅同甑蒸馏，大曲与小曲酒醅，长酵与短酵酒醅，浓香与酱香酒醅，清香与浓香、酱香酒醅等。不同酒醅同甑蒸馏要注意三个问题：一是各种酒醅的位置要合理。二是新酒摘酒酒度要科学合理。三是蒸馏后酒醅入窖条件的合理，保证发酵正常。

（4）双型发酵法　该法由泸州老窖酒厂试验成功。主要作法是同一个窖池中有两种香型酒醅同时发酵。窖池地平面以上部分是清香型"二排清"工艺，即大粒发酵30天后，蒸酒加曲，变二渣再发酵30天。发酵好的二粒酒醅不蒸酒，混入本窖池地平面以下的浓香酒醅中进行浓香翻沙工艺操作，即在酒醅中拌入大曲粉、黄水、酒尾等再入窖发酵一定时间，然后出窖蒸馏。这样同一个窖中有清香型、浓香型两种酒醅同时发酵，同一个窖可产清香、浓香、清浓融合三种新酒。

（5）大曲、麸曲混合培养工艺　牛栏山二锅头等酒企，从大曲中分离、选育出曲霉菌、酵母菌、细菌等有效优良菌株，经扩大培养成麸曲、细菌曲等，再将人工培养的这些菌种接种于大曲培养原料中，培养成强化大曲。这种强化大曲对酒质提高的作用十分明显。这条"从大曲中来，再回大曲中去"的工艺路线，对今后我国白酒通过微生物途径，提高酒的产量和品质有重要借鉴价值。

7.4.13.5　香型融合产品的品评

对于各企业香型融合产品的品评，要从以下几个方面去把握：香气是否优雅、自然，口味是否顺和，回味是否悠长，饮后是否愉悦，即饮用的舒适度如何。要高于前面十二种香型白酒的要求，要弱化它的典型性，不去刻意判断它是何种香型，要把握各香型融合产品的个性，要更注重酒的品质，以酒论酒，对酒品做出客观准确的评价。比如，清香型白酒香型融合产品陈味大增；国窖1573则吸纳了多粮浓香的特点，将粮香、曲香、窖香、糟香、陈香融为一体；凤香型香型融合产品口味更为绵柔、顺长，饮用舒适度更好。

7.5　白酒产品质量缺陷酒的品评

（1）色泽　是否无色或微黄透明，无悬浮物，无沉淀。若失光、浑浊、有悬浮物、有沉淀等均属于缺陷。这是由于澄清、净化、过滤等不当引起的。

（2）酸酯比　是否协调，是否有某种单体（己酸乙酯、乳酸乙酯、丁酸乙酯）出头的现象。因为白酒的典型性就是由这种白酒的特征物质和这几种风味物质的种类及含量多少决定的，即特征风味物质和这些风味物质的量比关系决定它的典型性和风格，一旦某种物质出了头就会破坏这种比例，就会引起白酒偏格甚至造成质量缺陷。

（3）香和味　既有嗅觉感受，又有味觉感受，是否香大于味，是否能感受到臭气味、霉味、糠味、泥味等不愉快气味。有时香气太大的酒往往是调香所致，过浓的香气会掩盖酒的一些口味缺陷，常常会出现某个白酒闻着一个味，喝起来又是另一个味，香与味脱节，这种白酒就不是质量好的酒，必须仔细判断。

（4）白酒中的各种异杂味

① 臭味　白酒中的臭味主要是因为白酒中含有过量的硫化氢、硫醇、乙硫醚、丙烯醛、游离氨和丁酸、戊酸、乙酸及其酯类等。如过量的丁酸乙酯有汗臭味，阈值较低的硫化氢，稍有不慎白酒中就会出现硫化氢的味道即臭鸡蛋味。这些是由于原料中蛋白质含量过高致使窖内酸度上升，在发酵过程中产生大量的杂醇油及硫化氢。所以酿酒操作中要控制蛋白质含量，加强工艺卫生，防止杂菌污染，注意缓慢蒸馏，可以避免酒醅中的硫氨基酸在有机酸的影响下产生大量的硫化氢。这种酒必须经过合理储存，这些臭气成分挥发性很强，通过一段时间的储存可以使其挥发。

② 窖泥臭　窖泥配方不合理，发酵不成熟，出窖时窖泥混入糟醅等。必须注意使用优质成熟窖泥涂窖，出窖时不要混入窖泥。

③ 油臭味　白酒应有的风味与油味是互不相容的。酒中哪怕有微量油味，

都将对酒质有严重损害，酒味将呈现出令人不悦的哈喇味，这种情况都是酒中含有各种油脂的油离子物质。白酒中存在油味的主要原因在于以下几点。

a.采用了含油脂肪高的原辅材料进行白酒酿造，没有按操作规程处理原料。

b.原料保管不善。特别是玉米、米糠这些含油脂原料，在温度、湿度高的条件下变质，经糖化发酵，脂肪被分解产生的油腥味。

c.没有贯彻掐头去尾、断花摘酒的原则，使存在于尾水中的水溶性高级脂肪流入酒中。

d.用涂油（如桐油）、涂蜡容器储酒，而且时间又长，使酒将壁内油质侵蚀于酒中。

e.操作中不慎将含油物质（如煤油、汽油、柴油等）洒漏在原料、配糟、发酵糟中，蒸馏入酒中，这类物质极难排除，并且影响几排酒质。

④ 白酒中的苦味成分　白酒中糠醛、杂醇油、酪醇、丙烯醛等苦味物质含量过高，就会出现苦味。主要来源于酵母和原料，也有工艺上的毛病。原料发霉、曲药和窖泥感染青霉、酒醅倒烧等都是造成苦味的原因。

加强辅料清蒸，合理配料，严把曲药用量，搞好环境卫生减少杂菌污染，合理上甑，缓慢蒸馏，可以避免苦味物质及其他燥辣味物质进入酒中。

⑤ 酸味　酒中有机酸主要有甲酸、乙酸、乳酸、丁酸、戊酸和庚酸等。它们主要由细菌生成，特别是气温高，生产条件差，入窖温度过高，新曲过量使用，糊化不彻底等因素都会造成酸度大幅上升。同时蒸馏时酸味成分主要集中在后馏部分，若接酒过多过长，不适量掐酒尾，也会造成酒中酸度升高。

加强环境卫生，防止生酸菌的大量繁殖；蒸煮糊化要充分彻底，不得有夹心；坚持开水施量；加强通风降温，缩短摊晾时间，避免感染过多的杂菌；根据季节变化情况严格工艺要求，控制入窖温度、酸度、淀粉浓度，控制好发酵升温幅度，保证足够的储存期，都有助于酸味的降低。

⑥ 辣味　白酒中的辣味成分主要有糠醛、杂醇油、硫醇、乙酸醚和乙醛等物质。一般认为，有刺激性的辣味是低级醛过多造成的。乙醛存在时呈辣味，且辣味的大小与醛含量成正比关系。丙烯醛和丁烯醛有很强的刺激性辣味，有辣味大王之称。含杂醇油过多的酒辣且苦，低沸点醛含量高，多是流酒温度过低、储存期过短、卫生管理不善、感染大量乳酸菌所造成。

清蒸辅料，避免在酿酒过程中生成较多的糠醛等辣味物质，要求所有辅料必须新鲜、干燥、无霉烂。工艺操作过程中应严格卫生管理，若卫生条件差，操作不仔细认真，酒醅易感染大量杂菌。发酵温度高，尤其是异型乳酸菌作用于甘油后，生成刺激性极强的丙烯醛，使酒种辣味加重。确保糖化发酵的正常进行，做到前缓、中挺、后缓落。若发酵升温猛，落火快，发酵周期过分延长，使酵母早衰，则会生成较多的乙醛，致使酒中辣味增加。掌握正确的流酒温度，适当截头去尾。若流酒温度太低，低沸点的辣味物质逸散不充分，导致酒中辣味成分增加。合理储存，能有效地促进酒的老熟，排除低沸点辣味和其他邪杂味。同时，勾兑时添加适量陈酒也能减少辣味。

⑦ 涩味　酒中的涩味物质主要是乳酸和乳酸乙酯、单宁、杂醇油（以异丁醇和异戊醇的涩味最为突出）和糠醛等。一般来讲，凡是用曲量大的，都容易使酒出现涩味。要采取有效措施降低白酒中的乳酸及其乙酯的含量，使之控制在恰当的范围内，与其他芳香成分保持一定的量比关系。控制入窖淀粉含量，降低入窖温度，控制用曲量，防止升温升酸幅度过大，造成残糖偏高，生成大量乳酸。加强卫生清洁工作，尤其是在气温较高的季节，应更加注意防止霉菌、细菌的滋生蔓延。坚持开水施量，保持酒醅发酵水分适中，灵活施量，做到下层少上层多。坚持缓慢装甑，缓火蒸馏，量质摘酒，截头去尾；坚持高酒分验收入库，防止乳酸乙酯过多地进入酒中。同时提高大曲质量，多用陈曲，合理搭配。因新曲中含有大量的乳酸菌等产酸菌，经储存后在干燥条件下，这些产酸菌会失去生存能力而消亡，这样用陈曲生产就会减少对酒醅的杂菌感染，降低乳酸的生成量。此外，还可以使用抑制剂如富马酸等控制乳酸菌的生长，或添加适量的丙酸菌以消除乳酸等措施来达到控制或降酸的目的。

⑧ 糠味　白酒中的糠味主要是不重视辅料的选择和处理的结果，使酒中呈现生谷壳味，主要来源于：辅料没精选，不合乎生产要求；辅料没有经过清蒸消毒。常常糠味夹带土味和霉味。

⑨ 霉味　酒中的霉味大多来自于辅料及原料霉变。主要是梅雨季节期间，由于潮湿引起霉菌在衣物上生长繁殖后，其霉菌菌丝、孢子经腾抖而飞扬所散发出的气味。如青霉菌、毛霉菌的繁殖结果。酒中产生霉味，有以下几个原因：

a.原辅材料保管不善，或漏雨或反潮而发生霉变；加上操作不严，灭菌不彻底，把有害霉菌带入制曲生产和发酵糟内，经蒸馏霉味直接进入酒中。像原辅材料发霉发臭、淋雨反潮或者以此引发的火灾更应注意。

b.发酵管理不严。出现发酵封桶泥、窖泥缺水干裂漏气漏水入发酵桶内，发酵糟烧色及发酵盖糟、桶壁四周发酵糟发霉（有害霉菌大量繁殖），造成酒中不仅苦涩味加重，而且霉味加大。

c.发酵温度太高，大量耐高温细菌同时繁殖，造成不仅出酒率下降，而且会使酒带霉味。

⑩ 焦煳味　白酒中的焦煳味，来自于生产操作不细心，不负责任粗心大意的结果，其味就是物质烧焦的煳味。例如，酿酒时因底锅水少造成被烧干后，锅中的糠、糟及沉积物被灼煳烧焦所发出的浓煳焦味。酒中存在焦煳味的主要

原因有酿造中直接烧干底锅水，烧灼焦煳味直接串入酒糟，再随蒸汽进入酒中；地甑、甑箅、底锅没有洗净，经高温将残留废物烧烤、蒸焦产生的煳味。

⑪ 海子味　酒海是用秦岭出产的藤条编织而成，里边用猪血、石灰、麻纸裱糊上百层，再打上蜂蜡、清油、鸡蛋清而制成的一种特殊的储酒容器。白酒经酒海储存，赋予了凤香型白酒独特的"海子味"。我们可以认为这是凤香型白酒的一种特有的风味，也是凤香型白酒历经酒海长期储存的一个标志。也有消费者不喜欢这种味道，认为是一种杂味。这种味道可以通过活性炭吸附过滤除去。

⑫ 其他杂味　除生产中需要加强管理外还要在加浆、蒸馏、储存和运输等环节上加以足够重视。加浆用水一定要经过处理，使之符合要求，若水源不洁又不进行处理，就会带有各种各样的腥味、杂味、咸味等怪味，严重影响酒的质量。若用铁质容器储酒或作运送管道，同样会产生铁腥味。若蒸馏设备的冷凝器材质不纯，含铅或其他杂质较多，与酒中的有机酸作用产生脂酸铅等出现异味；另外，冷凝器不干净，残存有含酸量高的酒或酒脚，与冷凝器产生作用，使不纯冷凝器中的部分其他金属被溶解而进入酒中产生杂异味。

通过感官品评，根据品评结论，总结酒中的优缺点，根据生成的机理，改进工艺，解决生产中的问题，避免各种有缺陷酒的产生，促进酒质的提高。各香型白酒缺陷体会及描述见表7-9。

表7-9　各香型白酒缺陷体会及描述

白酒香型	缺陷品评体会
浓香型	香气欠纯正，带异香，香气欠幽雅，香气欠柔和；窖香、窖香较差，复合香气不足；口味平淡，口味淡薄，入口刺喉，欠柔和，欠绵柔，欠浓厚，欠醇和，过甜，不正常的回甜，回味短，欠净爽，欠谐调，欠丰满等
清香型	清香欠纯正，香气不正，闻香差，清香不明显，带异香，清香带浓香，清香带酱香，陈香过重，糟香太重；入口冲，冲辣，糙辣，暴辣，欠净；回味短，后味淡，后味欠净，欠谐调；典型性差，偏格，错格等
酱香型	酱香带异香，窖香露头，香气欠幽雅，酱香带焦香，酱香不足；较细腻，欠细腻，酸味过重，入口冲，糙辣，欠柔和，不顺口，欠丰满；回味短，味杂，有生料味，空杯留香差，欠谐调等
凤香型	香气不正，放香差，有异香，香气欠幽雅，醇香不明显，不秀雅；口味欠醇厚，糙辣，欠净，欠柔和，欠谐调，口味短，味淡，带酱香，尾较短；典型性差，偏格，错格

7.6　质量差评酒方案

（1）培训时间　每天早晨8:30分开始，每天训练4轮，每轮30min，每轮之间间隔10min。

（2）培训地点　品酒室（可选择开阔通风的安静环境）。

（3）培训对象　所有评酒员

（4）培训目的　质量差的品评是评酒中最难的一环，也是最重要的一环，质量差的品评考验的是评酒员对酒的认识，对酒的了解，对酒的掌握。学习好质量差的品评能对白酒的生产工艺有一个更深的认识，也对白酒勾兑的学习打下坚实的基础。品评好质量差才算是真正入门了评酒。

（5）培训材料　食用酒精、自配质量差酒样（凤型基酒，单粮浓香基酒，多粮浓香基酒，优质酱香基酒，清香型基酒，分别加入10%、15%、20%、25%、40%的同度数的食用酒精）、中酒协各香型标准质量差酒样（西凤酒、汾酒、郎酒、茅台、董酒、白云边、口子窖、泸州老窖，剑南春，五粮液，江津小曲，景芝，玉冰烧，三花酒）。

（6）培训方案　见表7-10。

表7-10　质量差培训方案

轮次	酒样	品评要求
1	1#55°优级酒精、2#55°优级酒精、3#55°一级酒精、4#55°一级酒精	明评：体会优级、一级酒精的香气特点和口感特征，做好记录
2	1#55°优级酒精、2#55°一级酒精、3#55°一级酒精、4#55°优级酒精	暗评：找出优级、一级酒精对应的杯号，写出评语
3	1#凤型新酒优级、2#凤型新酒一级、3#凤型新酒等外品、4#凤型新酒一级	明评：学习新酒分级品评，掌握分级标准，做好记录写出特点
4	1#凤型新酒优级、2#凤型新酒一级、3#凤型新酒等外品、4#凤型新酒一级	暗评：品评，写出酒样的等级，并写出评语
5	1#凤型精品头笼、2#凤型精品二笼、3#浓香头笼、4#浓香二笼	明评：学习凤型精品、浓香新产酒分笼品评。掌握特点，作记录
6	1#凤型精品二笼、2#凤型精品头笼、3#浓香头笼、4#浓香二笼	暗评：品酒，写出产品类别及分笼，写评语
7	1#55°凤型、2#55°凤型+10%酒精、3#55°凤型+20%酒精、4#55°凤型+30%酒精、5#55°凤型+40%酒精	明评：体会凤香型白酒递加10%酒精的梯度质量差，写出感受
8	1#55°凤型+10%酒精、2#55°凤型+20%酒精、3#55°凤型+30%酒精、4#55°凤型+30%酒精、5#55°凤型+40%酒精	暗评：品酒，写评语，打总分，排序（3>1>2>4>5）
9	1#55°凤型、2#55°凤型+5%酒精、3#55°凤型+10%酒精、4#55°凤型+15%酒精、5#55°凤型+20%酒精	明评：体会凤香型白酒递加5%酒精的梯度质量差，写出感受
10	1#55°凤型+5%酒精、2#55°凤型、3#55°凤型+10%酒精、4#55°凤型+15%酒精、5#55°凤型+20%酒精	暗评：品酒，写评语，打总分，排序（2>1>3>4>5）
11	1#52°单粮浓香、2#52°多粮浓香、3#52°多粮浓香、4#52°单粮浓香	明评：认识单粮浓香与多粮浓香酒的风格特点，做好记录
12	1#52°单粮浓香、2#52°多粮浓香、3#52°多粮浓香、4#52°单粮浓香	暗评：品酒，写出香型、评语

轮次	酒样	品评要求
13	1#52° 单粮浓香、2#52° 单粮浓香+10%酒精、3#52° 单粮浓香+20%酒精、4#52° 单粮浓香+30%酒精、5#52° 单粮浓香+40%酒精	明评：体会单粮浓香白酒递加10%酒精的梯度质量差，写出感受
14	1#52° 多粮浓香+10%酒精、2#52° 多粮浓香+20%酒精、3#52° 单粮浓香、4#52° 单粮浓香+30%酒精、5#52° 单粮浓香+40%酒精	暗评：品酒，写评语，打总分，排序（3＞1＞2＞4＞5）
15	1#52° 多粮浓香、2#52° 多粮浓香+10%酒精、3#52° 多粮浓香+20%酒精、4#52° 多粮浓香+30%酒精、5#52° 多粮浓香+40%酒精	明评：体会多粮浓香白酒递加10%酒精的梯度质量差，写出感受
16	1#52° 多粮浓香+10%酒精、2#52° 多粮浓香+20%酒精、3#52° 多粮浓香+30%酒精、4#52° 多粮浓香、5#52° 多粮浓香+40%酒精	暗评：品酒，写评语，打总分，排序（4＞1＞2＞3＞5）
17	1#酱香白酒优级、2#酱香白酒一级、3#酱香白酒一级、4#酱香白酒优级	明评：体会酱香型白酒的分级产品特点
18	1#酱香白酒优级、2#酱香白酒一级、3#酱香白酒一级、4#酱香白酒优级	暗评：评酒，写出质量等级、评语
19	1#52° 酱香型白酒、2#52° 酱香型白酒+10%酒精、3#52° +20%酒精、4#52° 酱香型白酒+30%酒精、5#52° 酱香型白酒+40%酒精	明评：体会酱香型白酒递加10%酒精的梯度质量差，写出感受
20	1#52° 酱香型基酒+10%酒精、2#52° 酱香型基酒+20%酒精、3#52° 酱香型基酒、4#52° 酱香型基酒+30%酒精、5#52° 酱香型基酒+40%酒精	暗评：评酒，写评语、打总分、排序（3＞1＞2＞4＞5）
21	1#52° 酱香型基酒优级、2#52° 酱香型基酒一级、3#郎酒、4#52° 酱香型基酒优级、5#52° 酱香型基酒一级	明评：体会酱香基酒与成品酱香白酒（郎酒）的区别
22	1#52° 酱香型基酒优级、2#52° 酱香型基酒一级、3#郎酒、4#52° 酱香型基酒优级、5#52° 酱香型基酒一级	暗评：评酒，写评语、打总分、排序（3＞1=4＞2=5）
23	1#清香白酒优级、2#清香白酒一级、3#清香白酒一级、4#清香白酒优级	明评：体会酱香型白酒的分级产品特点
24	1#清香白酒优级、2#清香白酒一级、3#清香白酒一级、4#清香白酒优级	暗评：评酒，写出分级类别
25	1#清香白酒优级、2#清香白酒一级、3#清香白酒一级、4#清香白酒优级、5#汾酒	明评：评酒，写评语、打总分、排序（5＞1=4＞2=3）
26	1#52° 清香型白酒、2#52° 清香型白酒+10%酒精、3#52° 清香型白酒+20%酒精、4#52° 清香型白酒+30%酒精、5#52° 清香型白酒+40%酒精	明评：体会清香型白酒递加10%酒精的梯度质量差，写出感受
27	1#52° 清香型基酒+10%酒精、2#52° 清香型基酒+20%酒精、3#52° 清香型基酒、4#52° 清香型基酒+30%酒精、5#52° 清香型基酒+40%酒精	暗评：评酒，写评语、打总分、排序（3＞1＞2＞4＞5）

轮次	酒样	品评要求
28	1#52°芝麻香基酒、2#52°芝麻香基酒+10%酒精、3#52°芝麻香基酒+20%酒精、4#52°芝麻香基酒+30%酒精、5#52°芝麻香基酒+40%酒精	明评：体会芝麻香型白酒递加10%酒精的梯度质量差，写出感受
29	1#52°芝麻香基酒、2#52°芝麻香基酒+20%酒精、3#52°芝麻香基酒+30%酒精、4#52°芝麻香基酒+10%酒精、5#52°芝麻香基酒+40%酒精	暗评：评酒，写评语、打总分、排序（1>4>2>3>5）
30	1#52°芝麻香基酒、2#52°芝麻香基酒+20%酒精、3#52°芝麻香基酒+20%酒精、4#52°芝麻香基酒+10%酒精、5#景芝白干	暗评：评酒，写评语、打总分、排序（5>1>4>2=3）

以下培训材料均采用国家标准酒样

轮次	酒样	品评要求
1	1#汾酒1号、2#汾酒2号、3#汾酒3号、4#汾酒4号、5#汾酒5号（顺位：1>2>3>4>5）	明评：认识清香型白酒的质量差，品评，做好记录
2	1#汾酒2号、2#汾酒4号、3#汾酒3号、4#汾酒1号、5#汾酒5号	暗评：评酒，写香型、评语、打总分、排序（4>1>3>2>5）
3	1#汾酒1号、2#汾酒2号、3#汾酒2号、4#汾酒5号、5#汾酒4号	暗评：评酒，写香型、评语、打总分、排序（1>2=3>5>4）
4	1#西凤酒1号、2#西凤酒2号、3#西凤酒3号、4#西凤酒4号、5#西凤酒5号（顺位：5>4>3>2>1）	明评：认识凤香型白酒的质量差，品评，做好记录
5	1#西凤酒3号、2#西凤酒2号、3#西凤酒4号、4#西凤酒1号、5#西凤酒5号	暗评：评酒，写香型、评语、打总分、排序（5>3>1>2>4）
6	1#西凤酒5号、2#西凤酒2号、3#西凤酒3号、4#西凤酒1号、5#西凤酒2号	暗评：评酒，写香型、评语、打总分、排序（1>3>2=5>4）
7	1#西凤酒5号、2#西凤酒1号、3#西凤酒3号、4#西凤酒1号、5#西凤酒3号	暗评：评酒，写香型、评语、打总分、排序（1>3=5>2>4）
8	1#泸州老窖1号、2#泸州老窖2号、3#泸州老窖3号、4#泸州老窖4号、5#泸州老窖5号（顺位：5>4>3>2>1）	明评：认识单粮浓香型白酒的质量差，品评，做好记录
9	1#泸州老窖2号、2#泸州老窖3号、3#泸州老窖1号、4#泸州老窖5号、5#泸州老窖4号	暗评：评酒，写香型、评语、打总分、排序（5>4>2>1>3）
10	1#泸州老窖2号、2#泸州老窖3号、3#泸州老窖1号、4#泸州老窖5号、5#泸州老窖2号	暗评：评酒，写香型、评语、打总分、排序（4>2>1=5>3）
11	1#剑南春1号、2#剑南春2号、3#剑南春3号、4#剑南春4号、5#剑南春5号（顺位：1>2>3>4>5）	明评：认识多粮浓香型白酒的质量差，品评，做好记录
12	1#剑南春3号、2#剑南春2号、3#剑南春1号、4#剑南春4号、5#剑南春5号	暗评：评酒，写香型、评语、打总分、排序（3>2>1>4>5）
13	1#剑南春3号、2#剑南春2号、3#剑南春1号、4#剑南春4号、5#剑南春2号	暗评：评酒，写香型、评语、打总分、排序（3>2=5>1>4）

轮次	酒样	品评要求
14	1#五粮液1号、2#五粮液2号、3#五粮液3号、4#五粮液4号、5#五粮液5号（顺位：1>2>3>4>5）	明评：认识多粮浓香型白酒的质量差，品评，做好记录
15	1#五粮液1号、2#五粮液2号、3#五粮液3号、4#五粮液4号、5#五粮液5号	暗评：评酒，写香型、评语、打总分、排序（1>2>3>4>5）
16	1#五粮液1号、2#五粮液2号、3#五粮液3号、4#五粮液4号、5#五粮液3号	暗评：评酒，写香型、评语、打总分、排序（1>2>3=5>4）
17	1#江津小曲1号、2#江津小曲2号、3#江津小曲3号、4#江津小曲4号、5#江津小曲5号（顺位：1>2>3>4>5）	明评：认识小曲清香型白酒的质量差，品评，做好记录
18	1#江津小曲5号、2#江津小曲2号、3#江津小曲3号、4#江津小曲4号、5#江津小曲1号	暗评：评酒，写香型、评语、打总分、排序（5>2>3>4>1）
19	1#三花酒1号、2#三花酒2号、3#三花酒3号、4#三花酒4号、5#三花酒5号（顺位：1>2>3>4>5）	明评：认识米香型白酒的质量差，品评，做好记录
20	1#三花酒3号、2#三花酒2号、3#三花酒1号、4#三花酒4号、5#三花酒5号	暗评：评酒，写香型、评语、打总分、排序（3>2>1>4>5）
21	1#郎酒1号、2#郎酒2号、3#郎酒3号、4#郎酒4号、5#郎酒5号（顺位：1>2>3>4>5）	明评：认识酱香型白酒的质量差，品评，做好记录
22	1#郎酒1号、2#郎酒4号、3#郎酒3号、4#郎酒2号、5#郎酒5号	暗评：评酒，写香型、评语、打总分、排序（1>4>3>2>5）
23	1#郎酒1号、2#郎酒4号、3#郎酒1号、4#郎酒2号、5#郎酒4号	暗评：评酒，写香型、评语、打总分、排序（1=3>4>2=5）
24	1#董酒1号、2#董酒2号、3#董酒3号、4#董酒4号、5#董酒5号（顺位：1>2>3>4>5）	明评：认识药香型白酒的质量差，品评，做好记录
25	1#董酒5号、2#董酒2号、3#董酒3号、4#董酒4号、5#董酒1号	暗评：评酒，写香型、评语、打总分、排序（5>2>3>4>1）
26	1#口子窖1号、2#口子窖2号、3#口子窖3号、4#口子窖4号、5#口子窖5号（顺位：1>2>3>4>5）	明评：认识兼香型白酒的质量差，品评，做好记录
27	1#口子窖3号、2#口子窖4号、3#口子窖5号、4#口子窖1号、5#口子窖2号	暗评：评酒，写香型、评语、打总分、排序（4>5>1>2>3）
28	1#习酒（酱）1号、2#习酒（酱）2号、3#习酒（酱）3号、4#习酒（酱）4号、5#习酒（酱）5号（顺位：1>2>3>4>5）	明评：认识酱香型习酒的质量差，品评，做好记录
29	1#习酒（酱）4号、2#习酒（酱）2号、3#习酒（酱）3号、4#习酒（酱）5号、5#习酒（酱）1号	暗评：评酒，写香型、评语、打总分、排序（5>2>3>1>4）
30	1#习酒（浓）1号、2#习酒（浓）2号、3#习酒（浓）3号、4#习酒（浓）4号、5#习酒（浓）5号（顺位：1>2>3>4>5）	明评：认识浓香型习酒白酒的质量差，品评，做好记录
31	1#习酒（浓）1号、2#习酒（浓）2号、3#习酒（浓）3号、4#习酒（浓）4号、5#习酒（浓）5号	暗评：评酒，写香型、评语、打总分、排序（1>2>3>4>5）
32	1#景芝1号、2#景芝2号、3#景芝3号、4#景芝4号、5#景芝5号（顺位：1>2>3>4>5）	明评：认识芝麻香型白酒的质量差，品评，做好记录

轮次	酒样	品评要求
33	1#景芝2号、2#景芝1号、3#景芝3号、4#景芝5号、5#景芝4号	暗评：评酒，写香型、评语、打总分、排序（2＞1＞3＞5＞4）
34	1#玉冰烧1号、2#玉冰烧2号、3#玉冰烧3号、4#玉冰烧4号、5#玉冰烧5号（顺位：1＞2＞3＞4＞5）	明评：认识豉香型白酒的质量差，品评，做好记录
35	1#玉冰烧1号、2#玉冰烧2号、3#玉冰烧5号、4#玉冰烧4号、5#玉冰烧3号	暗评：评酒，写香型、评语、打总分、排序（1＞2＞5＞4＞3）
36	1#汾酒1号、2#西凤酒1号、3#江津小曲1号、4#三花酒1号、5#汾酒1号	暗评：写香型、评语、打总分
37	1#汾酒1号、2#汾酒2号、3#江津小曲1号、4#江津3号、5#汾酒5号	暗评：写香型、评语、打总分
38	1#习酒（酱）1号、2#习酒（酱）2号、3#郎酒1号、4#郎酒3号、5#郎酒5号	暗评：写香型、评语、打总分
39	1#汾酒1号、2#西凤酒1号、3#郎酒1号、4#三花1号、5#景芝1号	暗评：写香型、评语、打总分
40	1#汾酒1号、2#景芝1号、3#郎酒1号、4#郎酒1号、5#景芝1号	暗评：写香型、评语、打总分

点评

　　质量差的品评一般酒样本身就存在较大的差异性，用国家标准酒样训练时，一般用明评的方式去训练，逐一嗅闻，记下香气上的特点和差异，在心中先建立起好坏标准，树立标杆，知道由好到坏的各位次酒样的特点，熟记于心，再隐藏杯号，暗评，根据心中已有的标准去品评排出位次，这样自己心中的品评标准就和国家标准酒样保持一致了，就会少出偏差，品评结果会更准确。

小贴士

Tip1：酒龄差品评要点

　　一般来说，酒龄越长的酒，入口感觉越绵柔，是因为随着白酒储存时间的延长，酒精与水分子间逐渐构成大的分子缔合群，酒精分子受到束缚，活性减少，使酒中的醇、酸、酯、醛等成分达到新的平衡，所以酒龄长的酒在味觉上有柔和的感觉。

以凤香型白酒为例，储存在酒海中，其香味物质是不断变化的。

新酒：有明显的新酒臭，糠杂味明显，诸位不调，入口刺激性最强。

一年酒：于酒海中储存1年后，新酒臭味略变淡，刺激性略降低。

三年酒：海子味最重，已经闻不到新酒臭味。

五年酒：放香好、酒体丰满，有陈味。

凤香型白酒在酒海中储存的过程中，随着时间的推移，新酒臭味逐渐变淡，刺激性渐渐降低，海子味、陈味逐渐增强，酒体逐渐丰满。

Tip2：质量差品评就是要抓两头

作为初学者，面对需要按质量差排序的五杯酒，时常会显得手足无措。在一轮酒40min的品评快要结束的时候，常会看到个别品酒员还在手忙脚乱地乱抓一气，闻一闻3号酒，再闻一闻5号酒，再抓起1号酒闻一下，毫无章法可循，最后要交卷了，只得乱写个答案交了。

其实质量差的品评还是有章法可循的。国家级评酒师贾智勇认为质量差的品评最重要的窍门就是先抓两头，只要把最好的和最坏的先找出来，剩下的就相当好分辨了。在质量差品评时，特别注意的是应利用最开始的"黄金十分钟"抓两头，即最好的和最坏的酒挑出来，再将剩下的三杯按质量排序，切不可五杯一股脑的一起评判。

Tip3：酱香型白酒质量差

酱香型白酒的代表是贵州茅台和四川郎酒，酱香型白酒酱香浓郁，醇厚净爽，幽雅细腻，回甜味长，还有习酒（酱香型）也是很有名的酱香型白酒，酱香型白酒的质量差的品评秘诀是：越细腻，酱香越突出，酸涩味越淡，质量越好。此外，有时还可以根据颜色来初步判定酱香型白酒的质量差，颜色越深，质量越好。

Tip4：质量差品评时的三点小窍门

一是，也是最重要的必须要找到两个极端，最好与最差酒样，然后将其他酒样一一对比，排好顺序，如此可以降低排列难度。二是，首先应闻香，简单的对5杯酒进行初步的排序，然后可口尝其味，判断协调性、风格等作出最终判断。三是，酒体后味的长短、干净程度也是区分酒质的重点。

Tip5：酱香型白酒质量差品评

要注意不能单单就香气的大小判断酒体质量的优劣，要注意香气的细腻感与协调感，香气较差的酱香型白酒其香气或许很浓郁但却呈爆炸感放出不协调，太冲；而在入口后酱香型白酒的香气是复合的酱香、焦香和煳香，且酱香＞焦香＞煳香，若焦香或煳香盖过酱香则为偏格，则质量较差。

Tip6：凤香型白酒质量差品评

最主要的一点判断依据在于闻香，其新酒味越浓则凤香型白酒质量就越差，凤香型白酒根据其新酒味的大小可以从优到劣暂时排定一个顺序，然后可以通过入口品尝其味，对不是很确定的几个样的顺序进行调整，在最终确定质量差顺序时，应该注意其入口感觉与闻香的一致性和协调性。

Tip7：清香型白酒（宝丰）质量差品评体会

宝丰属于清香型白酒，原酒清香纯正，醇甜柔和，自然谐调，余味爽净；往原酒中加了酒精的酒样，有淡淡的清糠味，而且，加酒精越多，除了香气变小之外，后味越苦。

Tip8：凤香型白酒（以西凤酒为例）质量差酒样（质量差顺序为1＞2＞3＞4＞5）品评体会

在凤香型白酒质量差品评中，5号酒样最臭，有臭鸡蛋味，4号酒样臭味仅次于5号，3号香气最大，细闻稍微有一点点的新酒臭，2号酒样无臭味，喝下去暴辣、刺激，1号酒样有陈味，酒体绵顺，有海子味。掌握了它们的风格特点，很容易将西凤酒质量差正确地排序。

Tip9：品评凤香型白酒酒龄差体会

① 新酒　有明显的臭鸡蛋味，喝下去较辣，冲，刺激感较强。

② 1年　新酒臭不明显，酒体寡淡，顺口，不刺激。

③ 2年　入口最刺激。

④ 3年　3年是区分酒龄的一个标杆，有淡淡的海子味。

⑤ 5年　陈味突出，酒体更加绵顺，海子味最明显。

Tip10：品评酱香型白酒质量差体会

① 酱香型成品酒颜色较深，且酱香型成品酒、酱香型优级基酒、酱香型1级基酒的酱香味和焦香味依次减弱，但是酱香型成品酒喝起来绵、顺口，基酒比较暴。

② 添加酒精的酱香型白酒质量差，添加酒精越多，香味越弱，酒精的醇香味越明显。

第八章

重复性训练

评酒员对于酒样重复性判断的准确度决定了企业产品质量批次的稳定度。因此，在白酒品评培训中，重复性的训练举足轻重，它是对评酒员综合品酒技能的检验。评酒员如何通过感官判断准确无误的对酒的质量做出评价，如何确保评价的稳定性和统一性，这便是此项训练要达到的一个目的。

8.1 重复性训练是品酒技能的提升

初学者在经过了前期单体香鉴别、香型认识、典型性鉴别、质量差鉴别、酒度差鉴别等基本功的训练后，酒样重复性训练实质是对品酒技能的一个大提升。通俗讲，要想掌握重复性酒样的技巧，必须掌握单体香、典型性、质量差等品评技能。要找准酒样重复性，即同轮酒中两个或两个以上完全相同酒样，就要把握准酒样的个性特征，达到几个一致——香型一致、酒度一致、口感一致。这些一致的准确形成，需要通过对酒样的综合判断来完成，这就需要评酒员基本功扎实，综合品酒技能强。

8.1.1 重复性的定义及训练时应遵循的原则

重复性是指有两个或两个以上完全相同的酒样，在同一轮次中重复出现，这些重复出现的酒样就叫重复性酒样。品评时同一轮次中重复性酒样，其香型、酒度、评语及分值完全相同，俗称"抓对子"。重复性训练通常与质量差训练同时进行，即在质量差排序时对于重复出现的相同酒样，排在同一位次，其香型、评语及分值完全相同。

在训练中应遵循以下三个原则。

① 同一轮次白酒品评中，至少有两个或两个以上的酒样必须完全一样，包括酒样色、香、味、格等都应该保持完全一致。

② 要求评酒员对相同的酒样的香型、评语及打分要完全一样。

③ 重复性训练必须在单体香、典型性、质量差训练之后进行。

8.1.2 重复性训练的方法与技巧

重复性训练是品酒综合技能的再现，往往与质量差品评同时进行，一般在质量差品评时，不特别指出是否有重复性的出现，只能靠评酒员通过观色、闻香、品味、把握酒体个性等进行综合评定。在品酒训练中由于受环境、心理、身体状况等因素影响，以及顺序效应、后效应和顺效应的干扰，因此，重复性训练难度较大。

① 重复性训练中所提供的酒样一般为5杯，可能有1杯酒样相同，2杯酒样相同，3、4杯酒样相同或5杯为同一酒样等不同组合。一般多为2杯或3杯酒样重复，也有5杯酒样完全一样的情况。通常情况下不同香型酒样在一组出现，不判定重复性。初评训练时可降低难度，如同轮次出现不同香型或遇有酱香型、特型、芝麻香型酒样时，可直接通过闻香或观色进行判断，同轮次同香型酒辨别难度较大，需要综合判断。不同香型酒样在同一轮酒中出现，不同香型酒样之间无重复性。

② 重复性训练一般在同香型酒中进行，首先通过闻香辨别出香气相同或相近的酒样进行分组，才可起到事半功倍的效果。否则，若迟疑不决，反复品尝，则由于各种效应的影响，嗅觉、味觉迟钝，将会无法判定重复性酒样。如此轮酒：1#剑南春，2#泸州老窖，3#沱牌，4#剑南春，5#剑南春（1#、4#和5#酒样完全相同，即1#=4#=5#）。本轮酒用闻香即可判定，因为剑南春为独特风格，与单粮的泸州老窖、沱牌酒差异很大，通过闻香很容易分出不同，若纠结不定，反复口评则会由于味觉疲劳而无法判定。这几个酒样尽管香型相同但还是有显著区别。

③ 重复性酒样往往多出现在质量差训练中，即在品评质量差时，可能有相同酒样出现，这时既要排出五杯酒样的质量差顺序，又要在排序时找出相同酒样使其排在同一位次。例如，1#特级酒，2#优级酒，3#一级酒，4#优级酒，5#特级酒，此轮酒正确排序（质量由好到差）应为1#=5# > 2#=4# > 3#。这时一般要抓住初评的黄金十分钟，遵循三七规律，即闻香分组、口评定性、综合判定。

8.1.3　重复性训练中应注意的问题

（1）重复性训练中常见问题分析　重复性训练，难度较大，许多有经验的评委常说：对子不好抓，抓对对一轮，抓错错一篇。这充分说明重复性训练是评酒训练中的重点和难点，也会出现一些常见的问题。

① 似像非像与不自信的问题　重复性训练中对于相同酒样往往会出现感觉像又不敢画等号的不自信问题。前面说过重复性往往与质量差同时进行，一是评酒前并不知道此轮有无重复性，有猜测心理；二是唯分论心理的影响，评酒中感觉若对子抓错，则失分较大即错一篇，质量排序正确只要重复性酒样在相邻位次，只扣未"抓对子"分值，其他分值并不影响；三是酒样接近度较高情况下，不能很好地确认各杯酒样最突出的个性特点；四是不能静心评酒而是关注周围人员窃窃私语的评论。这些因素的影响，会导致极不自信

的问题。

② "三种效应"被放大的问题 评酒过程中,顺效应、后效应、顺序效应的影响伴随评酒的整个过程,要提高评酒准确度,就要尽力克服"三种效应"的影响。顺效应是指感觉器官经过长时间的刺激后发生迟钝的现象;后效应指品评时前一杯酒样影响后一杯酒样味道的现象;顺序效应是指在评酒过程中,评酒员产生偏爱先品评或后品评酒样的心理作用。这些效应对品评结果影响较大。但在重复性训练中往往由于举棋不定、反复斟酌,导致嗅觉、味觉迟钝,而放大了"三种效应"的影响,最后无法判定。

③ 以偏概全、以点代面的问题 重复性训练中往往还会出现以偏概全、以点代面的问题。这类问题的出现一般是由于不能对一个酒样从色香味格综合判定,而是只闻香或只尝味就定性。正确的办法应该是先闻香分组,再对相近酒样进行口尝鉴别综合判定。

(2)重复性训练注意事项

要克服以上问题,就要在充分掌握评酒技巧的前提下,注意以下几个方面事项。

① 要着重抓住各杯酒样的个性特征,从中找出一个最突出的特点,即1杯酒样中只能确认一个特点,切忌贪多、全面评价,必要时可检查空杯留香的情况。

② 对于白酒品评中遇到重复性判断不确定的情况时,可以采取以下特殊的嗅闻方法。

a.用一条吸水性强、无味的纸条,浸入酒杯中吸取一定量的酒样,嗅闻纸条上散发的气味,然后将纸条放置10min左右(或更长)再嗅闻1次。这次可以判别酒液放香的浓淡和时间的长短,同时也易于辨别出酒液有无邪杂气味及气味的大小。这种方法适用对于酒质相近的白酒效果最好。

b.在手心中滴入几滴酒样,再把手握成拳头,从拇指和食指间的缝隙中,紧接鼻子嗅其气味,此法用以检验所判断的香气是否正确有明显效果。

c.在手心中或手背上滴上几滴酒样,然后两手相搓,借体温使酒挥发,及时嗅其气味。

d.酒样评完后,将酒倒出,留出空杯,放置一段时间,或放置过夜,以检查留香。此法对酱香型酒的品评有显著效果。

③ 注重初评结果、注重规范评酒动作、注重香与味结合,注意入口量、闻香、停留时间一致,注意嗅觉、味觉休息,仔细记录,这些方面具体可参考第七章品评技巧内容。

8.2　重复性训练秘籍

对于一个品酒员来说，在质量差考评中最难的就是如何做到准确无误地判断出考官埋下的"炸弹"（即一组酒样中有没有完全相同的酒样"对子"出现）。这也是评酒员考试中与对手拉开差距的重要考试项目。

为了使评酒员快速、准确地抓对对子，评酒员在平时的训练中应该从以下六个方面严格要求自己，使自己的评酒技能发挥得游刃有余。

（1）养成"抓对子"的习惯　俗话说，"一盎司习惯抵得上一磅智慧"。一个良好的评酒习惯对一个评酒员来说至关重要，对整个评酒结果起到决定性的作用。

重复性酒样多出现在质量差训练中，但又无法提前预知和确定。因此在每一轮同香型质量差训练中，在脑海中要形成"抓对子"的意识，养成"抓对子"的习惯。即对于同香型质量差酒样，应首先对初次闻香时相近酒样判断是否具有重复性。这一习惯的形成不光是重复性训练的必要条件，还可以提高质量差排序的准确性，减少在质量差品评时对同一质量等级的酒的误判。例如，此轮酒 $1^{\#}$ 汾酒，$2^{\#}$ 宝丰，$3^{\#}$ 牛栏山二锅头，$4^{\#}$ 宝丰，$5^{\#}$ 汾酒（此轮酒的正确顺序为：质量由好到坏 $1^{\#}=5^{\#}>2^{\#}=4^{\#}>3^{\#}$ ）都属于清香型白酒，但不同酒种闻香有差异，先通过闻香对相似酒样进行分组，这时我们必须在脑海中有抓对子的意识，对相似酒样进行判定是否有重复性，再通过口尝等综合判断后进行质量排序。

（2）香气优先　遵循香气优先的原则。虽然重复性训练多出现在同一香型白酒质量差的品评中，但是由于质量不同，同一香型的白酒在闻香上还是有很大差异的。对于一个有丰富经验的评酒员来说，评酒时七分靠闻，三分靠尝。即在品评时首先通过闻香对相似酒样进行分组，再进行判定，这样难度便可降低。其次当酒样上齐后，评酒员要在第一时间内通过闻香记住每个酒样的特点，再根据每个酒样放香大小、有无异杂味、有无艳香以及香气是否自然协调、纯正幽雅等特点判断出每个酒样的质量差异。但是我们通过闻香判断出来的质量差顺序并非最终的品评结果，因为在白酒品评中我们经常会遇到这种情况，即端起酒杯，香气四溢，扑鼻而来，香气很浓、很香，你一定会认为这个酒很香是好酒，但等你再入口细品，你就会发现酒体寡淡，粗糙不协调，有前香没后味，香气与酒的口味不一致。所以我们要通过闻其香和口尝其味综合起来对酒样的好坏做出最终的结论。切记闻香完成之前千万不要去喝任何一杯酒，更不能闻一杯喝一杯，一旦喝下一杯酒，后面基本是闻不出什么味的，所以主要靠闻，喝在最后，只是为了验证香与味是否一致。

（3）抓"点"区分　抓"点"即抓住酒样的一个重要特征，以此作为判断重复性的重要依据。在品评中只要捕捉到一杯酒样的细微一点的独特性，并牢记在心，与其他酒样进行对比，便可提高判断的准确性。如对于一轮酒样，通过闻香已将相近酒样分组，这时要判断是否重复性，就要抓"点"，仔细分辨酒样细微的独特性，有这一共同特性的就是重复性酒样。

（4）果敢细心、沉稳自信、快速反应　品酒的黄金时间段就是酒样上齐后的前10min时间，这时我们的味觉、嗅觉系统还未受到干扰及各种效应的影响，处于敏感时期。我们必须通过观色、闻香，快速调用我们之前学到的评酒知识，自信果断地判断出酒样之间的差异，对闻香相近的酒样进行分类，快速地排出酒样之间质量差异的大体顺序，然后对中间闻香相近的酒样再细细斟酌，对其色、香、味、格等方面综合考虑后进行判定。切忌打持久战！切忌粗心马虎！切忌举棋不定、拿捏不准！

（5）典型性、酒度为标杆　重复性训练中要以典型性和酒度为标杆，一种方法是通常质量差训练中典型性不同则此轮无重复性，酒度不同则此轮无重复性。另一种方法是要准确地判断酒样的重复性，就要在训练中准确掌握好每种酒的特点，对每种酒的标准酒样有一个全面准确的认识，并在脑海中深深记住它们的个性特征，即准确把握酒样的典型性。

这是因为由于典型性和酒度的不同，白酒从闻香和口感上都有很大的差异。如同属浓香但由于酿酒原料、糖化发酵剂、地域或工艺方面的不同则多粮浓香与单粮浓香便有很大差异，其典型性不同。在平时的训练中一般要选择典型性突出、酒度适宜的酒为标杆，以它为标准与其他同香型的酒样进行品评比较。适宜的酒度可以让我们分出由于酒度过低带来的酒体寡淡、水味明显和酒度过高使酒体口感暴辣等缺点。这样可以帮助我们快速地在一组酒样中找出质量最好的酒，就好比我们找到了这组酒样品评中的标准，为我们的结果判定找到了方向。

（6）准确把握品评顺序　训练中的品评顺序影响也较大，一般情况下进行训练时酒样要按下列因素排列。

① 酒度　先低后高。即先评酒度低的酒样，再评酒度高的酒样。

② 香气　先淡后浓。即先评清香、凤香、米香等，再评浓香、兼香、酱香等酒样。

③ 味　先干后甜。

④ 酒色　先浅后深。

⑤ 顺序　品评时要先由前至后，再由后至前，且要先闻香再尝味。

⑥ 每品尝完一个酒样，要用清水漱口。

8.3　重复性训练是对评酒员基本功的综合鉴定

一个评酒员的评酒能力和品评经验主要来自于刻苦学习和经验的不断积累，特别是要在基本功上下工夫，而其基本功的历练和积淀就是其检出力、识别力、记忆力和表现力的综合体现。

8.3.1　重复性训练是对四种能力的综合要求

（1）检出力方面　要能够鉴别出酒样具有独特性的关键因素，这一点只有凭借不停地训练才能达到。

（2）识别力方面　要求评酒员对白酒典型体及化学物质作出判断，并对其特征、协调与否、酒的优点、酒的问题等做出回答。又如，应对己酸乙酯、乳酸乙酯、乙酸、乳酸等简单物质有识别能力。

（3）记忆力方面　要求评酒员能牢记所评样品的感受和记忆，再次遇到该酒时，其特点应立即从记忆中反映出来，在评酒重复性训练中尤为重要，是检验评酒员对重复性与再现性的反应能力。

（4）表现力方面　是凭借着识别力、记忆力找出白酒问题的所在，并有所发挥与改进，并能将品尝结果准确地表达清楚。掌握主体香气成分、化学名称、特点和其在香味上的相互作用和相互影响，如拖散、放大、覆盖、抵消、变味等。

8.3.2　提高记忆力很重要

评酒中记忆力的提升至关重要，尤其是在重复性及再现性训练中，重复性、再现性是检验记忆力的标尺，对于品评酒样的特点要记忆清楚，一旦你对每种酒有了深刻的记忆，下次这杯酒出现在你面前的时候，就像见到了老朋友，会立即从大脑的储存库里提取出来。

这是一个需要在日常生活中积累的练习。平时，我们要有意识地记住周围环境的气味，如柏油马路、花园、果园、动物园、调味料店、菜市场等的各种气味，这个练习的目的是把各种香气大体归类——花香、果香、油脂香、焦臭味等。还要理解每种气味类型的共同特点。这些看似毫不起眼，却在评酒训练中发挥着重大作用，它能够把你闻到的味道幻化成某种场景，比如闻到质量好的清香型白酒，脑海里便会浮现鲜花绽开、蜜蜂飞舞的花园；闻到好的酱香型白酒，你仿佛进入了一条充满文化底蕴的古色古香的老街，细腻幽雅的酱香味沁入心脾等。

对具体物品气味的记忆：这个训练需要闭眼闻各种物品的气味。比如，我们需要熟记各种花朵、水果、干果、动物的气味，要具体到是新鲜的、成熟的、还是快腐烂的等，甚至不断地增加气味的种类，交叉、混合各种气味，训练评酒员对各种气味的辨别能力。

记忆力的提升需要通过不断地训练和实践，同时还需要有较强的专业知识。一是要熟悉酿酒专业知识，如产品标准、产品风格和工艺特点等。如不同香型酒或同香型不同风格酒的风格形成原因、发酵周期，所用糖化发酵剂的类型、比例，原料情况、工艺特点等，只有充分了解掌握酿酒知识才能对白酒品评中酒的风味特点有明确的认识，便于我们记忆，加深印象。二是要反复训练，评酒没有捷径，在具备了诸多评酒条件时，艰苦的训练非常重要，正如"书山有路勤为径，学海无涯苦作舟"，举一反三、勤学苦练每种酒样熟记在心，评酒中自然会胸有成竹。三是要广泛接触酒样，见多识广，做到多见、多闻、多练、多总结。

8.4　评酒笔记尽可能详尽

俗话说："好记性不如烂笔头"。在平时的白酒品评训练中，我们要养成记笔记的好习惯，因为每个人对白酒的色、香、味、格的认知和描述不尽相同，个人有个人的感受和体会，所以品评中要尽可能地将每一杯酒的风格特征做出详细的记录，并写出自己对该酒的品评体会，加强记忆。在以后的品评训练中，不断翻看之前的记录，并可以对照同一种酒在不同时间品评时个人的体会是否一致。"温故而知新，可以为师矣"，我们之前对该种酒的印象，便像放电影般再次浮现在我们的脑海中，这样一次次的强化训练，可以加深我们对该种酒的认识，久而久之，我们将积累的经验和我们掌握的酿酒知识运用到品评实操中，不知不觉我们的品评技能就会有质的飞跃！

重复性训练中评酒笔记要达到两个要求：详尽和规范。所谓详尽就是在做评酒笔记时，对每种酒的香型、评语、打分等都应该做出详细认真的记录，除此之外，将自己对每种酒样的闻香和口感或某一特征的感受尽可能细化，并用自己的语言记录下来，以便后面的品评过程中遇到与前面完全相同的酒样时能做出准确的判断和评价。所谓规范就是在做评酒笔记时，要整洁，要准确无误，要表述统一，不能变化无常、时简时繁、时轻时重，以统一的标准去记录才会有统一的衡量尺度，才会最后做出准确的判断。如此组酒样1#老白干、2#麸曲清香酒、3#红星二锅头、4#麸曲清香酒、5#红星二锅头，笔记中不但要规范地记录香型、口感、分值，还要记录下虽同属大清香，但自己对每杯酒样的真实感受。

8.5　静心

白酒品评的结果特别容易受到环境因素和人为因素的影响。而重复性训练中许多问题的产生均缘于是否静心。

8.5.1　重复性训练中必须做到静心

同一杯酒你以不同的心境去嗅闻和尝评的时候，我们大脑做出的反应有很大差别。可能你第一次品评的时候，全身心地投入其中，领略到这种酒的色、香、味、格令人愉快，你对这种酒的评价也相对较好。但是当第二次遇到与第一次相同的酒样时，你受到了周围评酒员品评结果的影响或者自己的心中有杂念，这时大脑中你对该酒的印象可能和你第一次的品评结果相差甚远。所以无论在白酒品评的哪一个环节中，我们都必须做到静心，保持积极的心理状态，使整个人的身心放轻松。

8.5.2　保持良好的身体状况

健康的体魄是做好评酒工作的基础。生病、极度疲劳或不适，都会使人的感觉器官失调，从而使评酒的准确性和灵敏度下降。在这样一种状况下，人便会产生焦躁心理，无法静下心来以常态去评价每一个酒样。评酒规则中要求评酒员要休息好，保证充足的睡眠时间，就是为了保持良好的精神状态。

减少顺效应的办法主要有克服不放心的心理，尽量减少闻、尝的次数，吸入量和入口量不要太多，以减少刺激程度；延长酒样之间品尝的时间，减少感觉器官疲劳；注意休息，并在品评期间适当吃些黄瓜等清口水果；要有实事求是和认真负责的工作态度。

8.5.3　必须要有良好的心理状态

欲静而无念，无杂无念、身心愉悦、积极乐观、平和公正这是具有良好心理状态的关键，这就要管控好自己的情绪，性格开朗。因此一个好的评酒员要在平时工作中加强思想道德修养、心理素质训练，保证充足的睡眠，克服偏爱心理、猜测心理、不公正心理及老习惯心理，注意培养轻松、和谐的心理状态。

8.5.4 必须要刻苦的学习和训练

"画竹,必先得成竹于胸中",胸有成竹,必会自信满满,自会静心品评,但必是经勤学苦练才能达到。因此,加强专业知识的学习和反复进行评酒技能的训练,不断提高品评技术和积累评酒经验是心无旁骛静心评酒的关键所在。

8.6 重复性评酒方案

（1）培训时间　在单体香、酒度差、典型性、质量差的品评过程中插入,一般多在质量差过程中进行。

（2）培训地点　品酒室（如无专门品酒室可选择开阔通风的安静环境）。

（3）培训对象　所有评酒员。

（4）培训目的　重复性的训练有助于提升品酒员综合品酒技能,有助于提升品酒员感官品评的稳定性、统一性、敏感性、识别力和记忆力。

（5）培训材料　重复性训练穿插在每次评酒中,不论是典型性、单体香还是质量差,其中只要包含着重复酒样的都可以作为重复性训练,在之前的方案中也都包含着重复性的部分。

（6）培训内容（表8-1）

表8-1　重复性培训内容

轮次	酒样	品评要求
1	1#汾酒1号、2#汾酒2号、3#汾酒3号、4#汾酒4号、5#汾酒5号（标准质量差酒样）（顺位：1＞2＞3＞4＞5）	明评：认识清香型白酒的质量差,品评。做好记录
2	1#汾酒2号、2#汾酒2号、3#汾酒3号、4#汾酒1号、5#汾酒5号	暗评：评酒,写香型、评语、打总分、排序（4＞1=2＞3＞5）。注意在这一轮中1#酒和2#酒是同样的一款酒,也就是白酒评酒中的重复性
3	1#西凤1号、2#西凤2号、3#西凤3号、4#西凤5号、5#西凤4号（标准质量差酒样）（顺位：5＞4＞3＞2＞1）	明评：认识凤香型白酒的质量差,品评,做好记录
4	1#西凤2号、2#西凤2号、3#西凤2号、4#西凤5号、5#西凤4号（标准质量差酒样）（顺位：5＞4＞3＞2＞1）	暗评：评酒,写香型、评语、打总分、排序（4＞5＞3=2=1）。注意在这一轮中1#酒,2#酒和3#酒是同样的一款酒,也就是白酒评酒中的重复性
5	1#38°西凤酒、2#55°西凤酒、3#65°西凤酒、4#48°凤香型白太白酒、5#52°凤香型太白酒	明评：这一轮是凤型酒的典型性,评酒员将面前的酒杯按顺序排列仔细体会并寻找其中的差别和每杯酒的特点,并写下评酒记录

轮次	酒样	品评要求
6	1#38°西凤酒、2#55°西凤酒、3#65°西凤酒、4#48°凤香型太白酒、5#55°西凤酒	暗评：评酒员将面前的酒杯打乱，仔细品评看能否根据各自的特点找出酒样，并且找出2#和5#是同一款酒
7	三花酒、2#52°红星二锅头、3#50°牛栏山二锅头、4#53°景芝酒、5#52°四特酒	明评：这一轮是四大香型之外其他香型白酒的典型性，评酒员将面前的酒杯按顺序排列仔细体会并寻找其中的差别和每杯酒的特点，并写下评酒记录
8	三花酒、2#52°红星二锅头、3#50°牛栏山二锅头、4#52°红星二锅头、5#52°红星二锅头	暗评：评酒员将面前的酒杯打乱，仔细品评看能否根据各自的特点找出酒样，并找出2#、4#、5#相同

点评

　　重复性品评时抓住几点，一是快速闻香，随闻随记，不要对每杯酒拖拖拉拉，反复嗅闻，以免嗅觉疲劳；二是每杯酒只抓一个点，抓住它的特点，或颜色较深、或有新酒味、或有青草味、或有陈味等，及时记录在草纸上，捕捉这个点也有利于找到重复性酒样。搜寻信息太多会妨碍判断。然后对有共同特点的酒样仔细甄别，再分伯仲，或者是不是同一酒样。这个经验很有用。一般闻香上有共同点，那么重复酒样的可能性就很大。

小贴士

　　Tip1：要想取得好的效果，重复性的训练最好是结合评酒一起进行，单独的训练重复性提升不大。

　　Tip2：每次评酒时一定要认真地做记录，作好记录对重复性回忆酒样是非常有用的。

　　Tip3：重复性的训练不一定是隔一轮重复，有时候甚至隔了一天两天，当然每次也不止重复一个酒样，有时重复三个，甚至会出现五个都出现的情况。

　　Tip4：规范评酒动作。对于每个酒样，闻香和尝评的动作都要保持一致，吸气时要平稳，不可忽大忽小，品尝时入口量保持一致，不可忽少忽多，总之，从操作上最大限度地减少品评干扰。

Tip5：淘汰法。通过初步闻香，首先淘汰掉香气最特别的酒样，再通过反复闻香，挑选出两个或三个香气最接近的酒样，最后，结合尝评确定出相同的酒样。

Tip6：保持自信。评酒时要心无旁骛，以自己的感受为主，切不可受外界环境的影响，盲目听从他人的品评结果。

第九章

评酒再现性训练

在白酒品评训练中，再现性的考察是典型性、质量差与重复性考察的升华，考核的是品酒员的综合素质，通过对检出力、识别力、记忆力和表现力的考验，训练品酒员对酒样准确性的把握能力。本章中我们将对白酒再现性的品评训练进行简单的阐述，希望能对大家在白酒品评过程中有所帮助和启迪。

9.1 白酒再现性品评定义

在品酒训练时，一个或几个酒样在不同轮次间出现，在第2次或第 n 次出现时，就是对再现性的考察，要求品评者判定出第1次出现的酒样，并写出与第1次出现时所写一样的评语和打分的一种品酒技巧。再现性训练是对品评技巧的高度拉伸，往往是品酒考试中埋的陷阱，品酒者无法知晓再现性会在哪一轮出现，所以从第一轮开始就要做好笔记，牢记每杯样品的独特特点，以便于再现性出现时能够正确做出判断。

9.2 对样品特点把握的准确性训练

所谓准确性，就是通过品评，准确描述各种白酒的香型和风格特征，并且在任何时候出现时，都要能够快速、准确判定出来。在品酒训练时，要抓住特点，注意利用白酒的色、香、味来确定香型和风格，在品酒时可以相互对照，比较不同，以达到最直观的认识。例如，品评浓香型白酒，要用标准判断其窖香是否浓郁，如果浓郁，浓郁到什么程度。品评酱香型白酒，要看酱香是否突出，如果突出，是否幽雅细腻，幽雅细腻到什么程度。品评清香型白酒，要看清香是否纯正，纯正到什么程度等，这些都需要与标准进行对照，才能做出正确的判断。同时，这些尺度的把握既有形又无形。根据酒质的实际情况，在答题时要特别注意把握分寸，表达不同，程度不同，酒质也不同。

通常情况下，在鉴别同一种酒时，只要抓住某一突出特点就能解决问题。如西凤酒的特点是其醇香秀雅，甘冽挺爽，香气优于清香，口感优于浓香，带有酒海储存的特殊口味。董酒的特点是药香优雅舒适、醇甜味浓。茅台酒的特点是要抓住其幽雅细腻，空杯留香。泸州老窖特曲的特点是窖香浓郁、陈味突出。剑南春的特点是窖香突出，陈味较淡，似有似无，层次清晰。五粮液的特点是窖香与陈味相辅相成，融合自然，给人以一种浑然一体的感受，恰到好处，诸味协调是其真实感受。由于品酒者个体特性的不同，对不同的酒有自己不同于他人的主观认知，从典型性来说大家的认识基本上可以趋同，但面对不同类型白酒样品时，各类型白酒肯定会有自己独特的方面，作为一个品评者，必须找出并抓住某一独特特点，即一种标记，加入深刻记忆，才能不被众多样品所迷惑，这是最根本的。要做到这一点必须从以下三个方面强化训练。

① 大量的训练，坚持不懈的努力。

② 用心对待每一杯酒，从学习初期开始就要做到细心品味，认真把玩。

③ 做好品酒记录，并经常回看、品味、体会。

总之，一个评酒员的评酒能力和品评经验主要来自于刻苦学习和经验的不断积累。特别是要在基本功上下工夫，不断提高检出力、识别力、记忆力和表现力，准确地掌握标准，把握程度，抓住特点，通过反复的实践总结，做到心中有数，笔下有度。

9.3 海量训练很重要

9.3.1 海量训练，学会总结技巧

俗话说"熟能生巧"。若要快速地提高品酒鉴酒能力，就要在学习相关理论知识的基础上，不断地对酒样反复训练与记忆训练，在品尝过程中，要专记其特点并详细记录，对记录要经常翻阅，再次遇到该酒样时，其特点应立即从记忆中反映出来。有一些评酒高手，对白酒品评总结出了一些经验，或许可以借鉴。

① 浓香＋酱香＋清香＋米香＝四特香。

② 米香＋肥肉浸泡＝豉香型。

③ 清香＋中药材发酵＝药香型（董酒）。

④ 酱香＋浓香＋清香＝芝麻香。

⑤ 浓香＋酱香＝兼香（浓兼酱或酱兼浓）。

⑥ 浓香＋清香＝凤型。

⑦ 传统工艺固态法白酒＋酒精＝新型白酒。

⑧ 新型白酒＋功能成分＝功能型白酒。

这些认识仅仅是个体品评中对白酒的个别认识，只可作为参考，但是否具有科学依据仍需商榷。

9.3.2 记忆白酒质量缺陷

白酒品评不止简单局限于评酒，在日常的工作生活中，品酒员要时刻持有评酒的意识，对于接触的酒样，要先闻后尝，养成良好的品酒习惯，不断地训练检出力、识别力、记忆力与表现力，并且尽可能地将其优点、缺点刻在脑子

里，同时，结合理化及色谱数据，更好地掌握酒样的风格特点，了解其质量缺陷和形成原因，达到快速记忆的效果。

（1）酸含量不达标　白酒中的有机酸大多具有挥发性，是白酒主要的呈香呈味物质，起到调味作用。若白酒中的酸含量过低，酒味会寡淡、后味短；如果总酸含量过高，则会酸味较重、刺鼻，酒味粗糙，不协调，影响"回甜"，适当增酸，可以使酒的后味增长，酒味变甜。

（2）酯含量不达标　白酒中的酯类物质是形成白酒香气最重要的一种成分，不同香型白酒中其各种酯类的量比关系各不相同。总酯含量的多少与酒的品质高低有关，若含量太低，则酒味较淡，某一种酯含量过高，又会直接影响白酒的整体风格，使其香味不协调。在众多类型的白酒中，浓香型白酒酯类含量较高，不好的浓香型白酒往往是酯类物质含量过高造成酒体粗糙，适口性差，易上头。

（3）酒体不纯净，异杂味明显　白酒中的异杂味是白酒质量低劣的主要原因，其中糠杂味、臭味、苦味、辣味、涩味和油味等最为常见。异杂味的产生一般与原辅材料好坏、窖泥好坏和操作工艺密不可分，好的评酒员能够从酒体的异杂味中判断出原因并指导改进实践操作，更好地服务于实际生产。

总之，缺陷也是一种标记，是一杯酒样的独特特点，记住每杯样品的缺陷，也就抓住了再现性的根本。

9.4　记忆力很重要

一名优秀的品酒员应具有极佳的记忆力，应把白酒12种香型的典型代表酒和17个中国名酒作为标准和标杆，将其色、香、味、风格的整体面貌和特点记在心里，印在脑海中，才会使品评达到事半功倍的效果。某一样品的独特标记可能是该样品的细微缺陷、细微差别、细微理化指标的差别等。品酒员需要找到自身认知的某一样品的标记，才能牢记于心，当相同样品再现时，就可以一举得下，若找不到每一样品的独特信号，就无法谈到记忆如何。

如何提高记忆力，应从以下几方面做起。

9.4.1　了解记忆规律

人的大脑是一个记忆的宝库，人脑经历过的事物，思考过的问题，体验过的情感和情绪，练习过的动作，都可以成为人们记忆的内容。从"记"到"忆"是有个过程的，这其中包括了识记、保持、再认和回忆。有很多人在评酒训练的过程中，只注重了当时的记忆效果，却忽视了记忆的牢固度问题，单纯的注

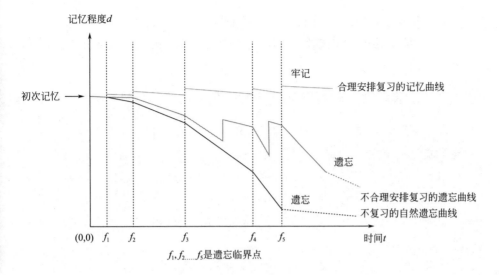

图9-1　遗忘曲线

重当时的记忆效果，而忽视了后期的保持和再认，同样是达不到良好的效果的，那就牵涉到心理学中常说的关于记忆遗忘的规律。

　　德国心理学家艾宾浩斯（H.Ebbinghaus）对人类记忆规律进行了研究，提出了遗忘曲线理论，被业内广泛接受。所谓遗忘曲线，是人体大脑对新事物遗忘的循序渐进的直观描述，人们可以从遗忘曲线中掌握遗忘规律并加以利用，从而提升自我记忆能力。图9-1中竖轴表示记忆程度（用来表示机械记忆的保持程度），横轴表示时间（天数），曲线表示机械学习实验的结果。

　　从这条曲线可以看出遗忘是有规律的，遗忘的进程不是均衡的，遵循"先快后慢"的原则，即在记忆的最初阶段遗忘的速度很快，后来就逐渐减慢了，到了相当长的时间后，几乎就不再遗忘了。观察这条遗忘曲线，你会发现，学得的知识在一天后，如不抓紧复习，就只剩下原来的25%。随着时间的推移，遗忘的速度减慢，遗忘的数量也就减少，总之，学习要勤于复习，而且记忆的理解效果越好，遗忘的也就越慢。

　　记忆规律可以具体到我们每个人，因为我们的生理特点、生活经历不同，可能导致我们有不同的记忆习惯、记忆方式、记忆特点。规律对于自然人改造世界的行为，只能起一个催化的作用，如果与每个人的记忆特点相吻合，那么就如顺水扬帆，一日千里；如果与个人记忆特点相悖，记忆效果则会大打折扣。因此，我们要根据每个人的不同特点，寻找到属于自己的记忆遗忘曲线。

9.4.2　日常积累，掌握产品特点

白酒品评是对酒进行色、香、味的全面鉴评后所做的综合性的评价。白酒风格的形成取决于原料、生产工艺、生产环境、勾兑调味等各种综合因素。各种香型的名优白酒都有自己独特的风格，质量一般的酒往往风格不够突出或不具有典型性。这种记忆和判断要靠评酒员平时对各种白酒的广泛接触和深刻的理解，取决于经验的积累。因此，评酒员必须进行艰苦的实践和磨炼，才能"明察秋毫"。

（1）努力学习基础理论知识　评酒员要加强业务知识的学习，扩大知识面，既要熟悉产品标准和产品风格，又要了解产品的工艺特点，掌握白酒香味成分的理化性质、生成机理、感官特征及变化规律，通过品评找出质量差距，分析产生质量问题的原因，促进产品质量的提高；学习技术理论知识，摸索微生物代谢产物与香味成分的关系，懂得工艺原理，掌握工艺管理与提高白酒质量的关系，熟悉各种香型白酒的特点。

（2）深入车间，学习酿酒工艺和操作工艺　白酒品评是一个长期而艰苦的过程，深入车间，掌握工艺特点与白酒质量以及出酒率的关系，尤其是窖泥和窖池的酸度、温度等指标，能够帮助我们从微生物代谢和酿造工艺的角度更好地掌握各香型白酒的风格特征，了解白酒质量缺陷和形成原因，巩固记忆效果。

（3）养成做笔记的习惯，并且笔记要尽可能地详尽

① 有助记忆　中国白酒看则如出一辙，实则种类繁多，各有各的精妙之处。在平时的评酒训练过程中，想要以有限的记忆力达到对酒样的不遗忘，最好的办法就是记笔记，俗话说："好记性不如烂笔头"，做笔记可以弥补脑力的不足，是记忆的储存器。

② 有助于对酒样的深入理解　记笔记，不是照本宣科，必须以对所品酒样的感受和理解为前提，除了记忆各香型的标准术语外，还需记忆每种样品品评后的切身感受，每一轮考察的重点和难点，错了的地方要反复领会，积极思考，从工艺特点入手加深理解。

③ 有助于积累资料　笔记是资料的仓库，评酒时养成记笔记的好习惯，而后经过分门别类的整理，组成系统，使用时十分方便，当对一个酒样特点把握不准时，就可时时翻看，加深印象。

④ 有助于产生新的思考　记笔记的过程完成了思考过程的心得体会。当再

次遇到相同或相近的酒样再翻看笔记的时候，就会把它们进行比较、对照，有时也会产生新的思考，引出新的问题。这新的思考、新的问题，一是能对酒样的看法更深入一步，二是可能会有新的发现，这样就能做到明察秋毫。

⑤ 温故知新 "温故知新"顾名思义就是定期温习已学的知识，在培训的过程中反复回味并思考，随着自己阅历的丰富和理解能力的提高，回头再看以前看过的知识，由其中获得新的领悟，并努力撷取新的知识，最终达到解决问题的能力。

9.4.3 养成良好的品评和记忆习惯

品酒是一项很细致的工作，尤其是再现性品评，要求品酒员要以绝对的细心和耐心投入其中，真正做到眼观色，鼻闻香，口尝味。因此，对样品准确性的把握，规范化训练是必需的，只有品酒操作规范化，才能防止误差。

品酒操作规范化是品酒者必须注意的一个问题，品酒操作规范化指的是品评场景标准化、酒杯标准化、样品容量标准化、持杯姿势标准化、闻香操作标准化、闻尝顺序标准化、品尝操作标准化、信号物找寻规范化、笔记标准化、心理分析标准化等，只有这些动作规范一致，品评结果才能少受干扰。

① 品评场景标准化 我国的品酒时间，在实践中一般认为在上午9～11时，下午3～5时较适宜。品酒室要求光线充足、柔和、适宜，温度为20～25℃，湿度为60%左右。恒温恒湿，空气新鲜，无香气及邪杂气味，无震动和噪声。品酒室内应有专用的品酒桌，在桌上铺有白色台布，还应有品酒杯、水杯、痰盂等。

② 酒杯标准化 品酒杯的大小、色泽、形状、质量和容量的大小等会对品评结果产生影响。品酒杯应为无色透明、无花纹、杯体光洁、厚薄均匀的郁金香花形的高脚杯，杯高100mm，脚高46mm，杯身最大直径45mm，杯口直径33mm，厚度为0.7mm±0.2mm，杯脚座直径39mm。容量为60mL左右，外形和尺寸应符合GB/T 10345—2007中品酒杯的要求。

③ 样品容量标准化 盛酒量应在评酒杯的1/2～2/3处为最佳，同一轮中酒量要基本相同，以减少干扰。

④ 持杯姿势标准化 正确的持杯姿势应该是捏住评酒杯的杯柱，而不是握住杯壁，以便于摇晃、旋转酒杯去捕捉酒香，观察酒样的色泽和挂壁现象。

⑤ 起杯顺序标准化 待同一轮酒样完全上齐后再起杯，起杯顺序按照1，2，3，4，5顺次进行，

⑥ 闻尝操作标准化 在嗅闻时先按1，2，3，4，5顺次进行，再按反顺序进行嗅闻，经反复几次嗅闻后，确定出香气突出和气味不正的酒样，之后再

对香气相近的进行对比嗅闻，大致排出闻香顺序，最后按照排序对酒样进行尝评，确定结果，写出评语。注意闻香时，只能对酒吸气不能对酒呼气，吸气不能过猛，吸气量要平稳，不能忽大忽小；鼻子和酒杯的距离要一致，一般在1～3cm；闻香时和尝评时，每杯酒样停留的时间间隔要保持相等。

⑦ 入口量标准化　每次入口量要保持一致，以0.2～2.0mL为宜。酒样要铺满整个舌面，酒样下咽后，立即张口吸气，闭口呼气，辨别酒的后味。品尝次数不宜过多，一般不超过3次。

⑧ 信号物找寻规范化　某一酒样的独特标记，就是该样品的信号物，可以是该样品的典型特点、细微缺陷、细微差异、细微理化指标的差别等。要求评酒员在填写评语时，能够抓住其特点，准确运用标准评酒术语。

⑨ 笔记标准化　按品鉴顺序做好评酒笔记，笔记中要注明名称、香型、酒度，评鉴时要认真记录酒的色泽、气味及口感，将闻香及尝评的感觉进行细致描述，特别注意其细微差别和典型特点，参考每一香型的标准评语，写好每杯酒样的评语及打分。

⑩ 心理分析标准化　评酒时客体的变异性和主体的个别性，往往呈现出"一酒多味""一味多解"状态，此时，就要求评酒者在评酒时要具备具体的、特定的心理状态，要克服评酒时不良的心理状态，就要按照正确的品评方法进行品评。如果耐力强，可重新品评1次，两次结果相对照，这样可以防止顺效应、后效应、顺序效应和个人印象带来的影响。

（1）观色时　先把酒样放在评酒桌的白纸上，用眼睛正视和俯视，观察酒样有无色泽和色泽深浅，同时做好记录。再观察透明度、有无悬浮物和沉淀，有悬浮物和沉淀时，要把酒杯拿起来轻轻摇动后再进行观察。根据观察，对照标准，打分并作出色泽的鉴定结论。

第 n 轮回忆前几轮观色的感受，首先根据色泽，判断出可能与前面某一轮中相同的酒样，同时淘汰和前几轮色泽不同的酒样，为闻香和品尝减少干扰。

（2）闻香时　先按1，2，3，4，5顺次进行，稍停一段时间，再按反顺次进行二次嗅闻，同时做好记录。经反复几次嗅闻后，大致排出质量顺序。再嗅闻时，对香气突出的排列在前，香气小的、气味不正的排列在后。初步排出顺序后，对香气相近的酒样进行对比，最后确定香气质量优劣的顺位，打出香气评语和评分。同时做好笔记，以便于后边的轮次品评寻找出再现酒样。

第 n 轮嗅闻时，要回忆前几轮样品的各自特点，首先经过顺次和反顺次的嗅闻，淘汰掉与前几轮次完全不同的酒样，然后对相似的酒样反复嗅闻，同时翻看笔记，确定酒样是否再现。

（3）品尝时　要按闻香的顺序进行，先从闻香淡的酒开始尝起，由淡而浓，再由浓而淡，反复几次，逐个品评，把异杂味大的、异香和暴香的酒样放到最后尝评，以防味觉刺激过大而影响品评结果。在写评语和打分时，最好是尝评一个酒样就做一个记录，记下酒的特点，以免因记忆而出现差错。

第 n 轮要与前几轮尝评方法保持一致，先选出与前几轮次中相近的酒样，然后翻看笔记，细心回味，反复进行对比确认。

品尝时应当注意以下几点。

① 注意同一轮次的各酒样，饮入口中的量要基本相等，不同轮次的饮酒量也要保持一致，这是再现性品评中与其他阶段不同的地方。评酒时时间间隔相等不仅可以避免发生偏差，也有利于品评结果的稳定。不同酒类的高低饮入具体数量，可视酒度而有区别。一次入口量高度白酒以 2 ~ 4mL，低度白酒以 4 ~ 6mL 为宜。总之，一次饮酒应不少于铺开舌面125.8mm² 的面积的饮量，而能尝评酒样的各种滋味为适量。

② 时间间隔相等有助于提高记忆力和准确度。实践证明，评酒时，闻香时间和入口量的量化有助于提高记忆力和准确度。评酒员应根据自己的习惯和酒量确定评酒时的饮用量。

③ 尝味时只需去尝，不必去闻，以免相互干扰，切忌边尝边闻，影响品评效果。

④ 品评时应提高注意力，细心推敲，认真记录。

注意：再现性品评，重点是对口味相近的酒样进行认真比较，通过色泽、香气、口味三方面综合来确定酒样是否与某一轮次相同，对于不确定的酒样，轻易别打等号，对于十分确定的再现酒样，评语的填写与打分应与某一轮次中相同的酒样完全一致。

9.5　再现性训练秘籍

9.5.1　统观全局，做到心中有数

再现性考察的是评酒者的综合素质，尤其是对样品准确性的掌握，品评者要记下本轮样品前评过的所有样品的各自特点，哪怕是细微差别，做到心中有数，才可甄别，这就要求品评者练就扎实的基本功和记忆力，每一轮做好详细的笔记，当再现性酒样出现的时候，能够快速地打开记忆的宝库，做出准确判断。

9.5.2　永记标杆，做到"刻骨铭心"

某种香型，要有其主要工艺特点和典型风格，可谓是百酒百味，在评酒训

练中，应把白酒12种香型的典型代表酒和17个中国名酒作为标准和标杆，将其色、香、味、风格的整体面貌和特点记在心里，印在脑海中。例如，普茅是茅台的标杆，普五是五粮液的标杆，普剑是剑南春的标杆……比普茅更好更贵的年份茅和低价位的王子迎宾都不能作为茅台的标杆，普茅也不能作为郎酒等其他酱酒的标杆，就像普五不能说是浓香的标杆一样，你不能拿普五的标注和风格去评定国窖、剑南春……不能拿一种非标酒的风格作为其他酒的标准，这是从企业标准出发的认知。

9.5.3　规范评酒操作

评酒时，评酒顺序和习惯会极大地影响对酒样的主观感受，因此，平时训练中就应养成良好的品评习惯，总结评酒技巧，规范评酒动作，才能减小人为误差。例如，观色时，习惯用白纸为参照对比；闻香时，酒样的高度和酒杯摇晃的程度要保持统一，呼吸量要保持平稳，闻香的间隔时间要保持相等；品评时，按照香气由淡到浓的排列顺序进行品尝，每杯入口量要相同，间隔时间要保持相等……总之，只有将评酒操作规范化，才能有效判断出酒样的典型特征和细微差别。

9.5.4　对号入座

要想成为一名合格的品酒师，首先要有对酒的热爱，其次要具备灵敏的嗅觉和味觉感知能力，还要有较高的悟性，要在不断的认识过程中，积累自己的经验，提高自己的品酒技能及理论知识。但是不同的人，对同一种气味和香气的敏感性的差异是很大的，因此，每一个人应根据自己对白酒的敏感性和反应力，找到自己对每一种感觉的固定的最低临界值，总结出自身对不同类型酒样的认知。

9.5.5　所用酒样要标准化

白酒品评训练所用的酒样要标准化。例如，不可用其他的多粮浓香酒代替对五粮液的认识，不可用郎酒、习酒等酱香型白酒代替对茅台酒的认识。尤其要注意的是，同一品牌的酒，其质量和风格也会略有差异，不可用其他的凤香型白酒代替对55°凤型的认识。

一般各个企业都有标准质量差酒样可索取或购买，在缺乏标准酒样时，可以市售不同类型基酒进行配制训练，在训练前组织国评队伍加以甄别，然后用于训练，不过用这种配制酒样的方法去考评，有时会失之偏颇。找到真品加以甄别，这样的品评才标准。

9.6 再现性品评易错点

9.6.1 找不到信号物

品评训练中，当出现与前几轮次中相同香型的酒样时，极大可能就会出现再现酒样，尤其是再现性考察和质量差考察同时出现时，评酒者就应当提高警惕，若找不到信号物或独特性，没有扎实的基本功和惊人的记忆力，就很难发现哪杯酒样是再现的，这是由以下因素造成的。

① 前边轮次品评时没有细细品味，没能找出不同酒样的差别点。

② 品评记录不规范，没有记录到后边想要的资料。

③ 品评方式不规范，引起感受误差。

④ 环境影响，引起感受误差。

9.6.2 不够自信，优柔寡断

白酒品评在客观上存在一些规律性的东西，但还是以品评者的主观感受为导向。评酒训练中，往往会出现某个酒样似曾相识，但却不能确定的情况，这时就需要增强自己的抗干扰能力，相信自己，不被他人所左右，做出快速准确的判断，才能真正领会品酒的乐趣。

9.6.3 再现性酒样评语打分不一致

品评训练中，有的评酒员拥有较强的识别力和检出力，能够准确判断出再现性酒样，却还是因为评语和打分与前面某一轮次的再现酒样略有差异而得不到高分。这种情况的出现，往往是因为评酒员只注重评酒过程中的感知力，而忽略了笔记对于记忆力的重要性，所以在平时的训练中，就要加强笔记的规范性记录，以利于再现性酒样出现的时候能够快速、完整、准确地写好评语及打分。

9.7 再现性评酒方案与答题要点

再现性题的实质与重复性题基本一致，通常有下轮再现、隔轮再现、隔天再现，其难度比出现在同一轮的重复性题大一些。

9.7.1 培训方案

（1）培训时间 每天早晨8:30分开始，每天训练4轮，每轮30min，每轮之间间隔10min。

（2）培训地点　品酒室（如无专门品酒室可选择开阔通风的安静环境）。

（3）培训对象　所有评酒员。

（4）培训目的　再现性品评的好坏是判断一名品酒师优劣的重要部分，也是评酒考试时得分的重要一环，再现性的品评考验的不仅仅是品酒师对酒的认识和了解，更锻炼其对各种酒的记忆和甄别，可以说掌握不好再现性品评的品酒师不是一名合格的品酒师。

（5）培训材料　各酒厂质量差标准酒样（西凤酒、汾酒、郎酒、茅台、董酒、白云边、口子窖、泸州老窖，剑南春，五粮液，江津小曲，景芝，玉冰烧，三花，质量好坏依次为 $1^\# > 2^\# > 3^\# > 4^\# > 5^\#$），以及自己配置的质量差酒样，也就是将凤型基酒、单粮浓香基酒、多粮浓香基酒、优质酱香基酒、清香型基酒分别加入10%、15%、20%、25%、40%的同度数的食用酒精。

（6）培训内容（表9-1）

表9-1　再现性培训内容

轮次	酒样	品评要求
1	$1^\#$西凤酒（$2^\#$）、$2^\#$西凤酒（$1^\#$）、$3^\#$西凤酒（$4^\#$）、$4^\#$西凤酒（$3^\#$）、$5^\#$西凤酒（$5^\#$）	暗评：评酒员需细细体会每杯酒样的特征风格，在评酒表中写出香型，评语与打分，并作好评酒记录 排序：$2^\# > 1^\# > 4^\# > 3^\# > 5^\#$
2	$1^\#$西凤酒（$1^\#$）、$2^\#$凤型基酒（+20%酒精）$3^\#$凤型基酒（+30%酒精）、$4^\#$西凤酒（$1^\#$）$5^\#$凤型基酒（+40%酒精）	暗评：评酒员需细细体会五杯酒样，在评酒表中写出每杯样品的香型、评语与打分。如遇到与前面轮次相同的酒样，此杯酒样的香型、评语及打分与前一轮次中相同的酒样要保持一致，并做好评酒记录 排序：$1^\#=4^\# > 2^\# > 3^\# > 5^\#$ 本轮$1^\#$，$4^\#$再现第1轮$2^\#$
3	$1^\#$汾酒（$1^\#$）、$2^\#$汾酒（$3^\#$）、$3^\#$汾酒（$2^\#$）、$4^\#$汾酒（$4^\#$）、$5^\#$汾酒（$5^\#$）	暗评：评酒员需细细体会五杯酒样，在评酒表中写出每杯样品的香型、评语与打分。如遇到与前面轮次相同的酒样，此杯酒样的香型、评语及打分与前一轮次中相同的酒样要保持一致，并做好评酒记录 排序：$1^\# > 3^\# > 2^\# > 4^\# > 5^\#$
4	$1^\#$汾酒（$1^\#$）、$2^\#$清香基酒（+20%酒精）、$3^\#$清香基酒（+20%酒精）、$4^\#$宝丰、$5^\#$清香基酒（+30%酒精）	暗评：评酒员需细细体会五杯酒样，在评酒表中写出每杯样品的香型、评语与打分。如遇到与前面轮次相同的酒样，此杯酒样的香型、评语及打分与前一轮次中相同的酒样要保持一致，并做好评酒记录 排序：$1^\# > 4^\# > 2^\#=3^\# > 5^\#$ 本轮$1^\#$再现第3轮$1^\#$

轮次	酒样	品评要求
5	1#郎酒（4#）、2#郎酒（2#）、3#郎酒、4#郎酒（1#）、5#郎酒（5#）	暗评：评酒员需细细体会五杯酒样，在评酒表中写出每杯样品的香型、评语与打分。如遇到与前面轮次相同的酒样，此杯酒样的香型、评语及打分与前一轮次中相同的酒样要保持一致，并做好评酒记录 排序：4#＞2#＞3#＞1#＞5#
6	1#郎酒（1#）、2#酱香基酒（+20%酒精）、3#酱香基酒（+30%酒精）、4#习酒（酱）、5#郎酒（1#）	暗评：评酒员需细细体会五杯酒样，在评酒表中写出每杯样品的香型、评语与打分。如遇到与前面轮次相同的酒样，此杯酒样的香型、评语及打分与前一轮次中相同的酒样要保持一致，并做好评酒记录 排序：1#=5#＞4#＞2#＞3# 本轮1#，5#再现第5轮4#
7	1#董酒（1#）、2#董酒（2#）、3#董酒（3#）、4#董酒（4#）、5#董酒（5#）	暗评：评酒员需细细体会五杯酒样，在评酒表中写出每杯样品的香型、评语与打分。如遇到与前面轮次相同的酒样，此杯酒样的香型、评语及打分与前一轮次中相同的酒样要保持一致，并做好评酒记录 排序：1#＞2#＞3#＞4#＞5#
8	1#董酒（+20%酒精）、2#董酒（+30%酒精）3#董酒（1#）、4#董酒（1#）、5#董酒（+20%酒精）	暗评：评酒员需细细体会五杯酒样，在评酒表中写出每杯样品的香型、评语与打分。如遇到与前面轮次相同的酒样，此杯酒样的香型、评语及打分与前一轮次中相同的酒样要保持一致，并做好评酒记录 排序：3#=4#＞1#=5#＞2# 本轮3#，4#再现第7轮1#
9	1#江津小曲（1#）、2#江津小曲（3#）、3#江津小曲（2#）、4#江津小曲（5#）、5#江津小曲（4#）	暗评：评酒员需细细体会五杯酒样，在评酒表中写出每杯样品的香型、评语与打分。如遇到与前面轮次相同的酒样，此杯酒样的香型、评语及打分与前一轮次中相同的酒样要保持一致，并做好评酒记录 排序：1#＞3#＞2#＞5#＞4#
10	1#小曲香基酒（+20%酒精）、2#江津小曲（1#）、3#江津小曲（1#）、4#江津小曲（1#）、5#小曲香基酒（+30%酒精）	暗评：评酒员需细细体会五杯酒样，在评酒表中写出每杯样品的香型、评语与打分。如遇到与前面轮次相同的酒样，此杯酒样的香型、评语及打分与前一轮次中相同的酒样要保持一致，并做好评酒记录 排序：2#=3#=4#＞1#＞5# 本轮2#，3#，4#再现第9轮1#
11	1#景芝（1#）、2#景芝（5#）、3#景芝（3#）、4#景芝（4#）、5#景芝（2#）	暗评：评酒员需细细体会五杯酒样，在评酒表中写出每杯样品的香型、评语与打分。如遇到与前面轮次相同的酒样，此杯酒样的香型、评语及打分与前一轮次中相同的酒样要保持一致，并做好评酒记录 排序：1#＞5#＞3#＞4#＞2#

轮次	酒样	品评要求
12	1#芝麻香基酒（+30%酒精）、2#芝麻香基酒（+20%酒精）、3#景芝（2#）、4#景芝（1#）、5#景芝（2#）	暗评：评酒员需细细体会五杯酒样，在评酒表中写出每杯样品的香型、评语与打分。如遇到与前面轮次相同的酒样，此杯酒样的香型、评语及打分与前一轮次中相同的酒样要保持一致，并做好评酒记录 排序：4#>3#=5#>2#>1# 本轮4#再现第11轮1#；2#，5#再现第11轮5#
13	1#五粮液（4#）、2#五粮液（3#）、3#五粮液（5#）、4#五粮液（2#）、5#五粮液（1#）	暗评：评酒员需细细体会五杯酒样，在评酒表中写出每杯样品的香型、评语与打分。如遇到与前面轮次相同的酒样，此杯酒样的香型、评语及打分与前一轮次中相同的酒样要保持一致，并做好评酒记录 排序：5#>4#>2#>1#>3#
14	1#多粮浓香基酒（+20%酒精）、2#五粮液（1#）、3#多粮浓香基酒（+20%酒精）、4#五粮液（2#）、5#多粮浓香基酒（+30%酒精）	暗评：评酒员需细细体会五杯酒样，在评酒表中写出每杯样品的香型、评语与打分。如遇到与前面轮次相同的酒样，此杯酒样的香型、评语及打分与前一轮次中相同的酒样要保持一致，并做好评酒记录 排序：2#>4#>1#=3#>5# 本轮2#再现第13轮5#；4#再现第13轮4#
15	1#口子窖（3#）、2#口子窖（5#）、3#口子窖（2#）、4#口子窖（4#）、5#口子窖（1#）	暗评：评酒员需细细体会五杯酒样，在评酒表中写出每杯样品的香型、评语与打分。如遇到与前面轮次相同的酒样，此杯酒样的香型、评语及打分与前一轮次中相同的酒样要保持一致，并做好评酒记录 排序：5#>3#>1#>4#>2#
16	1#多粮浓香基酒+酱香基酒（+30%酒精）、2#口子窖（2#）、3#口子窖（2#）、4#多粮浓香基酒+酱香基酒（+20%酒精）、5#口子窖（5#）	暗评：评酒员需细细体会五杯酒样，在评酒表中写出每杯样品的香型、评语与打分。如遇到与前面轮次相同的酒样，此杯酒样的香型、评语及打分与前一轮次中相同的酒样要保持一致，并做好评酒记录 排序：2#=3#>5#>4#>1# 本轮2#，3#再现第15轮3#；5#再现第15轮2#
17	1#泸州老窖（1#）、2#泸州老窖（2#）、3#泸州老窖（3#）、4#泸州老窖（4#）、5#泸州老窖（5#）	暗评：评酒员需细细体会五杯酒样，在评酒表中写出每杯样品的香型、评语与打分。如遇到与前面轮次相同的酒样，此杯酒样的香型、评语及打分与前一轮次中相同的酒样要保持一致，并做好评酒记录 排序：1#>2#>3#>4#>5#
18	1#泸州老窖（1#）、2#单粮浓香基酒（+30%酒精）、3#单粮浓香基酒（+10%酒精）、4#泸州老窖（2#）、5#单粮浓香基酒（+20%酒精）	暗评：评酒员需细细体会五杯酒样，在评酒表中写出每杯样品的香型、评语与打分。如遇到与前面轮次相同的酒样，此杯酒样的香型、评语及打分与前一轮次中相同的酒样要保持一致，并做好评酒记录 排序：1#>4#>3#>2#>5# 本轮1#再现第17轮1#；4#再现第17轮2#

轮次	酒样	品评要求
19	1#剑南春（1#）、2#剑南春（4#）、3#剑南春（5#）、4#剑南春（2#）、5#剑南春（3#）	暗评：评酒员需细细体会五杯酒样，在评酒表中写出每杯样品的香型、评语与打分。如遇到与前面轮次相同的酒样，此杯酒样的香型、评语及打分与前一轮次中相同的酒样要保持一致，并做好评酒记录 排序：1#＞4#＞5#＞2#＞3#
20	1#剑南春（5#）、2#多粮浓香基酒（+30%酒精）、3#多粮浓香基酒（+10%酒精）、4#剑南春（1#）、5#多粮浓香基酒（+20%酒精）	暗评：评酒员需细细体会五杯酒样，在评酒表中写出每杯样品的香型、评语与打分。如遇到与前面轮次相同的酒样，此杯酒样的香型、评语及打分与前一轮次中相同的酒样要保持一致，并做好评酒记录 排序：4#＞1#＞3#＞5#＞2# 本轮4#再现第19轮1#；1#再现第19轮3#；2#再现第14轮5#；2#再现第14轮1#，3#
21	1#玉冰烧（3#）、2#玉冰烧（4#）、3#玉冰烧（1#）、4#玉冰烧（2#）、5#玉冰烧（5#）	暗评：评酒员需细细体会五杯酒样，在评酒表中写出每杯样品的香型、评语与打分。如遇到与前面轮次相同的酒样，此杯酒样的香型、评语及打分与前一轮次中相同的酒样要保持一致，并做好评酒记录 排序：3#＞4#＞1#＞2#＞5#
22	1#玉冰烧（1#）、2#玉冰烧（5#）、3#玉冰烧（5#）、4#玉冰烧（3#）、5#玉冰烧（2#）	暗评：评酒员需细细体会五杯酒样，在评酒表中写出每杯样品的香型、评语与打分。如遇到与前面轮次相同的酒样，此杯酒样的香型、评语及打分与前一轮次中相同的酒样要保持一致，并做好评酒记录 排序：1#＞5#＞4#＞2#=3# 本轮1#再现第21轮3#；2#再现第21轮5#；3#再现第21轮5#；4#再现第21轮1#；5#再现第21轮4#
23	1#三花（1#）、2#三花（5#）、3#三花（3#）、4#三花（4#）、5#三花（2#）	暗评：评酒员需细细体会五杯酒样，在评酒表中写出每杯样品的香型、评语与打分。如遇到与前面轮次相同的酒样，此杯酒样的香型、评语及打分与前一轮次中相同的酒样要保持一致，并做好评酒记录 排序：1#＞5#＞3#＞4#＞2#
24	1#三花（2#）、2#三花（2#）、3#三花（1#）、4#三花（+20%酒精）5#三花（+20%酒精）	暗评：评酒员需细细体会五杯酒样，在评酒表中写出每杯样品的香型、评语与打分。如遇到与前面轮次相同的酒样，此杯酒样的香型、评语及打分与前一轮次中相同的酒样要保持一致，并做好评酒记录 排序：3#＞1#=2#＞4#=5# 本轮3#再现第23轮1#；1#，2#再现第23轮5#
25	1#55°凤型酒、2#45°陈年凤香3#凤型基酒（+20%酒精）、4#凤型基酒（+0.2%正丙醇）、5#45°绵柔凤香	暗评：评酒员需细细体会五杯酒样，在评酒表中写出每杯样品的香型、评语与打分。如遇到与前面轮次相同的酒样，此杯酒样的香型、评语及打分与前一轮次中相同的酒样要保持一致，并做好评酒记录

轮次	酒样	品评要求
26	1#45°绵柔凤香、2#55°凤型酒、3#凤型基酒（+30%酒精）、4#凤型基酒（+1%异戊醇）、5#55°凤型	暗评：评酒员需细细体会五杯酒样，在评酒表中写出每杯样品的香型、评语与打分。如遇到与前面轮次相同的酒样，此杯酒样的香型、评语及打分与前一轮次中相同的酒样要保持一致，并做好评酒记录 本轮1#再现第25轮5#；2#、5#再现第25轮1#
27	1#汾酒、2#宝丰、3#老白干、4#清香型基酒（+30%酒精）、5#清香型基酒（+20%酒精）	暗评：评酒员需细细体会五杯酒样，在评酒表中写出每杯样品的香型、评语与打分。如遇到与前面轮次相同的酒样，此杯酒样的香型、评语及打分与前一轮次中相同的酒样要保持一致，并做好评酒记录
28	1#汾酒、2#二锅头、3#小曲清香、4#小曲清香、5#清香型基酒（+20%酒精）	暗评：评酒员需细细体会五杯酒样，在评酒表中写出每杯样品的香型、评语与打分。如遇到与前面轮次相同的酒样，此杯酒样的香型、评语及打分与前一轮次中相同的酒样要保持一致，并做好评酒记录 本轮3#=4#；1#再现第27轮1#；5#再现第27轮5#
29	1#多粮浓香基酒（优级）、2#剑南春（1#）、3#多粮浓香基酒（+20%酒精）、4#剑南春（1#）、5#多粮浓香基酒（+10%酒精）	暗评：评酒员需细细体会五杯酒样，在评酒表中写出每杯样品的香型、评语与打分。如遇到与前面轮次相同的酒样，此杯酒样的香型、评语及打分与前一轮次中相同的酒样要保持一致，并做好评酒记录 排序：2#=4#>1#>5#>3# 本轮2#、4#再现第19轮1#，第20轮4#；5#再现第20轮3#；3#再现第20轮5#
30	1#多粮浓香基酒（优级）、2#泸州老窖（2#）、3#多粮浓香基酒（+30%酒精）、4#剑南春（1#）、5#多粮浓香基酒（优级）	暗评：评酒员需细细体会五杯酒样，在评酒表中写出每杯样品的香型、评语与打分。如遇到与前面轮次相同的酒样，此杯酒样的香型、评语及打分与前一轮次中相同的酒样要保持一致，并做好评酒记录 排序：4#>2#>1#=5#>3# 本轮1#、5#再现第29轮1#；4#再现第19轮1#，第20轮4#，第29轮2#、4#样；3#再现第20轮2#
31	1#茅台、2#习酒（酱）、3#酱香基酒（优级）、4#酱香基酒（+20%酒精）、5#郎酒	暗评：评酒员需细细体会五杯酒样，在评酒表中写出每杯样品的香型、评语与打分。如遇到与前面轮次相同的酒样，此杯酒样的香型、评语及打分与前一轮次中相同的酒样要保持一致，并做好评酒记录 排序：1#>5#>2#>3#>4#
32	1#酱香基酒（优级）、2#茅台、3#郎酒、4#酱香基酒（+10%酒精）、5#酱香基酒（+20%酒精）	暗评：评酒员需细细体会五杯酒样，在评酒表中写出每杯样品的香型、评语与打分。如遇到与前面轮次相同的酒样，此杯酒样的香型、评语及打分与前一轮次中相同的酒样要保持一致，并做好评酒记录 排序：2#>3#>1#>4#>5# 本轮1#再现第31轮3#；2#再现第31轮1#；3#再现第31轮5#；5#再现第31轮4#

轮次	酒样	品评要求
33	1#白云边、2#口子窖、3#口子窖、4#董酒、5#酱香型基酒（优级）	暗评：评酒员需细细体会五杯酒样，在评酒表中写出每杯样品的香型、评语与打分。如遇到与前面轮次相同的酒样，此杯酒样的香型、评语及打分与前一轮次中相同的酒样要保持一致，并做好评酒记录 本轮5#再现第32轮1#，第31轮3#
34	1#口子窖、2#口子窖、3#口子窖、4#白云边、5#习酒（酱）	暗评：评酒员需细细体会五杯酒样，在评酒表中写出每杯样品的香型、评语与打分。如遇到与前面轮次相同的酒样，此杯酒样的香型、评语及打分与前一轮次中相同的酒样要保持一致，并做好评酒记录 本轮1#，2#，3#再现33轮3#；5#再现第31轮2#
35	1#酱香基酒（优级）、2#茅台、3#郎酒、4#景芝、5#酱香基酒（优级）	暗评：评酒员需细细体会五杯酒样，在评酒表中写出每杯样品的香型、评语与打分。如遇到与前面轮次相同的酒样，此杯酒样的香型、评语及打分与前一轮次中相同的酒样要保持一致，并做好评酒记录 本轮1#，5#再现第33轮5#，第32轮1#，第31轮3#；2#再现第32轮2#，第31轮1#；3#再现第32轮3#，第31轮5#
36	1#景芝、2#茅台、3#郎酒、4#酱香基酒（优级）、5#习酒（酱）	暗评：评酒员需细细体会五杯酒样，在评酒表中写出每杯样品的香型、评语与打分。如遇到与前面轮次相同的酒样，此杯酒样的香型、评语及打分与前一轮次中相同的酒样要保持一致，并做好评酒记录 本轮1#再现第35轮4#；2#再现第35轮2#，第32轮2#，第31轮1#；3#再现第35轮3#，第32轮3#，第31轮5#；4#再现第35轮1#，5#，第33轮5#，第32轮1#，第31轮3#；5#再现34轮5#

9.7.2 答题要点及技巧

（1）品评酒样时，要着重抓住各杯酒样的个性特征，从中找出一个自己认为的最突出的特点，即1杯酒样中只能确认1个特点，切忌贪多、全面评价。必要时可检查空杯留香的情况。

（2）注意试卷的提示："列出感官质量相同的酒样杯号"与"如有感官质量相同的，请列出酒样的杯号"，两者是略有差异的。前者暗示有重复的酒样，后者则可能存在或者不存在质量相同的酒样。

（3）不要轻易列出连等式，如有5杯酒样，品评后判为1#杯=2#杯=4#杯……

（4）有时提示为，"某杯酒为标样酒"，要求指出其余酒样中哪一杯与标样酒相同。可能有几种情况：一是有1杯与标样酒的感官质量相同；二是有2杯酒样的质量相同，但与标样酒的质量不同；三是有3杯酒样（含标样酒）的感官质量相同等。

（5）抓住酒样的个性特点是重点，先看酒色，再鉴别香气，往往以味觉为突出点，最后判断确认。

（6）可能酒样中有重复性的酒样，如确认存在，可先择出，再找再现性酒样。

（7）每轮次中对每个酒样的评分、评语与风格特征必须认真记录在案，并妥为保存。

（8）对确认的再现性酒样，必须用文字加以表述，即本轮中的×杯酒样与上轮×杯酒样等同，不得以判断分一致取而代之。

（9）有时寻找酒样的突出缺点，往往利于识别再现性的酒样。

点评

　　再现性的品评是对酒重复性认识的过程，品评时要抓住以下几点，一是要认真做笔记，在记录笔记时要把酒的色、香、格、味、气都详细记录，最好是能和自己记忆强的酒进行类比，这样就可以形象地记忆；二是要有自信，当闻到是自己觉得再现的酒时就要大胆地对照笔记类比，当认为和笔记中记录的酒一样时就果断写下；三是不要有侥幸心理，不要认为第一轮上过的酒第二轮就不会再现，也不要认为第一天上过的酒最后一天就不会再现。

小贴士

　　Tip1：规范评酒动作。对于每一轮的每个酒样，闻香和尝评的动作都要保持一致，吸气时要平稳，不可忽大忽小，品尝时入口量保持一致，不可忽少忽多，总之，从操作上最大限度地减少品评干扰。

　　Tip2：在平时训练中，就要练习对酒样的记忆，特别是特点突出的酒样和典型性酒样，找出细微差别，必须做到任何时候都能够准确快速地判断出来。

　　Tip3：应根据自己对白酒的敏感性和反应力，找到对每一种感觉的固定的最低临界值，总结出自身对不同类型酒样的认知，同时加强笔记的规范性记录，当再现性酒样出现的时候能够快速、完整、准确地写好评语及打分。

第十章

白酒酒度差品评

酒度差品评在白酒品评中占有重要地位，是品酒员需要掌握的一项基本技能。品酒员在进行酒度差训练时，应尽量选择同一原酒降度成不同的酒度差进行训练考核，酒度差间隔5°或3°，以5杯为一组，鉴别时先将一组中最高、最低酒度品评出来，然后再品评中间几个酒样。闻香、看酒花、品尝是训练酒度差最基本的三种方法。酒度差品评不仅在品酒考试中占有一定分值，更是在摘酒、馏分分段、勾兑及新产品研发等实际生产中有实用价值。

本章我们将介绍有关酒度差的一些品评及物理化学知识，目的在于加深对白酒的了解，掌握酒度差的品评技巧，并将其应用于实际生产中。

10.1　白酒酒度差品评定义

酒度差品评是为了训练品酒人员对酒度的判断而特设的一种训练方法，是品酒员需要掌握的基本技能。酒度差的考察一般有两个形式，一是同种香型的酒样，判断酒度的高低，并按酒度高低进行排序，一般为3°差和5°差；二是将酒度差考察穿插在典型性和质量差的考察当中，按要求判断出某一个酒样的酒精度，并将误差控制在±2%（体积分数）以内。

酒精度定义：在20℃条件下，每100毫升酒液中含有多少毫升的酒精。中国白酒用标准酒度表示。

酒精度单位：以体积分数作为酒精度的单位。例如65%（体积分数），其意思是100单位体积的酒中含有65单位体积的乙醇，也表示100L酒中含有65L的乙醇。

酒精度测定方法：密度瓶法、酒精计法。

白酒酒度范围：国内对酒类饮料按其所含酒精所占体积比的多少，分为高、中、低三个等级，从商品的角度来划分，含酒精体积分数40%以上者为高度酒，20%～40%者为中度酒，20%以下者为低度酒。

10.2　酒精水溶液和白酒样品的区别

酒精-水溶液是指将乙醇溶于水中形成的混合液体，理想的酒精-水溶液不含有其他成分。在20℃时，纯酒精的密度是0.7893g/cm³，水的密度是1.0g/cm³，酒精分子和水分子之间都存在间隙，当酒精分子遇到水分子两种物质混合时，由于两种物质空间构架不同，分子会互相嵌入，即小分子水就会进入大分子酒精的分子间隙之中，这也就是酒精在稀释的过程中，20mL水加80mL酒精得不到100mL混合溶液的原因。

白酒主要由水、自然发酵产物乙醇及呈香呈味物质构成，其中98%～99%为乙醇－水溶液，1%～2%为微量香味成分，在中国传统白酒这个复杂的系统中，这1%～2%微量成分在白酒的风味及质量中起着绝对的影响作用。酒精水溶液和白酒样品的显著区别就在这2%的微量有机化合物，主要包括酸、酯、醇、醛、酮、芳香族化合物、含氮化合物等。由于白酒中主要的载体物质是酒精－水溶液，故而，白酒兼具更多的则是酒精－水溶液的物化性质。掌握好酒精－水溶液和白酒的这些特性，利用其密度和酒精度可以准确地计算出降度需要的加水量，这在勾兑方面具有指导性意义。

10.3　表面张力知识

表面张力产生于流体与其他物质界面处，是液体表面层由于分子引力不均衡而产生的沿表面作用于任一界线上的张力，即分子内聚力，在该力的作用下液体的表面总是试图获得最小的、光滑的面积达到能量最低的状态，像是一层弹性的薄膜。表面张力的存在形成了一系列日常生活中可以观察到的特殊现象。例如，量筒中白酒液面为弧形的现象、截面非常小的细管内的毛细现象、肥皂泡现象、微风掠过水面时产生的涟波以及我们经常所说的白酒挂杯现象等。

10.3.1　影响酒精溶液表面张力的因素

溶液极性对表面张力的影响：对于纯酒精溶液，表面张力决定于分子间形成的化学键能的大小，一般化学键越强，表面张力越大。γ（金属键）$>\gamma$（离子键）$>\gamma$（极性共价键）$>\gamma$（非极性共价键），两种液体间的界面张力，介于两种液体表面张力之间。对于酒精溶液而言，酒精度越高，分子极性越强，内聚力越大，表面能也越高，表面张力越大。

温度对表面张力的影响：随着温度的上升，分子间引力减弱，两相密度差变小，表面分子受到液体内部分子的引力减小，表面张力减小。从图10-1中，我们能够很容易地看出浓度越高的酒精溶液表面张力变化越近似线形关系，可见温度的变化使液体内分子之间的作用力也相应地发生了很大的变化，同时也使酒精溶液表面两侧（气相和液相）之间的密度差发生变化，所以说温度对酒精溶液的表面张力产生了很大的影响。

浓度对表面张力的影响：在同一温度下，液体浓度越低，分子间引力越小其表面张力越大；对于同一浓度的酒精液体，随着温度的下降，其表面张力越来越大（图10-2）；对于各种浓度的酒精溶液，表面张力与温度的关系近似呈现线性关系，而且浓度越低，其表面张力系数越大；其表面张力与温度间也近

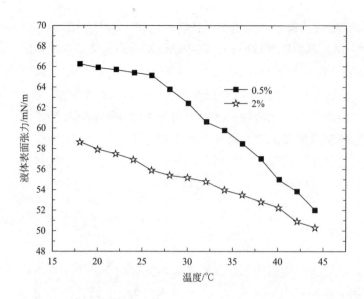

图10-1 溶液温度对
表面张力的影响

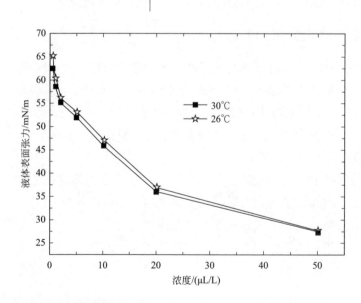

图10-2 溶液浓度对
表面张力的影响

似呈现线性关系。

液体中杂质含量对表面张力的影响：在纯液体中加入杂质时，体系的表面张力会发生相应的变化。当杂质为表面非活性物质时，溶液的表面张力系数随杂质浓度上升而上升。当杂质为表面活性物质时，溶液的表面张力随浓度的增加而急剧下降，溶液的表面张力随后大致不随浓度而变（有时也可能会出现最低值）。对于白酒来说，酒体中的酸、酯、醇、醛类等物质，都可视作酒精溶液中的杂质，且它们都属于非活性物质，故而，增加白酒中的酸、酯、醇、醛类等物质，能够增加白酒溶液的表面张力，挂壁现象越明显。这也就是，同度数白酒比单纯的酒精溶液更易产生挂壁现象的原因。

10.3.2　酒花与酒精度的关系

《调鼎集》中曾有总结："烧酒，碧清堆细花者顶高，花粗而疏者次之，无花而浑者下之。"它的意思是说，如果酒花细而且高，那就是好酒，自然价格也高。其实酒的好坏并不能完全通过酒花来判断，准确地说，看酒花只能大致判断酒精度的高低。在我国白酒酿造的传统技艺中，一般酿酒师傅在白酒的蒸馏过程中都是通过"观花择酒"来掌握白酒度数的高低，生产车间的师傅们至今仍在采用这项技艺。

（1）酒花的形成原因　酒花主要是由于酒精和水的表面张力不同而形成的。一定浓度的酒精和水的混合物在一定的压力和温度下，具有一定的表面张力。摇动酒精–水的溶液后，其表面便形成一层泡沫，即形成酒花。白酒的酒精浓度越高，则酒液表面的张力也就越大，液体表面形成的酒花均匀，持续时间越久；反之则酒液表面张力越小，液体表面形成的酒花不均匀，持续时间较短。好的酿酒师傅，可以根据经验来观察酒花的状态的变化，判断酒精度数。

（2）酒花形态　蒸馏液流入小的承接器中，激起的泡沫称为酒花。在蒸馏时刚流出的白酒，酒精度较大，酒花似黄豆粒大小，散得很快；中间段的白酒，酒花均匀，消失较慢；后段的酒精度较低，酒花细密；当出现水花时，散得很快，有花即散，这时候就要停止摘酒了，随后摘的就是高度酒尾，品尝酸度较高的取一些，可作为酒尾调味酒使用。

大清花：酒花大如黄豆，整齐一致，清亮透明，消失极快，酒精含量在60%～75%，以70%时最明显。

小清花：酒花大如绿豆、清亮透明，消失速度慢于大清花，酒度约在50%～60%，以58%最为明显。

云花：酒花大如米粒、互相重叠（可重叠二至三层），存留时间比较久，酒度在40%～50%之间，46%时较为明显。

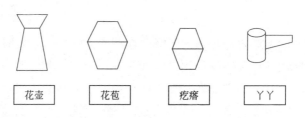

| 花壶 | 花苞 | 疙瘩 | 丫丫 |

图10-3　摘酒容器

二花：又称小花，形似云花，大小不一，大者如大米，小者如小米，存留时间与云花相似，酒度在15%最明显。

油花：酒花大如小米的1/3 ~ 1/4，布满液面，纯系高级脂肪酸形成的油珠，酒度在4% ~ 5%时最明显。

（3）"看花摘酒""看花摘酒"是利用酒的表面张力比水的表面张力大的原理，经过长期观察总结出的简便判断酒度的方法，是酿酒师傅必备的一个基本技能。手艺好的酿酒技师，对酒精度的掌握可以控制到半度以内。

摘取65%（酒精度）酒看度法：俗称"三合一"看度法，用疙瘩在酒笼中取混合均匀的原度酒三壶，再取一壶自来水，都倒入花壶中，充分摇晃混合，左手拿花苞，右手高举花壶约40 ~ 50cm，使花壶中的酒呈抛物线状流入花苞中，观察泡沫大小，若酒花小米粒大小，均匀一致、消失缓慢，酒精度就是65%左右。

摘取60%酒看度法：俗称"四合一"看度法，用疙瘩在酒笼中取混合均匀的原度酒四壶，再取一壶自来水，都倒入混酒器中，充分摇晃混合，左手拿花苞，右手高举花壶约40 ~ 50cm，使花壶中的酒呈抛物线状流入花苞中，观察泡沫大小，若酒花小米粒大小，均匀一致、消失缓慢，酒精度就是60%左右。

摘取其他酒度时，随着酒精度的降低，可适当加大酒样的比例，总保持落入花壶的酒水混合物酒度不变，这种看花摘酒的方法实际上是观察同一酒度情况下酒花形状和消失状态的方法。

如果酒花很大，快速消失，说明酒精度不够标准，需要加入前馏分；若酒花较大，消失慢，说明酒度高，可以多加后馏分。摘酒容器见图10-3。

花壶：凤香型白酒生产中的一种金属摘酒容器，用于判定酒度时混合酒样。

花苞：凤香型白酒生产中的一种金属摘酒容器，用于判定酒度时观察酒花大小。

疙瘩：凤香型白酒生产中的一种金属摘酒容器，用于判定酒度时取出酒样。

丫丫：凤香型白酒生产中的一个带把的小承接器，俗称丫丫。

（4）"观花量度""观花量度"与"看花摘酒"原理相同，是评酒员需要掌握的一项基本评酒技巧，通常根据不同浓度的酒精与水的混合液，在一定的压力和温度下，由于酒液表面的张力不同，在晃动酒瓶时，所形成的酒花大小和持续时间（以下简称站花）也不同，依此来近似判断白酒的度数。好的评酒员，通过"观花摘酒"和口感品评可以对酒精度的掌握控制到半度以内。

10.4　白酒香气的物理化学

我们通常通过白酒的各项理化指标和香气的强度、香气类型、香气协调性等来判断白酒的类别和质量。白酒中挥发性放香物质的分子在空气中扩散后，进入人的鼻腔内刺激嗅觉器官，通过神经信息的传递与整理，产生一种香感，即香气。香气是形成白酒风味特征，决定白酒品质的重要指标，同时对白酒口味起着协调、衬托的作用。它在新的百分制品评方法中占分值20%，仅次于"口味"项目，可见其重要性。然而，白酒理化指标与质量虽然是相互关联的，但香气与大多数理化指标之间呈现的是一种非线性关系。其中总酸、总酯与香气关联较强，但也没有达到显著相关水平，不可认为是两个化学指标线性的简单组合。

10.4.1　挥发

挥发一般指液体成分在没有达到沸点的情况下成为气体分子逸出液面。大多数溶液存在挥发现象，因为它们的分子间的吸引力相对较小，并且在做着永不停息的无规则的运动。所以它们的分子就运动到空气中，慢慢挥发了。但是由于溶质的不同而表现出挥发性的不同。

白酒的嗅闻与挥发存在密切关系，掌握了白酒的挥发规律，有助于增强对白酒香气的判断。

10.4.2　相对挥发度

习惯上将溶液中易挥发组分的挥发度对难挥发组分的挥发度之比，称为相对挥发度，以 a 表示。

$$\alpha = (y_A/y_B)/(x_A/x_B)$$

式中　y_A——气相中易挥发组分的摩尔分数；

　　　y_B——气相中难挥发组分的摩尔分数；

　　　x_A——液相中易挥发组分的摩尔分数；

　　　x_B——液相中难挥发组分的摩尔分数。

10.4.3　白酒中的挥发性成分

白酒中的主要成分是乙醇和水，此外还有1% ~ 2%的微量成分。正是这些含量少但种类多的"微量成分"构成了白酒的千姿百态。长期以来人们对白酒的挥发性成分进行了大量的研究。按照结构来分，白酒中的主要挥发性成分可以分为醇类、酯类、有机酸类、醛酮类、缩羰基类、酚类、吡嗪类及含硫化合物等。评酒员在白酒品评时，这些挥发性化合物发挥了巨大作用。

对于同一香型白酒，加水降度后，其酒体中所含的挥发性物质浓度发生了变化，故而可通过气味的大小进行判断。5°差辨别，通过闻香大小，较容易排序，气味较大的，酒精度较高，气味寡淡的，酒精度较低；3°差辨别，气味大小较为接近，此时，就需要配合尝评后酒体对口腔及喉咙的刺激性来判断酒精度高低。

对于不同香型的白酒，因为所使用的原料种类、原料的比例、地理环境、水质、微生物菌群、酿造工艺等的不同，使得酒体中所含的微量成分的种类和含量不同，很难用气味大小来判断酒精度，此时，同样需要配合尝评后酒体对口腔及喉咙的刺激性来判断酒精度高低。

白酒和酒精的挥发有明显不同，在相同酒精度下，白酒的挥发性似乎更强，形成酒度梯度后，白酒可以通过闻香来判断酒精度顺序，而酒精水溶液，由于可挥发的易辨成分少，单纯靠闻香很难判定酒度差别，这一点需要深入研究。

10.5　扩散现象

扩散现象是指物质分子从高浓度区域向低浓度区域转移直至均匀分布的现象，速率与物质的浓度梯度成正比。日常生活中我们经常会看到与分子扩散有关的现象，如花香四溢、饭香喷鼻，在清水里滴墨水，清水变浑，煤堆在墙角向墙上扩散等现象。"酒香不怕巷子深"这句话流传千年，意思就是如果酒酿的好，陈窖一开香千里，就是在很深的巷子里，也会有人闻香知味，前来品尝。这点恰好证明了白酒的香气扩散到空气中被人嗅闻到的结果。

关注白酒扩散现象对白酒品评大有益处，当集体评酒训练时，每个人刚倒入酒样的10min以内，呈香呈味物质的扩散尚未展开，这时候品评干扰最少，若久拖不决，干扰因素增多，品评拿捏就很困难了。这就是前面讲过为什么要在很短时间内完成闻香的原因。

10.6　丁达尔效应

10.6.1　白酒是胶体溶液

白酒主要成分是乙醇和水，溶于其中的酸、酯、醇、醛等种类众多的微量有机化合物作为白酒的呈香呈味物质，决定着白酒的风格和质量。有专家认为，白酒是一种胶体，胶粒的形成并非简单的分子相互堆积，而是与白酒中的金属元素，尤其与具有不饱和电子层的过渡元素以配位键方式结合起来，形成具有一定特性的化学质点而构成了白酒中的胶核。而这种胶团结构必然存在其类似于大分子物质的特征精细理化性质。白酒是胶体溶液，可从以下三个方面证明。

① 有难溶于分散介质的分散相，如占酒总体1%左右的风味物质，它们当中的酯类、高级醇对水与乙醇组成的混合分散介质溶解度都很低。

② 含有种类繁多的风味物质（分散介质）。

③ 有机酸根带负电荷，在酒中起稳定剂作用。在正常情况下，酒能保持稳定的胶体状态，酒液清澈透明、无悬浮物、无沉淀。若充当稳定剂的带负电荷的酸根与带正电荷的金属离子相遇，便出现电中和、解胶现象，微粒碰撞聚集，酒出现白色浑浊。这类物质结构松散、聚集能力强，发生时先有微小白片沉淀，然后会慢慢聚合成絮状沉淀。酒发生这种现象后只能在沉淀后用虹吸法抽取上清液使用。

白酒的胶体性质可作为年份酒的判定依据，胶体性质对白酒品评有很大帮助，越是好酒，越是陈酒，其胶体性质越稳定，品评时浑然一体。若是粗制滥造，或新配的酒，其胶体尚未稳定，香气特征就具有刺激感或欠协调感，这就是缺陷信号。

10.6.2　丁达尔现象

当一束光线透过胶体，从入射光的垂直方向可以观察到胶体里出现的一条光亮的"通路"，这种现象叫丁达尔现象，也叫丁达尔效应。丁达尔效应是区分胶体和溶液的一种常用物理方法。

在光的传播中，光线照射到粒子时，如果粒子大于入射光波长很多倍，则发生光的反射；如果粒子小于入射光波长，则发生光的散射，这时观察到的是光波环绕微粒而向其四周放射的光，称为散射光或乳光。丁达尔效应就是光的散射现象或称乳光现象。由于溶液粒子大小一般不超过1nm，胶体粒子介于溶液中溶质粒子和浊液粒子之间，其大小在40～90nm，小于可见光波长（400～750nm），因此，当可见光透过胶体时会产生明显的散射作用。而对于真溶液，虽然分子或离子更小，但因散射光的强度随散射粒子体积的减少而明显减弱，因此，真溶液对光的散射作用很微弱。此外，散射光的强度还随分散体系中粒子浓度增大而增强。

10.6.3　白酒中的"丁达尔效应"

曾经人们认为"丁达尔效应"只能出现在户外的大自然里，但是人们的这种传统经验已经被打破了。有人做过试验，当其置身于某老酱香的专营店或者品鉴室里，曾欣喜地发现，如果你将光对准某老酱香白酒进行照射，也会收获惊艳无比的"丁达尔现象"。当一束光线透过酒液，从入射光的垂直方向可观察到：星河湾老酱香琥珀色的酒液里出现了一条轮廓清晰、光晕柔和、剔透光亮的"通路"，其美轮美奂之姿与森林中或者云海中所呈现的那种艺术之美毫无二致。试验者认为这是由于某老酱香经过二十余年的窖藏老熟，相比其他普通白酒，储藏时间更长，酒体分子结构缔合的更趋近于完美，当光束照射时，酒体中的大分子团类似大自然界中的云、雾、烟尘一般，形成"胶体"，最终成就了难得一见的"酒杯中的丁达尔美学"，这不仅是甄别好酒的标准之一，也是顶级酱香的品质呈现，为它的品鉴者带来观感与口感的多重享受。

10.7　布朗运动

布朗运动是将看起来连成一片的液体，在高倍显微镜下看其实是由许许多多分子组成的。液体分子不停地做无规则的运动，不断地随机撞击悬浮微粒。当悬浮的微粒足够小的时候，由于受到的来自各个方向的液体分子的撞击作用是不平衡的。在某一瞬间，微粒在另一个方向受到的撞击作用超强的时候，致使微粒又向其他方向运动，这样就引起了微粒的无规则的运动，即布朗运动。在超显微镜下观察白酒溶液，可看到酒体微观颗粒做永无休止的布朗运动。

白酒在酿造生产后需要储存一段时间，即白酒的老熟。之所以刚生产出来的新酒特别辛辣、呛人，饮用起来不舒适，主要是因为新酒中的各种微量成分的分子，以很高的速度不停地做着剧烈的布朗运动，分子之间总是不断的碰撞接触。当分子相距较远时，分子之间表现为引力，当分子相距较近时，它们之间表现为斥力，通过一定时间的储存，分子之间的斥力和引力在分子运动过程中，逐渐达到平衡，这才使得由新酒的辛辣、呛人，逐渐变得绵柔、醇厚。这就是相同酒精度的新酒和陈酒比较，陈酒比新酒喝起来刺激性小，酒体更加绵软、顺口的原因。

丁达尔现象、布朗运动这些物理现象，从一个侧面反映了不断变化运动着的白酒，其物理性状的变化直接影响白酒化学反应的变化，影响白酒感官质量和品质，这是品酒员必须掌握的基本知识，如温度变化时，布朗运动速度加快，扩散提速，表面张力下降，对品评有很大影响，因此，白酒品评考核多放在四五月份或九十月份，这些时间段温度恒定起伏不大，有利于品评。

10.8 酒度差品评技巧

10.8.1 通过酒花状态来判断

有的人品酒时，在酒度判断时，第一件事不是闻，而是用手心按住杯口，轻轻摇一摇，仔细观察杯中出现的酒花，通过观察酒花，对酒度有个初步判断。他们凭借经验，总结出了一些规律：60°以上的酒，酒花大，消失得比较快；52°~56°之间的酒，酒花比较丰富，持久不散；40°左右的酒，酒花稍细，持续时间比50°左右的酒稍短一些；30°左右的酒，酒花特别细，持续时间特别短。

10.8.2 通过鼻腔刺激感来判断

酒度差不能仅靠香气大小判定，闻香可以作为初步的参考。一般酒精度越高，嗅闻时对鼻子的刺激性越强，鼻子的疼痛感愈强。若疼痛感基本一样，可根据嗅闻时间长短判断酒精度。若短时间嗅闻即有刺激感，则度数高；长时间嗅闻才有刺激感，则度数相对来说低。但是在通过白酒刺激性大小来判断酒精度高低的时候应注意适应性的影响，避免长时间嗅闻使酒精对鼻腔刺激的敏感性降低或改变，造成"有时限的嗅觉缺损"，这也是"久而不闻其嗅，久食不知其味"的道理。

10.8.3 通过品尝来判断

观酒花和闻气味可以对酒度做出大致的判断，为了避免误差，评酒师通常需要通过品尝，利用胃部感觉做出更为精确的判断。一般来说，度数高的酒下肚，胃部会有一种强烈的冲击感；度数低的酒，喝起来比较寡淡，冲击感很弱。

10.9 酒度差品评误区及原因

10.9.1 酒度差品评误区

评酒初学者往往会认为香气大小随着酒精度的增高而增大。其实不然，香气大小在一定程度上是随着酒精度的增高而增大的，但是，由于多种因素的影响，香气大小与酒精度呈非线性关系，所以由放香的大小判断酒精度是不科学的。例如，在用水稀释白酒，白酒的香气随着加水量的增加而变淡。但是，酒精加水稀释，香气大小与酒精度不一定成正比关系，即香气越大的酒精水溶液不一定酒精度就高；气味弱的也不一定酒精度就低。有人总结出了一些经验，可供参考：55°以上的白酒，香气较为收敛；50°~55°的白酒，香气最为浓郁发散；45°~50°以下的白酒，随酒精度的降低，香气开始逐渐减弱；40°以下的白酒，香气较寡淡，水味较突出。但是，想要较好地掌握并灵活运用这些经验，并不是一件容易的事，所以，酒度差的品评，一定要将看、闻、尝结合起来，以尝为主，才能对酒度差做出准确的判断。

10.9.2 产生"误区"的原因

（1）品评习惯不能规范化 白酒中含有上千种成分，它们含量的不同决定着各种类型白酒的口感和风味，这些成分可以分为挥发性和非挥发性成分。人们通过嗅觉、味觉感受到白酒的各种风味。然而，人的嗅觉和味觉在长时间的刺激下会发生迟钝，故而不正确的品评习惯。例如，摇杯时手法不一致、闻香时间的长短不一致、品尝时入口量不一致等，都会造成酒度差的判断错误。

（2）嗅阈值和味阈值呈不相关性 由于物质的挥发性与非挥发性，使得"闻香"与"尝味"不能有规律的呈现线性关系，即有的物质只能尝到，但本身没有气味或者由于不能挥发而不能闻到气味。

阈值是通过人的感官检验得到的，阈值越低的成分其呈香呈味作用越大。所谓嗅阈值，是指人的嗅觉器官对某种香味的最低检出量或能感觉到的最低浓度。味阈值就是口腔味觉器官可以感觉到的特定的口味的最小浓度。在白酒的嗅觉、味觉研究中，阈值意味着刺激感应的划分点或临界点。当嗅阈值和味阈值不能达成感官刺激感的一致时，只靠闻香就很难对酒度差做出准确的判断。

10.10　酒度差品酒方案

（1）培训时间　每天早晨8:30分开始，每天训练4轮，每轮30min，每轮之间间隔10min。

（2）培训地点　品酒室（可选择开阔通风的安静环境）。

（3）培训对象　所有品酒员。

（4）培训目的　酒度差的品评也是白酒品评中的重要一环，通过酒度差的学习可以加深对白酒的了解，为之后质量差品评甚至是白酒的勾兑打下基础。

（5）培训材料　品酒杯若干，将食用酒精、山西汾酒、泸州老窖、茅台、三花米香型、凤香型西凤酒分别配置成35°、40°、43°、45°、46°、49°、50°、52°、55°。在酒精和酒加水降度之后必须要加活性炭静置过滤后方可使用，否则会有酒体浑浊。

（6）培训内容（表10-1）

表10-1　酒度差培训内容

轮次	酒样	品评要求
1	1#35°食用酒精、2#40°食用酒精、3#45°食用酒精、4#50°食用酒精、5#55°食用酒精	明评：体会食用酒精5°酒度差的各自特点，写出感受
2	1#45°食用酒精、2#55°食用酒精、3#35°食用酒精、4#50°食用酒精、5#40°食用酒精	暗评：品酒，排序 （2>4>1>5>3）
3	1#40°食用酒精、2#43°食用酒精、3#46°食用酒精、4#49°食用酒精、5#52°食用酒精	明评：体会食用酒精3°酒度差的各自特点，写出感受
4	1#49°食用酒精、2#43°食用酒精、3#52°食用酒精、4#40°食用酒精、5#46°食用酒精	暗评：品酒，排序 （3>1>5>2>4）
5	1#35°汾酒、2#40°汾酒、3#45°汾酒、4#50°汾酒、5#55°汾酒	明评：体会汾酒5°酒度差的各自特点，写出感受
6	1#35°汾酒、2#55°汾酒、3#50°汾酒、4#45°汾酒、5#40°汾酒	暗评：品酒，排序 （2>3>4>5>1）
7	1#40°汾酒、2#43°汾酒、3#46°汾酒、4#49°汾酒、5#52°汾酒	明评：体会汾酒3°酒度差的各自特点，写出感受
8	1#43°汾酒、2#40°汾酒、3#49°汾酒、4#46°汾酒、5#52°汾酒	暗评：品酒，排序 （5>3>4>1>2）
9	1#35°泸州老窖、2#40°泸州老窖、3#45°泸州老窖、4#50°泸州老窖、5#55°泸州老窖	明评：体会泸州老窖5°酒度差的各自特点，写出感受
10	1#50°泸州老窖、2#40°泸州老窖、3#45°泸州老窖、4#35°泸州老窖、5#55°泸州老窖	暗评：品酒，排序 （5>1>3>2>4）

轮次	酒样	品评要求
11	1#40°泸州老窖、2#43°泸州老窖、3#46°泸州老窖、4#49°泸州老窖、5#52°泸州老窖	明评：体会泸州老窖3°酒度差的各自特点，写出感受
12	1#40°泸州老窖、2#52°泸州老窖、3#46°泸州老窖、4#49°泸州老窖、5#43°泸州老窖	暗评：品酒，排序 （2＞4＞3＞5＞1）
13	1#35°茅台、2#40°茅台、3#45°茅台、4#50°茅台、5#55°茅台	明评：体会茅台5°酒度差的各自特点，写出感受
14	1#40°茅台、2#35°茅台、3#50°茅台、4#45°茅台、5#55°茅台	暗评：品酒，排序 （5＞3＞4＞1＞2）
15	1#40°茅台、2#43°茅台、3#46°茅台、4#49°茅台、5#52°茅台	明评：体会茅台3°酒度差的各自特点，写出感受
16	1#40°茅台、2#46°茅台、3#43°茅台、4#49°茅台、5#52°茅台	暗评：品酒，排序 （5＞4＞2＞3＞1）
17	1#35°三花米香型、2#40°三花米香型、3#45°三花米香型、4#50°三花米香型、5#55°三花米香型	明评：体会三花米香型5°酒度差的各自特点，写出感受
18	1#35°三花米香型、2#55°三花米香型、3#50°三花米香型、4#45°三花米香型、5#40°三花米香型	暗评：品酒，排序 （2＞3＞4＞5＞1）
19	1#40°三花米香型、2#43°三花米香型、3#46°三花米香型、4#49°三花米香型、5#52°三花米香型	明评：体会三花米香型3°酒度差的各自特点，写出感受
20	1#49°三花米香型、2#43°三花米香型、3#46°三花米香型、4#40°三花米香型、5#52°三花米香型	暗评：品酒，排序 （5＞1＞3＞2＞4）
21	1#35°西凤酒、2#40°西凤酒、3#45°西凤酒、4#50°西凤酒、5#55°西凤酒	明评：体会西凤酒5°酒度差的各自特点，写出感受
22	1#50°西凤酒、2#55°西凤酒、3#45°西凤酒、4##35°西凤酒、5#40°西凤酒	暗评：品酒，排序 （2＞1＞3＞5＞4）
23	1#40°西凤酒、2#43°西凤酒、3#46°西凤酒、4#49°西凤酒、5#52°西凤酒	明评：体会西凤酒3°酒度差的各自特点，写出感受
24	1#46°西凤酒、2#52°西凤酒、3#40°西凤酒、4#49°西凤酒、5#43°西凤酒	暗评：品酒，排序 （2＞4＞1＞5＞3）

（7）通过酒花判断酒度训练

第一轮：每位品酒员取500mL带盖空酒瓶，倒入39°食用酒精250mL，盖上瓶盖摇动（如图10-4所示）。评酒员细细观察酒花并写下品酒记录。

第二轮：每位品酒员取500mL带盖空酒瓶，倒入44°食用酒精250mL，盖上瓶盖摇动（如图10-4所示）。品酒员细细观察酒花并写下品酒记录。

第三轮：每位品酒员取500mL带盖空酒瓶，倒入49°食用酒精250mL，盖上瓶盖摇动（如图10-4所示）。品酒员细细观察酒花并写下品酒记录。

第四轮：每位品酒员取500mL带盖空酒瓶，倒入54°食用酒精250mL，盖上瓶盖摇动（如图10-4所示）。品酒员细细观察酒花并写下品酒记录。

图10-4　通过酒花判断酒度

点评

　　行业内有句话"香型靠闻，酒度靠摇"，这是说在日常生产中可以通过这种方式判断香型，判断酒度，有经验的烧酒师傅通过看酒花可以准确判断酒度到1°～2°差。但是在评酒现场这种方法有很大的局限性，一是评酒杯是敞口的不利于充分摇晃，二是酒样很少，三是难以保证每杯酒的摇晃力度和时间一致，所以这种方法不太可靠。酒度差的判断主要靠酒样对口腔刺激性的大小来判断。每尝完一杯用淡茶水漱口，稍停顿后再尝下一杯酒，细心体会每杯酒样对口腔的刺激性大小，最终排出酒度差位次。

小贴士

　　Tip1：酒花只是酒精与水混合张力的一种表现形式，其大小只能体现一个酒度的大概范围，不能作为评酒的准确依据。

　　Tip2：酒度越大的酒往往刺激感越强，这是评酒的一个重要的窍门。

　　Tip3：通过香气大小和刺激感判断。基酒的酒度差品评相对来说容易一些，随着酒度的减小，其酯香、粮香和糟香会明显的减弱，口味也会变得寡淡；酒精的酒度差品评单靠闻香难以判断，就需要尝评，随着酒精度的减小，鼻腔和咽喉刺激感减弱。

Tip4：通过酒花判断。通过摇动酒杯观看酒花的状态，判断酒精度高低。一般酒花均匀持久的酒精度就高，酒花大小不均，且不持久的酒精度就低，但这需要经验的积累，通常看花要和闻香、尝评结合起来判断，单纯以酒花来判断酒度高低容易判断错误。

例如，凤型基酒的酒度差品评相对来说容易一些，通过依次的闻香，能够大致地进行排序。刚降度的凤型基酒，香气差别较为明显，度数越高，香气越丰满，越协调，但是对鼻腔的刺激感也越大。60°时，有浓郁的糟香味，同时带点粮香，入口刺激性很强；52°时，放香最好，酒味最协调，入口甘洌，余味经久不散，随着度数的增加，香气开始收敛，刺激感加强，后味明显不足；43°的基酒明显感觉香气不足，后味寡淡，刺激性小。

Tip5：闻香、看酒花、品尝是训练酒度差最基本的三种方法，在品酒考试中，闻香和看酒花常作为辅助手段，主要还是靠喝，刺激性越大，酒度越高。有些人只闻不喝就按香气大小进行排序，香气越大，酒度越高，反之，越低。这样做很容易判断错误，因为有时候香气好的反而酒度低，这点一定要谨记。

Tip6：酱香型白酒工艺有三高，高温大曲、高温堆积、高温馏酒。这种特殊工艺赋予了酱香型白酒特殊的成分（香气），再加上长期储存，以致与其他香型白酒比较，酱香型白酒酒体颜色微黄。因此，酱香型白酒酒度差品评，除了靠闻香、看酒花、品尝之外，还可以通过观察酒体颜色来判断酒度大小。

第十一章

实战演练

本实战模拟演练以白酒品酒大赛内容为模拟标准，题目中涉及单体香、典型性、质量差、酒度差，并在品评过程中加入了重复性和再现性的训练。本演练模块的单体香、典型性酒样均购自中国酒业协会；质量差酒样均购自各酒企，读者练习时可以根据自身条件准备酒样，本演练只提供一种训练技巧和方法。

第一轮：22.5分　香味物质鉴别。

呈香化合物　总分22.5分。

杯号	呈香化合物	分值
1	1-辛烯-3-醇	4.5
2	癸酸	4.5
3	糠醛	4.5
4	3-苯丙酸乙酯	4.5

第二轮：总分44.5分。

杯号	酒名	香型	分值 5	发酵剂	分值 5	设备	分值 7	酒度	分值 17.5	等级	分值 10
1	江津	小曲清香13	1	小曲	1	水泥窖	1	46°	3.5	一级92	2
2	三花	米香4	1	小曲	1	发酵罐 陶罐	2	52°	3.5	一级92	2
3	江津	小曲清香13	1	小曲	1	水泥窖	1	48°	3.5	一级92	2
4	老白干	老白干6	1	大曲	1	地缸、其他	2	52°	3.5	优级93.5	2
5	红星二锅头	麸曲清香10	1	麸曲	1	水泥窖	1	48°	3.5	一级92	2

第三轮：总分46分。

杯号	酒名	香型	分值 5	发酵剂	分值 6	设备	分值 5	酒度	分值 20	等级	分值 10
1	泸州	浓香1	1	大曲	1	泥窖	1	46°	4	一级91	2
2	剑南春	多粮浓香14	1	大曲	1	泥窖	1	55°	4	优级93.5	2
3	景芝	芝麻香11	1	大曲 麸曲	2	砖窖	1	50°	4	优级93.5	2
4	郎酒	酱香2	1	大曲	1	石窖	1	50°	4	优级94	2
5	白云边	兼香12	1	大曲	1	砖窖	1	39°	4	优级94	2

第四轮：总分45.5分（差5分以上）。

杯号	酒名	香型	分值 5	排序	分值 15	发酵剂	分值 5	设备	分值 5	酒度	分值 2	等级	分值 7.5	重复	分值 6
1	牛栏山二锅头2	清香	3	1	2	大曲	1	地缸水泥窖	1			优级93.5	1.5		
2	牛栏山二锅头1	清香	3	1	1	大曲	1	地缸水泥窖	1	50°	2	优级94	1.5		
3	牛栏山二锅头5	麸曲清香	10	1	4	麸曲	1	水泥窖	1			二级89	1.5		
4	牛栏山二锅头3	清香	3	1	3	大曲	1	地缸水泥窖	1			一级92	2=1.5	=5	3
5	牛栏山二锅头3	清香	3	1	3	大曲	1	地缸水泥窖	1			一级92	1.5	=4	3

第五轮：总分49.5分（差5分以上）。

杯号	酒名	香型	分值 5	排序	分值 15	发酵剂	分值 5	设备	分值 5	等级	分值 7.5	重复	分值 12
1	汾酒3	清香	3	1	2	大曲	1	地缸	1	一级92	1.5	=5	3
2	汾酒1	清香	3	1	1	大曲	1	地缸	1	优级95	1.5		
3	汾酒5	清香	3	1	3	大曲	1	地缸	1	二级90	1.5	=4	3
4	汾酒5	清香	3	1	3	大曲	1	地缸	1	二级90	1.5	=3	3
5	汾酒3	清香	3	1	2	大曲	1	地缸	1	一级92	1.5	=1	3

第六轮：总分40分（差5分以上）。

杯号	酒名	香型	分值 5	排序	分值 15	发酵剂	分值 5	设备	分值 5	等级	分值 10
1	桂林三花酒3	米香	4	1	3	小曲	1	发酵罐，陶罐	1	一级92	2
2	桂林三花酒1	米香	4	1	1	小曲	1	发酵罐，陶罐	1	优级94	2
3	桂林三花酒4	米香	4	1	4	小曲	1	发酵罐，陶罐	1	一级91	2
4	桂林三花酒5	米香	4	1	5	小曲	1	发酵罐，陶罐	1	二级89	2
5	桂林三花酒2	米香	4	1	2	小曲	1	发酵罐，陶罐	1	一级92.5	2

第七轮：总分45.5分（差5分以上）。

杯号	酒名	香型	分值 5	排序	分值 15	发酵剂	分值 5	设备	分值 5	等级	分值 7.5	重复	分值 8
1	白云边2	兼香12	1	2		大曲	1	砖窖	1	优级94	1.5		
2	白云边1	兼香12	1	1		大曲	1	砖窖	1	优级94.5	1.5		
3	白云边5	兼香12	1	4		大曲	1	砖窖	1	二级89	1.5		
4	白云边3	兼香12	1	3		大曲	1	砖窖	1	优级93.5	1.5	=5	4
5	白云边3	兼香12	1	3		大曲	1	砖窖	1	优级93.5	1.5	=4	4

第八轮：再现第四轮　总分46分（差5分以上）。

杯号	酒名	香型	分值 5	排序	分值 5	发酵剂	分值 5	设备	分值 5	等级	分值 5	重复	分值 6	再现	分值 15
1	牛栏山二锅头4	大麸清香16	1	3		大曲麸曲	1	地缸水泥窖	1	一级91	1	=2	3		
2	牛栏山二锅头4	大麸清香16	1	3		大曲麸曲	1	地缸水泥窖	1	一级91	1	=1	3		
3	牛栏山二锅头5	麸曲清香10	1	4		麸曲	1	水泥窖	1	二级89	1			=3	5
4	牛栏山二锅头1	清香3	1	1		大曲	1	地缸水泥窖	1	优级94	1			=2	5
5	牛栏山二锅头2	清香3	1	2		大曲	1	地缸水泥窖	1	优级93.5	1			=1	5

第九轮：总分47分（差5分以上）。

杯号	酒名	香型	分值 5	排序	分值 15	发酵剂	分值 5	设备	分值 5	等级	分值 10	重复	分值 7
1	剑南春4	多粮浓香14	1	3		大曲	1	泥窖	1	一级92	2		
2	剑南春1	多粮浓香14	1	1		大曲	1	泥窖	1	优级95	2	=3	4
3	剑南春1	多粮浓香14	1	1		大曲	1	泥窖	1	优级95	2	=2	4
4	剑南春5	多粮浓香14	1	4		大曲	1	泥窖	1	二级90	2		
5	剑南春3	多粮浓香14	1	2		大曲	1	泥窖	1	优级93	2		

第十轮：总分57.5分（差4分以上）。

杯号	酒名	香型	分值 5	排序	分值 15	发酵剂	分值 5	设备	分值 5	酒度	分值 2	等级	分值 7.5	重复	分值 18
1	茅台4	酱香2	1	2		大曲	1	石窖	1	53°	2	优级93	1.5		
2	茅台5	酱香2	1	3		大曲	1	石窖	1			一级91	1.5	=4=5	6
3	茅台1	酱香2	1	1		大曲	1	石窖	1			优级95	1.5		
4	茅台5	酱香2	1	3		大曲	1	石窖	1			一级91	1.5	=1=5	6
5	茅台5	酱香2	1	3		大曲	1	石窖	1			一级91	1.5	=1=4	6

第十一轮：总分48分（差5分以上）。

杯号	酒名	香型	分值 5	排序	分值 15	发酵剂	分值 5	设备	分值 5	酒度	分值 3	等级	分值 15
1	泸州老窖1	浓香1	1	5		大曲	1	泥窖	1			二级88	3
2	泸州老窖2	浓香1	1	4		大曲	1	泥窖	1			二级89	3
3	泸州老窖5	浓香1	1	1		大曲	1	泥窖	1			优级95	3
4	泸州老窖4	浓香1	1	2		大曲	1	泥窖	1			一级92	3
5	泸州老窖3	浓香1	1	3		大曲	1	泥窖	1	52°	3	二级90	3

第十二轮：总分57分（差5分以上）。

杯号	酒名	香型	分值 5	排序	分值 5	发酵剂	分值 5	设备	分值 5	等级	分值 5	重复	分值 12	再现	分值 20
1	剑南春2	多粮浓香14	1	2		大曲	1	泥窖	1	优级94	1	=4	3		
2	剑南春5	多粮浓香14	1	3		大曲	1	泥窖	1	二级90	1	=3	3	=4	5
3	剑南春5	多粮浓香14	1	3		大曲	1	泥窖	1	二级90	1	=2	3	=4	5
4	剑南春2	多粮浓香14	1	2		大曲	1	泥窖	1	优级94	1	=1	3		
5	剑南春1	多粮浓香14	1	1		大曲	1	泥窖	1	优级95	1			=2=3	10

第十三轮：总分49.5分（差5分以上）。

杯号	酒名	香型	分值 5	排序	分值 15	发酵剂	分值 5	设备	分值 5	等级	分值 7.5	重复	分值 12
1	郎酒5	酱香2	1	3		大曲	1	石窖	1	二级90	1.5	=5	3
2	郎酒4	酱香2	1	2		大曲	1	石窖	1	一级92	1.5	=3	3
3	郎酒4	酱香2	1	2		大曲	1	石窖	1	一级92	1.5	=2	3
4	郎酒1	酱香2	1	1		大曲	1	石窖	1	优级95	1.5		
5	郎酒5	酱香2	1	3		大曲	1	石窖	1	二级90	1.5	=1	3

附　录

附录1 最新白酒国家标准汇集

1.浓香型白酒GB/T 10781.1—2006

（1）浓香型白酒 以粮谷为原料，经传统固态法发酵、蒸馏、陈酿、勾兑而成的，未添加食用酒精及非白酒发酵产生的呈香呈味物质，具有以己酸乙酯为主体复合香的白酒。

（2）按产品的酒精度分 高度酒，酒精度41%～68%；低度酒，酒精度25%～40%。

（3）感官要求 高度酒、低度酒的感官要求应分别符合附表1-1、附表1-2的规定。

附表1-1 高度酒感官要求

项目	优级	一级
色泽和外观	无色或微黄、清亮透明，无悬浮物，无沉淀①	
香气	具有浓郁的己酸乙酯为主体的复合香气	具有较浓郁的己酸乙酯为主体香的复合香气
口味	酒体醇和谐调、绵甜爽净、余味悠长	酒体较醇和谐调、绵甜爽净、余味较长
风格	具有本品典型的风格	具有本品明显的风格

① 当酒的温度低于10℃时，允许出现白色絮状沉淀物质或失光。10℃以上时应逐渐恢复正常。

附表1-2 低度酒感官要求

项目	优级	一级
色泽和外观	无色或微黄、清亮透明，无悬浮物，无沉淀①	
香气	具有浓郁的己酸乙酯为主体的复合香气	具有己酸乙酯为主体香的复合香气
口味	酒体醇和谐调、绵甜爽净、余味较长	酒体较醇和谐调、绵甜爽净
风格	具有本品典型的风格	具有本品明显的风格

① 当酒的温度低于10℃时，允许出现白色絮状沉淀物质或失光。10℃以上时应逐渐恢复正常。

（4）理化要求 高度酒、低度酒的理化要求应分别符合附表1-3、附表1-4的规定。

附表1-3 高度酒理化要求

项目	优级	一级
酒精度/%	41～68	
总酸（以乙酸计）/（g/L）≥	0.40	0.30
总酯（以乙酸乙酯计）/（g/L）≥	2.00	1.50

项目	优级	一级
己酸乙酯/（g/L）	1.20～2.80	0.60～2.50
固形物/（g/L）≤	0.40[①]	

① 酒精度41%～49%的酒，固形物可小于或等于0.50g/L。

附表1-4 低度酒理化要求

项目	优级	一级
酒精度/%	25～40	
总酸（以乙酸计）/（g/L）≥	0.30	0.25
总酯（以乙酸乙酯计）/（g/L）≥	1.50	1.00
己酸乙酯/（g/L）	0.70～2.20	0.40～2.20
固形物/（g/L）≤	0.70[①]	

① 酒精度41%～49%的酒，固形物可小于或等于0.50g/L。

2. 清香型白酒 GB/T 10781.2—2006

（1）清香型白酒 以粮谷为原料，经传统固态法发酵、蒸馏、陈酿、勾兑而成的，未添加食用酒精及非白酒发酵产生的呈香呈味物质，具有以乙酸乙酯为主体复合香的白酒。

（2）按产品的酒精度分 高度酒，酒精度41%～68%；低度酒，酒精度25%～40%。

（3）感官要求 高度酒、低度酒的感官要求应分别符合附表1-5、附表1-6的规定。

附表1-5 高度酒感官要求

项目	优级	一级
色泽和外观	无色或微黄、清亮透明，无悬浮物，无沉淀[①]	
香气	清香纯正，具有乙酸乙酯为主体的优雅、谐调的复合香气	清香纯正，具有乙酸乙酯为主体的复合香气
口味	酒体柔和谐调、绵甜爽净、余味悠长	酒体较柔和谐调、绵甜爽净、有余味
风格	具有本品典型的风格	具有本品明显的风格

① 当酒的温度低于10℃时，允许出现白色絮状沉淀物质或失光。10℃以上时应逐渐恢复正常。

附表1-6 低度酒感官要求

项目	优级	一级
色泽和外观	无色或微黄、清亮透明，无悬浮物，无沉淀[①]	

项目	优级	一级
香气	清香纯正，具有乙酸乙酯为主体的优雅、谐调的复合香气	清香纯正，具有乙酸乙酯为主体的香气
口味	酒体柔和谐调、绵甜爽净、余味较长	酒体较柔和谐调、绵甜爽净、有余味
风格	具有本品典型的风格	具有本品明显的风格

① 当酒的温度低于10℃时，允许出现白色絮状沉淀物质或失光。10℃以上时应逐渐恢复正常。

（4）理化要求　高度酒、低度酒的理化要求应分别符合附表1-7、附表1-8的规定。

附表1-7　高度酒理化要求

项目	优级	一级
酒精度/%	41 ～ 68	
总酸（以乙酸计）/（g/L）≥	0.40	0.30
总酯（以乙酸乙酯计）/（g/L）≥	1.00	0.60
乙酸乙酯/（g/L）	0.60 ～ 2.60	0.30 ～ 2.60
固形物/（g/L）≤	0.40①	

① 酒精度41% ～ 49%的酒，固形物可小于或等于0.50g/L。

附表1-8　低度酒理化要求

项目	优级	一级
酒精度/%	25 ～ 40	
总酸（以乙酸计）/（g/L）≥	0.25	0.20
总酯（以乙酸乙酯计）/（g/L）≥	0.70	0.40
乙酸乙酯/（g/L）	0.40 ～ 2.20	0.20 ～ 2.20
固形物/（g/L）≤	0.70	

3.米香型白酒GB/T 10781.3—2006

（1）米香型白酒　以大米为原料，经传统半固态法发酵、蒸馏、陈酿、勾兑而成的，未添加食用酒精及非白酒发酵产生的呈香呈味物质，具有以乳酸乙酯、β-苯乙醇为主体复合香的白酒。

（2）按产品的酒精度分　高度酒，酒精度41% ～ 68%；低度酒，酒精度25% ～ 40%。

（3）感官要求　高度酒、低度酒的感官要求应分别符合附表1-9、附表1-10的规定。

附表1-9 高度酒感官要求

项目	优级	一级
色泽和外观	无色、清亮透明，无悬浮物，无沉淀①	
香气	米香纯正，清雅	米香纯正
口味	酒体醇和、绵甜、爽冽、回味怡畅	酒体较醇和、绵甜、爽冽、回味较畅
风格	具有本品典型的风格	具有本品明显的风格

① 当酒的温度低于10℃时，允许出现白色絮状沉淀物质或失光。10℃以上时应逐渐恢复正常。

附表1-10 低度酒感官要求

项目	优级	一级
色泽和外观	无色、清亮透明，无悬浮物，无沉淀①	
香气	米香纯正，清雅	米香纯正
口味	酒体醇和、绵甜、爽冽、回味较怡畅	酒体较醇和、绵甜、爽冽、有回味
风格	具有本品典型的风格	具有本品明显的风格

① 当酒的温度低于10℃时，允许出现白色絮状沉淀物质或失光。10℃以上时应逐渐恢复正常。

（4）理化要求　高度酒、低度酒的理化要求应分别符合附表1-11、附表1-12的规定。

附表1-11 高度酒理化要求

项目	优级	一级
酒精度/%	41～68	
总酸（以乙酸计）/（g/L）≥	0.30	0.25
总酯（以乙酸乙酯计）/（g/L）≥	0.80	0.65
乳酸乙酯/（g/L）≥	0.50	0.40
β-苯乙醇（g/L）≥	30	20
固形物/（g/L）≤	0.40①	

① 酒精度41%～49%的酒，固形物可小于或等于0.50g/L。

附表1-12 低度酒理化要求

项目	优级	一级
酒精度/%	25～40	
总酸（以乙酸计）/（g/L）≥	0.25	0.20
总酯（以乙酸乙酯计）/（g/L）≥	0.45	0.35
乳酸乙酯/（g/L）≥	0.30	0.20
β-苯乙醇（g/L）≥	15	10
固形物/（g/L）≤	0.70	

4.凤香型白酒GB/T 14867—2007

（1）凤香型白酒　以粮谷为原料，经传统固态法发酵、蒸馏、酒海陈酿、勾兑而成的，未添加食用酒精及非白酒发酵产生的呈香呈味物质，具有以乙酸乙酯和己酸乙酯为主的复合香气的白酒。

（2）按产品的酒精度分　高度酒，酒精度41%～68%；低度酒，酒精度18%～40%。

（3）感官要求　高度酒、低度酒的感官要求应分别符合附表1-13、附表1-14的规定。

附表1-13　高度酒感官要求

项目	优级	一级
色泽和外观	无色或微黄、清亮透明，无悬浮物，无沉淀①	
香气	醇香秀雅，具有乙酸乙酯和己酸乙酯为主的复合香气	醇香纯正，具有乙酸乙酯和己酸乙酯为主的复合香气
口味	醇厚丰满、甘润挺爽、诸味谐调，尾净悠长	醇厚甘润，谐调爽净，余味较长
风格	具有本品典型的风格	具有本品明显的风格

① 当酒的温度低于10℃时，允许出现白色絮状沉淀物质或失光。10℃以上时应逐渐恢复正常。

附表1-14　低度酒感官要求

项目	优级	一级
色泽和外观	无色或微黄、清亮透明，无悬浮物，无沉淀①	
香气	醇香秀雅，具有乙酸乙酯和己酸乙酯为主的复合香气	醇香纯正，具有乙酸乙酯和己酸乙酯为主的复合香气
口味	酒体醇厚谐调、绵甜爽净、余味较长	醇厚甘润，谐调，味爽净
风格	具有本品典型的风格	具有本品明显的风格

① 当酒的温度低于10℃时，允许出现白色絮状沉淀物质或失光。10℃以上时应逐渐恢复正常。

（4）理化要求　高度酒、低度酒的理化要求应分别符合附表1-15、附表1-16的规定。

附表1-15　高度酒理化要求

项目	优级	一级
酒精度/%	41～68	
总酸（以乙酸计）/（g/L）≥	0.35	0.25
总酯（以乙酸乙酯计）/（g/L）≥	1.60	1.40
乙酸乙酯/（g/L）≥	0.60	0.40
己酸乙酯/（g/L）	0.25～1.20	0.20～1.0
固形物/（g/L）≤	1.0	

附表1-16　低度酒理化要求

项目	优级	一级
酒精度/%	18～40	
总酸（以乙酸计）/（g/L）≥	0.20	0.15
总酯（以乙酸乙酯计）/（g/L）≥	1.00	0.60
乙酸乙酯/（g/L）≥	0.40	0.30
己酸乙酯/（g/L）	0.20～1.0	0.15～0.80
固形物/（g/L）≤	0.90	

5.豉香型白酒GB/T 16289—2007

（1）豉香型白酒　以大米为原料，经蒸煮，用大酒饼作为主要糖化发酵剂，采用边糖化边发酵的工艺，釜式蒸馏、陈肉坛浸勾兑而成，未添加食用酒精及非白酒发酵产生的呈香呈味物质，具有豉香特点的白酒。

（2）感官要求　高度酒、低度酒的感官要求应分别符合附表1-17的规定。

附表1-17　高度酒感官要求

项目	优级	一级
色泽和外观	无色或微黄、清亮透明，无悬浮物，无沉淀①	
香气	豉香纯正，清雅	豉香纯正
口味	醇和甘滑，酒体谐调，余味爽净	入口较醇和，酒体较谐调，余味较爽净
风格	具有本品典型的风格	具有本品明显的风格

① 当酒的温度低于10℃时，允许出现白色絮状沉淀物质或失光。10℃以上时应逐渐恢复正常。

（3）理化要求　理化要求应符合附表1-18的规定。

附表1-18　理化要求

项目	优级	一级
酒精度/%	18～40	
总酸（以乙酸计）/（g/L）≥	0.35	0.20
总酯（以乙酸乙酯计）/（g/L）≥	0.55	0.35
β-苯乙醇/（mg/L）≥	40	30
二元酸（庚二酸、辛二酸、壬二酸）二乙酯总量/（mg/L）≥	1.0	
固形物/（g/L）≤	0.6	

6.特香型白酒GB/T 20823—2007

（1）特香型白酒　以大米为主要原料，经传统固态法发酵、蒸馏、陈酿、勾兑而成的，未添加食用酒精及非白酒发酵产生的呈香呈味物质，具有特香型风格的白酒（注：按传统工艺生产的一级白酒允许添加适量的蔗糖）。

（2）按产品的酒精度分　高度酒，酒精度41%～68%；低度酒，酒精度18%～40%。

（3）感官要求　高度酒、低度酒的感官要求应分别符合附表1-19、附表1-20的规定。

附表1-19　高度酒感官要求

项目	优级	一级
色泽和外观	无色或微黄、清亮透明，无悬浮物，无沉淀①	
香气	幽雅舒适，诸香谐调，具有浓、清、酱三香，但均不露头的复合香气	诸香尚谐调，具有浓、清、酱三香，但均不露头的复合香气
口味	绵柔醇和，醇甜，香味谐调，余味悠长	味较醇和，醇香，香味谐调，有余味
风格	具有本品典型的风格	具有本品明显的风格

① 当酒的温度低于10℃时，允许出现白色絮状沉淀物质或失光。10℃以上时应逐渐恢复正常。

附表1-20　低度酒感官要求

项目	优级	一级
色泽和外观	无色或微黄、清亮透明，无悬浮物，无沉淀①	
香气	幽雅舒适，诸香较谐调，具有浓、清、酱三香，但均不露头的复合香气	诸香尚谐调，具有浓、清、酱三香，但均不露头的复合香气
口味	绵柔醇和，微甜，香味谐调，余味悠长	味较醇和，醇香，香味谐调，有余味
风格	具有本品典型的风格	具有本品明显的风格

① 当酒的温度低于10℃时，允许出现白色絮状沉淀物质或失光。10℃以上时应逐渐恢复正常。

（4）理化要求　高度酒、低度酒的理化要求应分别符合附表1-21、附表1-22的规定。

附表1-21　高度酒理化要求

项目	优级	一级
酒精度/%	41～68	
总酸（以乙酸计）/（g/L）≥	0.50	0.40
总酯（以乙酸乙酯计）/（g/L）≥	2.00	1.50
丙酸乙酯/（mg/L）≥	40	30
固形物/（g/L）≤	0.7	—

附表1-22　低度酒理化要求

项目	优级	一级
酒精度/%	18 ～ 40	
总酸（以乙酸计）/（g/L）≥	0.40	0.25
总酯（以乙酸乙酯计）/（g/L）≥	1.80	1.20
丙酸乙酯/（mg/L）≥	30	20
固形物/（g/L）≤	0.9	—

注：分析方法中一级酒应先蒸馏，再进行检验。

7.芝麻香型白酒GB/T 20824—2007

（1）芝麻香型白酒　以高粱、小麦（麸皮）等为原料，经传统固态法发酵、蒸馏、陈酿、勾兑而成的，未添加食用酒精及非白酒发酵产生的呈香呈味物质，具有芝麻香型风格的白酒。

（2）按产品的酒精度分　高度酒，酒精度41% ～ 68%；低度酒，酒精度18% ～ 40%。

（3）感官要求　高度酒、低度酒的感官要求应分别符合附表1-23、附表1-24的规定。

附表1-23　高度酒感官要求

项目	优级	一级
色泽和外观	无色或微黄、清亮透明，无悬浮物，无沉淀①	
香气	芝麻香幽雅纯正	芝麻香较纯正
口味	醇和细腻、香味谐调、余味悠长	较醇和、余味较长
风格	具有本品典型的风格	具有本品明显的风格

① 当酒的温度低于10℃时，允许出现白色絮状沉淀物质或失光。10℃以上时应逐渐恢复正常。

附表1-24　低度酒感官要求

项目	优级	一级
色泽和外观	无色或微黄、清亮透明，无悬浮物，无沉淀①	
香气	芝麻香较幽雅纯正	有芝麻香
口味	醇和谐调、余味悠长	较醇和、余味较长
风格	具有本品典型的风格	具有本品明显的风格

① 当酒的温度低于10℃时，允许出现白色絮状沉淀物质或失光。10℃以上时应逐渐恢复正常。

（4）理化要求　高度酒、低度酒的理化要求应分别符合附表1-25、附表1-26的规定。

项目	优级	一级
酒精度/%	41～68	
总酸（以乙酸计）/（g/L）≥	0.50	0.30
总酯（以乙酸乙酯计）/（g/L）≥	2.20	1.50
乙酸乙酯/（g/L）≥	0.6	0.4
己酸乙酯/（g/L）	0.10～1.20	
3-甲硫基丙醇/（mg/L）≥	0.50	
固形物/（g/L）≤	0.7	

附表1-26　低度酒理化要求

项目	优级	一级
酒精度/%	18～40	
总酸（以乙酸计）/（g/L）≥	0.40	0.20
总酯（以乙酸乙酯计）/（g/L）≥	1.80	1.20
乙酸乙酯/（g/L）≥	0.5	0.3
己酸乙酯/（g/L）	0.10～1.00	
3-甲硫基丙醇/（mg/L）≥	0.40	
固形物/（g/L）≤	0.9	

8.老白干香型白酒GB/T 20825—2007

（1）老白干香型白酒　以粮谷为原料，经传统固态法发酵、蒸馏、陈酿、勾兑而成的，未添加食用酒精及非白酒发酵产生的呈香呈味物质，具有以乳酸乙酯、乙酸乙酯为主体复合香的白酒。

（2）按产品的酒精度分　高度酒，酒精度41%～68%；低度酒，酒精度18%～40%。

（3）感官要求　高度酒、低度酒的感官要求应分别符合附表1-27、附表1-28的规定。

附表1-27　高度酒感官要求

项目	优级	一级
色泽和外观	无色或微黄、清亮透明，无悬浮物，无沉淀①	
香气	醇香清雅，具有乳酸乙酯和乙酸乙酯为主体的自然谐调的复合香气	醇香清雅，具有乳酸乙酯和乙酸乙酯为主体的复合香气

项目	优级	一级
口味	酒体谐调、醇厚甘洌、回味悠长	酒体谐调、醇厚甘洌、回味悠长
风格	具有本品典型的风格	具有本品明显的风格

① 当酒的温度低于10℃时,允许出现白色絮状沉淀物质或失光。10℃以上时应逐渐恢复正常。

附表1-28 低度酒感官要求

项目	优级	一级
色泽和外观	无色或微黄、清亮透明,无悬浮物,无沉淀①	
香气	醇香清雅,具有乳酸乙酯和乙酸乙酯为主体的自然谐调的复合香气	醇香清雅,具有乳酸乙酯和乙酸乙酯为主体的复合香气
口味	酒体谐调、醇和甘润、回味较长	酒体谐调、醇和甘润、有回味
风格	具有本品典型的风格	具有本品明显的风格

① 当酒的温度低于10℃时,允许出现白色絮状沉淀物质或失光。10℃以上时应逐渐恢复正常。

（4）理化要求　高度酒、低度酒的理化要求应分别符合附表1-29、附表1-30的规定。

附表1-29 高度酒理化要求

项目	优级	一级
酒精度/%	41～68	
总酸（以乙酸计）/(g/L) ≥	0.40	0.30
总酯（以乙酸乙酯计）/(g/L) ≥	1.20	1.00
乳酸乙酯/乙酸乙酯/(g/L) ≥	0.8	
乳酸乙酯/(g/L) ≥	0.5	0.4
己酸乙酯/(g/L) ≤	0.03	
固形物/(g/L) ≤	0.5	

附表1-30 低度酒理化要求

项目	优级	一级
酒精度/%	18～40	
总酸（以乙酸计）/(g/L) ≥	0.30	0.25
总酯（以乙酸乙酯计）/(g/L) ≥	1.00	0.80
乳酸乙酯/乙酸乙酯/(g/L) ≥	0.8	
乳酸乙酯/(g/L) ≥	0.4	0.3
己酸乙酯/(g/L) ≤	0.03	
固形物/(g/L) ≤	0.7	

9. 茅台酒 GB/T 18356—2007

（1）贵州茅台酒　以优质高粱、小麦、水为原料，并在贵州省仁怀市茅台镇的特定地域范围内按贵州茅台酒传统工艺生产的酒。

（2）感官要求　见附表1-31。

附表1-31　感官要求

项目	53%陈年贵州茅台酒	53%贵州茅台酒	43%贵州茅台酒	38%贵州茅台酒	33%贵州茅台酒
色泽	微黄透明、无悬浮物、无沉淀	无色（微黄）透明、无悬浮物、无沉淀	清澈透明、无悬浮物、无沉淀	清澈透明、无悬浮物、无沉淀	清澈透明、无悬浮物、无沉淀
香气	酱香突出、老熟香明显、幽雅细腻、空杯留香持久	酱香突出、幽雅细腻、空杯留香持久	酱香显著、幽雅细腻、空杯留香持久	酱香明显、香气幽雅、空杯留香持久	酱香明显、香气较幽雅、空杯留香持久
口味	老熟味显著、幽雅细腻、醇厚、丰满、回味悠长	醇厚丰满、回味悠长	丰满醇和、回味悠长	绵柔、醇和、回甜、味长	醇和、回甜、味长
风格	酱香突出、幽雅细腻、醇厚、丰满、老熟味舒适显著、回味悠长、空杯留香持久	酱香突出、幽雅细腻、醇厚丰满、回味悠长、空杯留香持久	具有贵州茅台酒独特风格	具有贵州茅台酒独特风格	具有贵州茅台酒独特风格

（3）理化指标　见附表1-32。

附表1-32　理化指标

项目	53%陈年贵州茅台酒	53%贵州茅台酒	43%贵州茅台酒	38%贵州茅台酒	33%贵州茅台酒
酒精度/%	53.0	53.0	43.0	38.0	33.0
总酸（以乙酸计）/（g/L）	2.00～3.00	1.50～3.00	1.00～2.50	0.80～2.50	0.80～2.50
总酯（以乙酸乙酯计）/（g/L）≥	2.50	2.50	2.00	1.50	1.50
固形物/（g/L）≤	1.00	0.70	0.70	0.70	0.70

注：酒精度允许公差为±1%。

10. 浓酱兼香型白酒 GB/T 23547—2009

（1）浓酱兼香型白酒　以粮谷为原料，经传统固态法发酵、蒸馏、陈酿、勾兑而成的，未添加食用酒精及非白酒发酵产生的呈香呈味物质，具有浓香兼酱香独特风格的白酒。

（2）按产品的酒精度分　高度酒，酒精度41%～68%；低度酒，酒精度18%～40%。

（3）感官要求　高度酒、低度酒的感官要求应分别符合附表1-33、附表1-34的规定。

附表1-33　高度酒感官要求

项目	优级	一级
色泽和外观	无色或微黄、清亮透明，无悬浮物，无沉淀①	
香气	浓酱谐调，幽雅馥郁	浓酱较谐调，纯正舒适
口味	细腻丰满，回味爽净	醇厚柔和，回味较爽
风格	具有本品典型的风格	具有本品明显的风格

① 当酒的温度低于10℃时，允许出现白色絮状沉淀物质或失光。10℃以上时应逐渐恢复正常。

附表1-34　低度酒感官要求

项目	优级	一级
色泽和外观	无色或微黄、清亮透明，无悬浮物，无沉淀①	
香气	浓酱谐调，幽雅舒适	浓酱较谐调，纯正舒适
口味	醇厚丰满，回味净爽	醇甜柔和，回味较爽
风格	具有本品典型的风格	具有本品明显的风格

① 当酒的温度低于10℃时，允许出现白色絮状沉淀物质或失光。10℃以上时应逐渐恢复正常。

（4）理化要求　高度酒、低度酒的理化要求应分别符合附表1-35、附表1-36的规定。

附表1-35　高度酒理化要求

项目	优级	一级
酒精度/%	41～68	
总酸（以乙酸计）/（g/L）≥	0.50	0.30
总酯（以乙酸乙酯计）/（g/L）≥	2.00	1.00
正丙醇/（g/L）	0.25～1.20	
己酸乙酯/（g/L）	0.60～2.00	0.60～1.80
固形物/（g/L）≤	0.8	

附表1-36　低度酒理化要求

项目	优级	一级
酒精度/%	18～40	
总酸（以乙酸计）/（g/L）≥	0.30	0.20
总酯（以乙酸乙酯计）/（g/L）≥	1.40	0.60
正丙醇/（g/L）	0.20～1.00	
己酸乙酯/（g/L）	0.50～1.60	0.50～1.30
固形物/（g/L）≤	0.8	

11.液态法白酒 GB/T 20821—2007

（1）液态法白酒　以含淀粉、糖类物质为原料，采用液态糖化、发酵、蒸馏所得的基酒（或食用酒精），可用香醅串香或用食品添加剂调味调香，勾调而成的白酒。

（2）按产品的酒精度分　高度酒，酒精度41%～60%；低度酒，酒精度18%～40%。

（3）感官要求　见附表1-37。

附表1-37　感官要求

项目	要求
色泽和外观	无色或微黄，清亮透明，无悬浮物，无沉淀
香气	具有纯正、舒适、协调的香气
口味	具有醇甜、柔和、爽净的口味
风格	具有本品的风格

（4）理化要求　见附表1-38。

附表1-38　理化要求

项目	高度酒	低度酒
酒精度/%	41～60	18～40
总酸（以乙酸计）/（g/L）≥	0.25	0.10
总酯（以乙酸乙酯计）/（g/L）≥	0.40	0.20

（5）卫生要求　除甲醇、铅符合附表1-39的要求外，其余要求应符合GB 2760的规定。

附表1-39　卫生要求

项目	高度酒	低度酒
甲醇/（g/L）≤	0.30（注：按60%折算）	
铅/（mg/L）≤	0.5	
食品添加剂	符合GB2760的规定	

12.固液法白酒 GB/T 20822—2007

（1）固液法白酒　指以粮谷为原料，采用固态（或半固态）糖化、发酵、蒸馏，经陈酿、勾兑而成的，未添加食用酒精及非白酒发酵产生的呈香呈味物质，具有本品固有风格特征的白酒。

（2）感官要求　高度酒、低度酒的感官要求应分别符合附表1-40的规定。

附表1-40　感官要求

项目	高度酒	低度酒
色泽和外观	无色或微黄，清亮透明，无悬浮物，无沉淀①	
香气	具有本品特有的香气	
口味	酒体柔顺、醇甜、爽净	酒体柔顺、醇甜、较爽净
风格	具有本品典型的风格	

① 当酒的温度低于10℃时，允许出现白色絮状沉淀物质或失光。10℃以上时应逐渐恢复正常。

（3）理化指标　见附表1-41。

附表1-41　理化要求

项目	高度酒	低度酒
酒精度/%	41～60	18～40
总酸（以乙酸计）/（g/L）≥	0.30	0.20
总酯（以乙酸乙酯计）/（g/L）≥	0.60	0.35

（4）卫生要求　除甲醇、铅符合附表1-42的要求外，其余要求应符合GB 2757的规定。

附表1-42　卫生要求

项目	高度酒	低度酒
甲醇/（g/L）≤	0.30（注：按60%折算）	
铅/（mg/L）≤	0.5	

13.白酒分析方法 GB/T 10345—2007

（1）感官评定

① 原理　感官评定是指评酒者通过眼、鼻、口等感觉器官，对白酒样品的色泽、香气、口味及风格特征的分析评价。

② 品评　样品的准备：将样品放置于20℃±2℃环境下平衡24h后，采取密码标记后进行感官品评。

a.色泽。将样品注入洁净、干燥的品酒杯中（注入量为品酒杯的1/2～2/3），在明亮处观察，记录其色泽、清亮程度、沉淀及悬浮物情况。

b.香气。将样品注入洁净、干燥的品酒杯中（注入量为品酒杯的1/2～2/3），先轻轻摇动酒杯，然后用鼻进行嗅闻，记录其香气特征。

c.口味。将样品注入洁净、干燥的品酒杯中（注入量为品酒杯的1/2～2/3），喝入少量样品（约2mL）于口中，以味觉器官仔细品尝，记下口味特征。

d.风格。通过品评样品的香气、口味并综合分析，判断是否具有该产品的风格特点，并记录其典型样程度。

（2）理化指标评定

① 酒精度

a.密度瓶法

原理：以蒸馏法去除样品中的不挥发性物质，用密度瓶法测出试样（酒精水溶液）20℃时的密度，求得在20℃时乙醇含量的体积分数，即为酒精度。

仪器：全玻璃整流器：500mL；恒温水浴：控温精度±0.1℃；附温度计密度瓶：25mL或50mL。

试样液的制备：用一洁净、干燥的100mL容量瓶。准确量取样品（液温20℃）100mL于500mL蒸馏瓶中，用50mL水分三次冲洗容量瓶，洗液并入蒸馏瓶中，加几颗沸石（或玻璃珠），连接蛇形冷凝管，以取样用的原容量瓶作接收器（外加冰浴），开启冷却水（冷却水温度宜低于15℃），缓慢加热蒸馏（沸腾后蒸馏时间应控制在30～40min内完成），收集馏出液，当接近刻度时，取下容量瓶，盖塞，于20℃水浴中保温30min，再补加至刻度，混匀，备用。

分析步骤：将密度瓶洗净，反复烘干、称量，直至恒重（m）。

取下带温度计的瓶塞，将煮沸冷却至15℃的水注满已恒重的密度瓶中，插上带温度计的瓶塞（瓶中不得有气泡），立即浸入20℃的恒温水浴中，待内容物温度达20℃并保持20min不变后，用滤纸快速吸去溢出侧管的液体，立即盖好侧支上的小罩，取出密度瓶，用滤纸擦干瓶外壁上的水液，立即称量（m₁）。

将水倒出，先用无水乙醇，再用乙醚冲洗密度瓶，吹干，用试样液反复冲洗密度瓶3～5次，然后装满。重复上述操作，称量（m₂）。

结果计算：试样液（20℃）的相对密度按下列式子计算。

$$d_{20}^{20}=\frac{m_2-m}{m_1-m}$$

式中　d_{20}^{20}——试样液的相对密度；

　　　m_2——密度瓶和试样液的质量，g；

　　　m——密度瓶的质量，g；

　　　m_1——密度瓶和水的质量，g。

根据试样液的相对密度d_{20}^{20}，查表，求得20℃时样品的酒精度。

所得结果应表示至一位小数。

b.酒精计法

原理：用精密酒精计读取酒精体积分数示值，然后查表进行温度校正，求得在20℃时乙醇含量的体积分数，即为酒精度。

仪器：精密酒精计，分度值为0.1%。

分析步骤：将试样液注入洁净、干燥的100mL量筒中，静置数分钟，待酒中气泡消失后，放入洁净、干燥的酒精计，再轻轻按一下，不应接触量筒壁，同时插入温度计，平衡约5min，水平观测，读取弯月面相切处的刻度示值，同时记录温度。根据测得的酒精计示值和温度，查表，换算成20℃时样品的酒精度。所得结果应表示至一位小数。

② 总酸

a.指示剂法

原理：白酒中的有机酸，以酚酞为指示剂，采用氢氧化钠溶液进行中和滴定，以消耗氢氧化钠标准滴定溶液的量计算总酸的含量。

试剂和溶液：酚酞指示剂（10g/L），按GB/T 603配制；氢氧化钠标准滴定溶液0.1mol/L，按GB/T 601配制与标定。

分析步骤：吸取样品50mL于250mL锥形瓶中，加入酚酞指示剂2滴；以氢氧化钠标准滴定液滴定至微红色，即为其终点。

结果计算：样品中的总酸含量按下式计算。

$$X = \frac{c \times V \times 60}{50.0}$$

式中　X——样品中总酸的质量浓度（以乙酸计），g/L；

　　　c——氢氧化钠标准滴定溶液的实际浓度，mol/L；

　　　V——测定时消耗氢氧化钠标准滴定溶液的体积，mL；

　　60——乙酸的摩尔质量的数值，g/mol；

　50.0——吸取样品的体积，mL。

所得结果应表示至两位小数。

b.电位滴定法

原理：白酒中的有机酸，以酚酞为指示剂，采用氢氧化钠溶液进行中和滴定，当滴定接近终点时，利用pH变化指示终点。

试剂和溶液同指示剂法测定；仪器：电位滴定仪（或酸度计），精度为2mV。

分析步骤：按使用说明书安装调试仪器，根据液温进行校正定位。

吸取样品50mL（若用复合电极可酌情增加取样量）于100mL烧杯中，插入电极，放入一枚转子，置于电磁搅拌器上，开始搅拌，初始阶段可快速滴加氢氧化钠标准滴定溶液，当样液pH=8.00后，放慢滴定速度，每次滴加半滴溶液，直至pH=9.00为其终点，记录消耗氢氧化钠标准滴定溶液的体积。

结果计算：样品中的总酸含量按下式计算。

$$X = \frac{c \times V \times 60}{50.0}$$

式中　X——样品中总酸的质量浓度（以乙酸计），g/L；

　　　c——氢氧化钠标准滴定溶液的实际浓度，mol/L；

　　　V——测定时消耗氢氧化钠标准滴定溶液的体积，mL；

　　　60——乙酸的摩尔质量的数值，g/mol；

　　50.0——吸取样品的体积，mL。

所得结果应表示至两位小数。

③ 总酯

a.指示剂法

原理：用碱中和样品中的游离酸，再准确加入一定量的碱，加热回流使酯类皂化。通过消耗碱的量计算出总酯的含量。

仪器：全玻璃蒸馏器500mL；全玻璃回流装置，回流瓶1000mL/250mL；碱式滴定管25mL/50mL；酸式滴定管25mL/50mL。

试剂和溶液：氢氧化钠标准滴定溶液0.1mol/L，按GB/T 601配制与标定；氢氧化钠标准溶液3.5mol/L，按GB/T 601配制；硫酸标准滴定溶液0.1mol/L，按GB/T 601配制与标定；乙醇（无酯）溶液（体积分数为40%）：量取95%乙醇600mL于1000mL回流瓶中，加氢氧化钠标准溶液5mL，加热回流皂化1h。然后移入蒸馏器中重蒸，再配成40%体积分数的乙醇溶液；酚酞指示剂（10g/L），按GB/T 603配制。

分析步骤：吸取样品50mL与250mL回流瓶中，加2滴酚酞指示剂，以氢氧化钠标准滴定溶液滴定至粉红色（切勿过量），记录消耗氢氧化钠标准滴定溶液的毫升数（也可作为总酸含量计算）。再准确加入氢氧化钠标准滴定溶液25mL（若样品总酯含量高时，可加入50mL），摇匀，放入几颗沸石或玻璃珠，装上冷凝管，于沸水浴上回流30min，取下，冷却。然后，用硫酸标准滴定，使微红色刚好完全消失为其终点，记录消耗硫酸标准滴定溶液的体积。同时吸取乙醇（无酯）溶液50mL，按上述方法同样操作做空白试验，记录消耗硫酸标准溶液的体积。

结果计算：样品中的总酯含量按下式计算。

$$X = \frac{c \times (V_0 - V_1) \times 88}{50.0}$$

式中　X——样品中总酯的质量浓度（以乙酸乙酯计），g/L；

　　　c——硫酸标准滴定溶液的实际浓度，mol/L；

　　　V_0——空白试验样品消耗硫酸标准滴定溶液的体积，mL；

V_1——样品消耗硫酸标准滴定溶液的体积，mL；

88——乙酸乙酯的摩尔质量的数值，g/mol；

50.0——吸取样品的体积，mL。

所得结果应表示至两位小数。

b.电位滴定法

原理：用碱中和样品中的游离酸，再加入一定量的碱，回流皂化。用硫酸溶液进行中和滴定，当滴定接近终点时，利用pH变化指示终点。

仪器和试剂溶液同指示剂法中的。

分析步骤：按使用说明书安装调试仪器，根据液温进行校正定位。

吸取样品50mL于250mL回流瓶中，加两滴酚酞指示剂，以氢氧化钠标准滴定溶液滴定至粉红色（切勿过量），记录消耗氢氧化钠标准滴定溶液的毫升数（也可作为总酸含量计算）。再准确加入氢氧化钠标准滴定溶液25mL（若样品中总酯含量高时，可加入50mL），摇匀，放入几颗沸石或玻璃珠，装上冷凝管，于沸水浴上回流30min后取下，冷却。将样液移入100mL小烧杯中，用10mL水分次冲洗回流瓶，洗液并入小烧杯中。插入电极，放入一枚转子，置于电磁搅拌器上，开始搅拌，初始阶段可快速滴加硫酸标准溶液，当样液pH=9.00后，放慢滴定速度，每次滴加半滴溶液，直至pH=8.70为其终点，记录消耗硫酸标准滴定溶液的体积。同时吸取乙醇（无酯）溶液50mL，按上述方法同样操作做空白试验，记录消耗硫酸标准滴定溶液的体积。

结果计算：样品中的总酯含量按下式计算。

$$X = \frac{c \times (V_0 - V_1) \times 88}{50.0}$$

式中　X——样品中总酯的质量浓度（以乙酸乙酯计），g/L；

　　　c——硫酸标准滴定溶液的实际浓度，mol/L；

　　　V_0——空白试验样品消耗硫酸标准滴定溶液的体积，mL；

　　　V_1——样品消耗硫酸标准滴定溶液的体积，mL；

　　　88——乙酸乙酯的摩尔质量的数值，g/mol；

50.0——吸取样品的体积，mL。

所得结果应表示至两位小数。

④ 固形物

原理：白酒经蒸发、烘干后，不挥发性物质残留于皿中，用称量法测定。

仪器：电热干燥箱（控温精度±2℃）；分析天平（感量0.1mg）；瓷蒸发皿100mL；干燥器（用变色硅胶作干燥剂）。

分析步骤：吸取样品50mL注入已烘干至恒重的100mL瓷蒸发皿中，置于沸水浴上，蒸发至干，然后将蒸发皿放入（103±2）℃电热干燥箱内，烘2h取出，置于干燥器内30min，称量。再放入电热干燥箱内，烘1h取出，置于干燥器内30min，称量。重复上述操作，直至恒重。

结果计算：样品中固形物含量按下式计算。

$$X = \frac{m-m_1}{50.0} \times 1000$$

式中　X——样品中固形物的质量浓度，g/L；

　　　m——固形物和蒸发皿的质量，g；

　　　m_1——蒸发皿的质量，g；

　　50.0——吸取样品的体积，mL。

所得结果应表示至两位小数。

⑤ 乙酸乙酯

a.原理。样品被气化后，随同载气进入色谱柱，利用被测定的各组分在气液两相中具有不通过的分配系数，在柱内形成迁移速度的差异而得到分离。分离后的组分先后流出色谱柱，

进入氢火焰离子化检测器，根据色谱图上各组分峰的保留值与标样相对照进行定性；利用峰面积（或峰高），以内标法定量。

b.仪器和材料。气相色谱仪（备有氢火焰离子化检测器FID）。

毛细管柱：LZP-930白酒分析专用柱（柱长18m，内径0.53mm）或FFAP毛细管色谱柱（柱长35 ~ 50m，内径0.25mm，涂层0.2μm），或其他具有同等分析效果的毛细管色谱柱。

填充柱：柱长不短于2m。

载体：白色担体102（酸洗、硅烷化），80 ~ 100目。

固定液：20%DNP（邻苯二甲酸二壬酯）加7%吐温80，或10%PEG（聚乙二醇）1500或PEG20M。

微量注射器：10μL、1μL。

c.试剂和溶液

乙醇溶液（60% 体积分数）：用乙醇（色谱纯）加水配制。

乙酸乙酯溶液（2% 体积分数）：作标样用。吸取乙酸乙酯（色谱纯）2mL，用乙醇溶液定容至100mL。

乙酸正戊酯溶液（2% 体积分数）：使用毛细管色谱柱作内标用。吸取乙酸正戊酯（色谱纯）2mL，用乙醇溶液定容至100mL。

乙酸正丁酯溶液（2% 体积分数）：使用填充柱作内标用。吸取乙酸正丁酯（色谱纯）2mL，用乙醇溶液定容至100mL。

d.分析步骤。色谱参考条件见附表1-43。

附表1-43　色谱参考条件

项目	毛细管柱	填充柱
载气（高纯氮）	流速为0.5～1.0mL/min，分流比约37∶1，尾吹约20～30mL/min	流速为150mL/min
氢气	流速为40mL/min	流速为40mL/min
空气	流速为400mL/min	流速为400mL/min
检测器温度（TD）	220℃	150℃
注样器温度（T1）	220℃	150℃
柱温（TC）	起始温度60℃，恒温3min，以3.5℃/min程序升温至180℃，继续恒温10min	90℃，等温

载气、氢气、空气的流速等色谱条件随仪器而异，应通过试验选择最佳操作条件，以内标峰与样品中其他组分峰获得完全分离为准。

e.校正因子（f值）的测定。吸取乙酸乙酯溶液1.00mL，移入100mL容量瓶中，加入内标溶液1.00mL，用乙醇溶液稀释至刻度。上述溶液中乙酸乙酯和内标的浓度均为0.02%（体积分数）。待色谱仪基线稳定后，用微量注射器进样，进样量随仪器的灵敏度而定。记录乙酸乙酯和内标峰的保留时间及其峰面积（或峰高），用其比值计算出乙酸乙酯的相对校正因子。

校正因子按下式计算。

$$f = \frac{A_1}{A_2} \times \frac{d_2}{d_1}$$

式中　f——乙酸乙酯的相对校正因子；

A_1——标样f值测定时内标的峰面积（或峰高）；

A_2——标样f值测定时乙酸乙酯的峰面积（或峰高）；

d_2——乙酸乙酯的相对密度；

d_1——内标物的相对密度。

f.样品测定。吸取样品10mL于10mL容量瓶中，加入内标溶液0.10mL，混匀后，在与f值测定相同的条件下进样，根据保留时间确定乙酸乙酯峰的位置，并测定乙酸乙酯与内标峰面积（或峰高），求出峰面积（或峰高）之比，计算出样品中乙酸乙酯的含量。

g.结果计算。样品中的乙酸乙酯含量按下式计算。

$$X_1 = f \times \frac{A_3}{A_4} \times I \times 10^{-3}$$

式中　X_1——样品中乙酸乙酯的质量浓度，g/L；

f——乙酸乙酯的相对校正因子；

A_3——样品中乙酸乙酯的峰面积（或峰高）；

A_4——样品中内标物的峰面积（或峰高）；

I——内标物的质量浓度（添加在酒样中），mg/L。

所得结果应表示至两位小数。

⑥ 己酸乙酯

a.原理。同乙酸乙酯的测定原理。

b.仪器和材料。气相色谱仪（备有氢火焰离子化器FID）。

毛细管柱：LZP-930白酒分析专用柱（柱长18m，内径0.53mm）或FFAP毛细管色谱柱（柱长35～50m，内径0.25mm，涂层0.2μm），或其他具有同等分析效果的毛细管色谱柱。

填充柱：柱长不短于2m。

载体：白色担体102（酸洗、硅烷化），80～100目。

固定液：20%DNP（邻苯二甲酸二壬酯）加7%吐温80，或10%PEG（聚乙二醇）1500或PEG20M。

微量注射器：10μL、1μL。

c.试剂和溶液

乙醇溶液（60%体积分数）：用乙醇（色谱纯）加水配制。

己酸乙酯溶液（2%体积分数）：作标样用。吸取己酸乙酯（色谱纯）2mL，用乙醇溶液定容至100mL。

乙酸正戊酯溶液（2%体积分数）：使用毛细管色谱柱作内标用。吸取乙酸正戊酯（色谱纯）2mL，用乙醇溶液定容至100mL。

乙酸正丁酯溶液（2%体积分数）：使用填充柱作内标用。吸取乙酸正丁酯（色谱纯）2mL，用乙醇溶液定容至100mL。

d.分析步骤。除标样改为己酸乙酯溶液外，其他操作同乙酸乙酯的测定方法。

乳酸乙酯和丁酸乙酯的测定方法和乙酸乙酯、己酸乙酯的测定相同（除了将标样分别改为乳酸乙酯溶液和丁酸乙酯溶液）。

14.白酒检验规则和标志、包装、运输、储存GB/T 10346—2006

（1）检验规则

① 验收　生产厂家每次勾兑、调配、包装出厂的质量相同、均一并具有相同质量证明书的产品即为一批。

生产厂家必须按本标准规定逐批进行检验，保证产品质量，并应附有质量检验部门签署的质量合格证，不合格产品一律不得出厂。

受货方有权从该产品中抽样，按产品技术要求与本标准规定进行检验。检验结果，如有一项不符合要求时，可重新从两倍量包装中抽样复检，如有异议，应在规定时间（收到货30天）内，与生产方共同协商解决。

当供需双方对产品质量发生异议时，可请上级法定质量检验部门仲裁，费用由败诉方承担。

② 取样方法。按附表1-44抽取样本，从每箱中任取一瓶，单件包装净含量小于500mL，总取样量不足1500mL时，可按比例增加抽样量。

附表1-44　抽样表

批量范围/箱	样本数/箱	单位样本数/瓶
50以下	3	3
50～1200	5	2
1201～35000	8	1
35000以上	13	1

（2）检验分类

① 出厂检验　检验项目：甲醇、杂醇油、感官要求、酒精度、总酸、总酯、固形物、香型特征指标、净含量和标签。

② 型式检验　检验项目：产品标准中技术要求的全部项目。

一般情况下，同一类产品的型式检验每年进行一次，有下列情况之一者，亦应进行：原辅料有较大变化时；更改关键工艺或设备时；新试制的产品或正常生产的产品停产3个月后，重新恢复生产时；出厂检验与上次型式检验结果有较大差异时；国家质量监督检验机构按有关规定需要抽检时。

（3）判定规则　检验结果有不超过两项指标不符合相应的产品标准要求时，应重新自同批产品中抽取两倍量的样品进行复检，以复检结果为准。

若复检结果中仍有卫生指标不符合GB 2757要求，则判该批次产品为不合格。

若产品标签上标注为"优级"品，复检结果仍有一项理化指标不符合"优级"，但符合"一级"指标要求，可按"一级"判定为合格；若不符合"一级"指标要求时，则判该批产品为不合格。

当供需双方对检验结果有异议时，可由有关方协商解决，或委托有关单位进行仲裁检验，以仲裁检验结果为准。

（4）标志、包装、运输和储存

① 标志　预包装白酒标签应符合GB 10344的有关规定。非传统发酵法生产的白酒，应在"原料与配料"中标注添加的食用酒精及非白酒发酵产生的呈香呈味物质（符合GB 2760要求）。

外包装纸箱上除标明产品名称、制造者名称和地址外，还应标明单位包装的净含量和总数量。

包装储运图示标志应符合GB/T 191的要求。

② 包装

a.包装容器应使用符合食品卫生要求的瓶、盖。

b.包装容器体端正、清洁、封装严密、无渗漏酒现象。

c.外包装应使用合格的包装材料，箱内宜有防振、防碰撞的间隔材料。

d.产品出厂前，应由生产厂的质量监督检验部门按本标准规定逐批进行检验，并附有质量合格证，检验合格，方可出厂。产品质量检验合格证明（合格证）可以放在包装箱内，或放在独立的包装盒内，也可在标签上打印"合格"二字。

③ 运输、储存

a.运输时应避免强烈震荡、日晒、雨淋，装卸时应轻拿轻放。

b.成品应储存于干燥、通风、阴凉和清洁的库房中，库内温度宜保持在10 ~ 25℃。

c.不得与有毒、有害、有腐蚀性和污染物混运、混储。

d.成品不得与潮湿地面直接接触。

15.蒸馏酒及配制酒卫生标准GB 2757

（1）蒸馏酒　蒸馏酒系指以含糖或淀粉为原料，经糖化发酵蒸馏而制得的白酒。

（2）配制酒　配制酒系指以发酵酒或蒸馏酒作酒基，经添加可使用的辅料配制而成。

（3）感官指标　透明无色液体（配制酒可有色），无沉淀杂质，无异臭异味。

（4）理化指标　见附表1-45。

附表1-45　理化指标

项目		指标
甲醇/（g/100mL）	以谷类为原料者	≤0.04
	以薯干及代用品为原料者	≤0.12
	杂醇油（以异丁醇和异戊醇计）	≤0.12
氰化物/（以HCN计）/（mg/L）	以木薯为原料者	≤5
	以代用品为原料者	≤2
铅/（以Pb计）/（mg/L）		≤1
锰/（以Mn计）/（mg/L）		≤2
食品添加剂		按GB 2760—1981规定

注：以上系指60°蒸馏酒的标准，高于或低于60°者，按60°折算。

附录2　白酒常识及品评知识题库

1.中温曲的制曲顶温应控制为（B）℃。

A、60 ~ 65　　　B、50 ~ 60　　　C、40 ~ 50　　　D、28 ~ 32

2.浓香型白酒的窖香香气主要来源于（C）。

A、混蒸混烧　　B、续糟配料　　　C、泥窖发酵　　D、固态发酵

3.白酒蒸馏操作中缓火蒸馏的主要目的是（C）

A、控制酒温　　B、提高产量　　　C、提高质量　　D、粮食糊化

4.清香型白酒工艺的特点是（C）。

A、高温堆积　　B、混蒸混烧　　　C、清蒸清烧　　D、清蒸混烧

5.进行乳酸发酵的主要是（C）。

A、酵母菌　　　B、霉菌　　　　　C、细菌　　　　D、放线菌

6.酱香型白酒生产采用高温发酵，窖内品温达（C）对产量、质量有利。

A、35 ~ 39℃　B、48 ~ 50℃　　C、42 ~ 45℃　　D、49 ~ 52℃

7.清香型白酒生产以大麦和豌豆制成的（C）大曲，作为糖化发酵剂。

A、高温　　　　B、中高温　　　　C、低温　　　　D、中温

8.药香型白酒中总酸含量较高，尤以（A）较为突出。

A、丁酸　　　　B、乙酸　　　　　C、丙酸　　　　D、己酸

9.芝麻香酒接选的分段表述不恰当的是（A）。

A、酒头　　　　B、前段　　　　　C、中段　　　　D、后段

10.豉香型白酒以大米为原料、以小曲酒饼粉为糖化发酵剂，采用（B）
发酵。

A、固态　　　　B、液态　　　　　C、半固态

11.甲烷菌和己酸菌以（B）为多。

A、新窖　　　　　　　　　　　　B、老窖

12.制作高温大曲有轻水曲、重水曲之分，重水曲（B）。

A、糖化力高　　　　　　　　　　B、糖化力低

13.玉冰烧酒发酵容器是：（B）。

A、窖池　　　　　　　　　　　　B、缸

14.浓香型酒中最容易出现的泥臭味主要来自于：（A）

A、窖泥和操作不当　　　　　　　B、原料关系

15.乳酸乙酯为总酯含量最高的白酒是：（B）。

A、清香型　　　B、米香型　　　　C、特型

16.在名优白酒中，总酸含量最高的酒是：（C）。

A、茅台酒　　　　B、泸州特曲老窖　C、董酒　　　　　D、桂林三花酒

17.乙缩醛是构成白酒风味特征的：（A）。

A、骨架成分　　　B、协调成分　　　C、微量成分

18.在甜味物质中加入酸味物质是：（B）。

A、相乘作用　　　B、相杀作用

19.影响大曲中微生物的种类和数量的主要因素是：（C）。

A、曲块形状　　　B、制曲原料　　　C、培养温度

20.曲药储存期最佳时间为：（A）。

A、储存期半年左右　　　　　　　B、储存期1年

C、储存期1年半

21.根霉麸曲的制作工艺：（A）。

A、斜面种→三角瓶→曲盘→通风制曲→干燥

B、斜面种→曲盘→三角瓶→通风制曲→干燥

22.制曲过程是各种生化反应发生过程，原料中淀粉、蛋白质分解为（C）。

A、还原糖　　　B、氨基酸　　　C、还原糖、氨基酸

23.白酒酿造用水一般在（D）以下都可以。

A、软水　　　　B、普通硬水　　　C、中等硬水　　　D、硬水

24.大曲发酵完成后，曲坯表面的生淀粉部分称为（C）。

A、表皮　　　　B、外皮　　　　C、皮张　　　　D、生皮

25.酱香型酒的粮曲比是（C）。

A、1∶0.4　　　B、1∶0.8　　　C、1∶1.2

26.曲虫危害生产及生活环境，尤其在每年（C）月份为高峰期。

A、3～5　　　　B、5～7　　　　C、7～9　　　　D、9～11、

27.我国优质麸曲白酒的首次亮相是在（D）年的第二届全国评酒会上。

A、1953　　　　B、1956　　　　C、1962　　　　D、1963

28.麸曲白酒生产中的混蒸续渣法老五甑工艺适用于（A）原料酿酒。

A、含淀粉高　　　B、含淀粉低　　　C、糖质

29.大曲酒发酵工艺中不打黄水坑、不滴窖的属于（C）法工艺。

A、原窖法　　　　B、跑窖法　　　　C、老五甑法　　　　D、六分法

30.蒸馏时流酒温度较高的酒，储存期可相应（A）。

A、缩短　　　　B、延长　　　　C、与流酒温度无关

31.汾酒上霉是制曲的第一阶段，让曲坯表面生长白色斑点，称为上霉，俗称"生衣"。此斑点主要为（C），有利于保持曲坯的水分。

A、黄曲霉　　　　B、毛霉　　　　　C、拟内孢霉　　　D、根霉

32.酿造原辅材料稻壳清蒸是为了除去（C）。

A、甲醛　　　　　B、甲醇　　　　　C、糠醛　　　　　D、乙醛

33.特型酒制曲酿酒工艺是采用多菌种（A）发酵法。

A、自然　　　　　B、选择　　　　　C、培养　　　　　D、控制

34.淀粉吸附法生产低度白酒，玉米淀粉较优，（D）淀粉最好；糊化熟淀粉优于生淀粉。

A、豌豆　　　　　B、小麦　　　　　C、马铃薯　　　　D、糯米

35.选取发酵期较长的酒醅蒸出的酒头，每甑粮糟或丢糟可截取酒头0.5～1kg，收集后分类入库储存（C），即可为酒头调味酒。

A、三个月　　　　B、半年　　　　　C、1年　　　　　D、2年

36.先培菌糖化后发酵的半固态发酵工艺的典型代表是（A）酒。

A、三花　　　　　B、玉冰烧　　　　C、四特　　　　　D、白云边

37.大小曲混用工艺的典型代表是（B）酒。

A、董酒　　　　　B、酒鬼酒　　　　C、三花酒　　　　D、玉冰烧酒

38.酱香型酒分型中的酱香酒主要产于（A）中。

A、面糟　　　　　B、中层酒醅　　　C、底层酒醅　　　D、中、底层酒醅

39.大曲中心呈现的红、黄色素就是　（D）作用的结果。

A、米曲霉　　　　B、黑曲霉　　　　C、黄曲霉　　　　D、红曲霉

40.桂林三花酒蒸饭质量要求：不烂、不结块、不夹生、表皮干水、饭粒膨松、粒粒熟透无白心，含水量为（B）%。

A、55～60　　　B、60～65　　　C、65～70　　　D、70～75

41.黄水中（C）含量尤其丰富，它们是构成白酒的呈香呈味物质。

A、酯类　　　　　B、醛类　　　　　C、有机酸　　　　D、醇类

42.酯类化合物约占香味物质总含量的（C）%。

A、70　　　　　　B、80　　　　　　C、60　　　　　　D、50

43.清香型白酒工艺最突出的特点是：(C)。

A、高温堆积　　　B、混蒸混烧　　　C、清蒸清烧

D、石窖泥底为发酵设备　　　　E、半固态发酵

44.浓香型白酒通常情况下使用的曲种为：(B)。

A、高温曲　　　　B、中温曲　　　　C、低温曲

D、小曲　　　　　E、根霉曲

45.米香型白酒主体香味物质为：(B)。

A、乳酸乙酯+乙酸乙酯

B、乳酸乙酯+乙酸乙酯+β-苯乙醇

C、乙酸乙酯+β-苯乙醇

D、乳酸乙酯+β-苯乙醇

46.白酒中杂醇油是（A）后经发酵而生成的。

A、原料中蛋白质酶解成氨基酸　　　　B、淀粉酶解成还原糖

C、木质素酶解成阿魏酸　　　　　　　D、纤维素酶解成还原矿

47.辅料糠壳清蒸时间过长则：（B）。

A、物料松散　　　　B、骨力下降　　　　C、二氧化硅减少

48.中国白酒为（B）发酵技术。

A、单边　　　　　　B、双边　　　　　　C、多边

49.浓香型白酒酿造时主要是通过（C）控制入窖淀粉浓度。

A、控制淀粉粉碎度　　　　　　　　　B、配糠量

C、配醅量　　　　　　　　　　　　　D、加水量

50.高温曲中酸性蛋白酶含量比中温曲（B）。

A、低　　　　　　　B、高　　　　　　　C、相同

51.成品高温曲的主要微生物是（A）。

A、细菌　　　　　　B、酵母菌　　　　　C、放线菌

52.一般来说，增加（C）%的用糠量（按投粮比例）可降低0.1的酸度。

A、1　　　　　　　B、2　　　　　　　C、3　　　　　　　D、4

53.己酸菌、丁酸菌等窖泥功能菌的最适宜温度为（D）。

A、25～28　　　B、28～30　　　C、30～32　　　D、32～34

54.高粱淀粉含量最低要达到（C）。

A、70%　　　　　B、65%　　　　　C、60%　　　　　D、55%

55.白酒在蒸馏过程中，乙酸乙酯主要在（A）部分。

A、酒头　　　　　　B、中段酒　　　　　C、酒尾　　　　　D、全部

56.目前，哪种霉用于小曲酿酒和酿制民间甜酒。（D）

A、木霉　　　　　　B、红曲霉　　　　　C、黄曲霉　　　　　D、根霉

57.以曲心温度在（B）中范围内控制微生物生长制得的大曲为中温大曲。

A、40～50℃　　B、50～60℃　　C、20～40℃　　D、60℃以上

58.淀粉酶产生菌在曲药中主要是霉菌和（B）。

A、球菌　　　　　　B、细菌　　　　　　C、放线菌　　　　　D、酵母菌

59.在老熟过程中，确实发生了一些（B）反应，使酒的风味有了明显的改善，但不能把老熟只看成是单纯的化学变化，同时还有物理变化。

A、氧化　　　　　　B、氧化还原　　　　C、化学　　　　　　D、物理

60.山西汾酒为代表的清香型大曲酒的生产用曲量是（C）。

A、以小麦、豌豆为原料的低温曲

B、以小麦、大豆为原料的中文曲

C、以大麦、豌豆为原料的低温曲

D、以大麦、豌豆为原料的中温曲

61.原酒在入库储存前需对其进行（B）、分类，以形成不同等级、风格类型。

A、处理　　　　B、定级　　　　C、勾兑　　　　D、分析

62.（B）生产成本较低、透气性较好、容积较小，材质稳定性高，不易氧化变质，而且耐酸、耐碱、抗腐蚀，在我国白酒企业被广泛应用于储存优质高档基础酒。

A、不锈钢罐　　B、陶坛　　　　C、铝罐　　　　D、塑料桶

63.（D）是在组合、加浆、过滤后的半成品酒上进行的一项精加工技术，是组合工艺的深化和延伸，起到"点睛"的作用。

A、制样　　　　B、勾兑　　　　C、储存　　　　D、调味

64.酒中的微量成分经老熟过程的（C），生成了酸和酯类物质，从而增添了酒的芳香，突出了自身的独特风格。

A、螯合作用　　　　　　　　　B、缩合作用

C、氧化还原和酯化作用　　　　D、缔合作用

65.针对半成品酒的缺点和不足，先选定几种调味酒，分别记住其主要特点，各以（B）的量滴加。

A、千分之一　　B、万分之一　　C、十万分之一　　D、百分之一

66.（D）是一种大型储酒设备，建造于地下、半地下或地上，采用钢筋混凝土结构。它用来储酒必须经过处理，在其表面贴上一层不易被腐蚀的东西，使酒不与其接触。

A、陶坛　　　　B、血料容器　　C、不锈钢容器　　D、水泥池

67.汾酒陶瓷缸使用前，必须用清水洗净，然后用0.4%的（D）洗一次，然后使用。

A、蒸馏水　　　B、盐水　　　　C、漂白粉水　　　D、花椒水

68.陶器储酒每年的平均损耗率为（D）%左右，而大容器储酒的平均年损耗率约为1.5%。

A、3.4　　　　　B、4.4　　　　　C、5.4　　　　　D、6.4

69.储酒时在原储酒容器中留有（A）%的老酒，再注入新酒储存，称为以老酒养新酒。

A、5～10　　　　B、10～20　　　C、10～15　　　D、15～20

70.浓香型新酒风味突出，具有明显的糙辣等不愉快感，但储存5~6个月后，其风味逐渐转变，储存（C）左右，已较为理想。

A、9个月　　　　B、一年半　　　　C、一年　　　　D、两年

71.在储存过程中，基础酒中的（A）和乙醇会发生缩醛化反应，增加酒中缩醛的含量，可使酒的口味变得芳香而柔和。

A、乙醛　　　　B、甲醛　　　　C、乙缩醛　　　　D、己醛

72.目前我国用于白酒调味较为合适的甜味剂为：（B）。

A、低聚糖　　　　B、蛋白糖　　　　C、甜蜜素　　　　D、蔗糖

73.经储存老熟后的酒，又经勾兑和调味，使（A）。

A、香味浓厚　　　　B、香味柔和

74.大样调味结束后，由于酒体还可能发生一些物理、化学的平衡作用，可能会使酒体在风味上与调好的酒有些差异。一般需存放（A）左右，然后经检查合格后即可。

A、一星期　　　　B、一个月　　　　C、半年　　　　D、一年

75.白酒在储存过程中，除少数酒样中的（C）增加外，几乎所有的酯都减少。

A、己酸乙酯　　　　B、乳酸乙酯　　　　C、乙酸乙酯

76.铝管在使用过程中发现基础酒中的（C）会与铝发生反应生成白色沉淀，严重影响成品质量。

A、高级醇　　　　B、酯类　　　　C、有机酸　　　　D、醛类

77.（A）储酒主要用于高档基酒的早期催陈老熟。

A、陶坛　　　　B、铝制容器　　　　C、不锈钢容器　　D、水泥池容器

78.白酒的香味物质种类很多，随着科学技术的进步和对白酒香味成分的不断深入剖析，据粗略统计，到目前为止，清香型白酒已检出（B）余种成分。

A、500　　　　B、700　　　　C、1000　　　　D、1200

79.由于谷壳含有多缩戊糖和果胶质等，在酿酒过程中生成糠醛和甲醇等有害物质，因此使用前应对其进行（C）。

A、除杂　　　　B、烘干　　　　C、清蒸　　　　D、储存

80.目前酸酯比例最大的香型是（B）。

A、米香型　　　　B、清香型　　　　C、浓香型　　　　D、特性

81.在白酒的酒体设计程序中，酒体设计前应进行市场调查、技术调查，还要开展哪些工作。（B）

A、区域习惯的调查

B、分析原因，找出与畅销产品的差距和影响产品质量的主要原因

C、成本比对评估

D、生产条件的分析

82.在相同pH值条件下，酸的呈味强度顺序为：（C）

A、甲酸＞乙酸＞乳酸＞草酸　　　　　B、甲酸＞乳酸＞乙酸＞草酸

C、乙酸＞甲酸＞乳酸＞草酸　　　　　D、乙酸＞甲酸＞草酸＞乳酸

83.某种呈香物质其含量为1470mg/L，香味强度为82.2，该物质阈值为（C）。

A、15.9mg/L　　B、16.9mg/L　　C、17.9mg/L　　D、18.9mg/L

84.产酯较优的环境条件酸度为（D），酒精含量10%左右。

A、1.0　　　　B、2.0　　　　C、3.0　　　　D、4.0

85.己酸乙酯是浓香型的主体香，却是（A）的杂味。

A、清香型　　　　B、浓香型　　　　C、酱香型　　　　D、米香型

86.固液结合法生产的白酒是在（C）全国评酒会上开始被评为国家优质酒的。

A、第4届　　　　B、第2届　　　　C、第3届

87.异常发酵产的白酒，会产生催泪刺激性物质，它们是（D）引起的。

A、甲醇　　　　B、氰化物

C、丙烯醛　　　D、丙烯醛及丙烯醇

88.酯香调味酒储存期必须在（D）以上，才能投入调味使用。

A、1个月　　　B、3个月　　　C、半年　　　D、1年

89.甜的典型物质是（A）。

A、白砂糖　　　B、面糖　　　C、红糖　　　D、木糖醇

90.第一个获得国家优质酒称号的低度酒是（C）。

A、38%洋河大曲　　　　　　B、38%张弓大曲

C、39%双沟大曲　　　　　　D、38%江津酒

91.β-苯乙醇在哪种香型白酒中最高：（C）。

A、米香型　　　B、药香型　　　C、豉香型

92.白酒在储存中酯类的（A）是主要的。

A、水解作用　　　B、氧化作用　　　C、还原反应

93.酒精含量为（B）%以下的白酒，称为低度白酒。

A、42　　　　B、40　　　　C、38

94.原料的入库水分应在（A）以下，以免发热霉变，使成品酒带霉、苦味及其他邪杂味。

A、14%　　　B、15%　　　C、16%

95.陈酒和新酒的主要区别是（C）的区别。

A、理化指标　　　　B、固形物　　　　C、感官　　　　D、理化和感官

96.酒饮料中酒精的百分含量称做"酒度"，以下（C）不能表示酒度。

A、以体积分数表示酒度　　　　　　　B、以质量分数表示酒度

C、以密度表示酒度　　　　　　　　　D、标准酒度

97.白酒的勾兑由（A）三个部分组成。

A、品评、组合、调味　　　　　　　B、品评、组合、降度

C、酿造、组合、调味

98.国家标准规定化学试剂的密度是指在（C）时单位体积物质的质量。

A、28℃　　　　B、25℃　　　　C、20℃　　　　D、23℃

99.浓香型大曲酒的发酵容器是（C）。

A、地缸　　　　B、石窖　　　　C、泥窖　　　　D、不锈钢罐

100.曲坯入房后，如果升温过猛，易形成（A）或曲块开壳。

A、窝水曲　　　　B、黄曲　　　　C、散曲　　　　D、死板曲

101.酱香型白酒生产用曲量大，高于其他任何香型，其粮：曲＝（D）左右。

A、1：0.2　　　B、1：0.4　　　C、1：0.6　　　D、1：1

102.（D）白酒中富含奇数碳的脂肪酸乙酯，其含量是各类香型白酒相应组分之冠。

A、芝麻香型　　　B、米香型　　　　C、清香型　　　D、特型

103.兼香型白酒代表产品白云边酒，在感官品评中其主要特点为（B）。

A、浓中带酱　　　B、酱中带浓　　　C、浓清酱三香　　D、浓中带清

104.董酒的成分特点三高一低，其中一低为（B）。

A、高级醇含量低　　　　　　　　　B、乳酸乙酯含量低

C、总酸含量低　　　　　　　　　　D、丁酸乙酯含量低

105.存放过程中，醛类的变化大约（C）年内呈增加趋势，以后又有所减少。

A、5　　　　　B、3　　　　　C、10　　　　　D、15

106.谷壳进行清蒸处理，应采用大火蒸（D）以上。

A、5min　　　　B、10min　　　　C、20min　　　　D、30min

107.玉米的胚芽中含有大量（A）。

A、脂肪　　　　B、淀粉　　　　C、蛋白质　　　　D、糖分

108.使用中温大曲生产的传统固态法白酒的典型代表是（A）大曲酒。

A、浓香　　　　B、清香　　　　C、酱香　　　　D、米香

109.中国白酒"品质安全"技术研究是指（A）。

A、EC控制技术的研究　　　　　　　B、氰化物安全研究

C、甲醇研究

110.凤香型白酒的发酵容器是（C）。

A、地缸　　　　B、石窖　　　　C、土窖　　　　D、不锈钢罐

111.凤型大曲属于（B）。

A、低温　　　　B、中高温　　　C、高温　　　　D、超高温

112.凤型酒的生产周期是（C）。

A、六个月　　　B、九个月　　　C、一年　　　　D、二年

113.传统凤曲的翻曲次数是（D）

A、2～3次　　　B、4～5次　　　C、6～7次　　　D、8～10次

114.凤型酒立窖总共有（A）排?

A、1　　　　　B、2　　　　　C、3　　　　　D、4

115.凤型酒破窖有（B）甑酒醅入池?

A、5　　　　　B、4　　　　　C、3　　　　　D、2

116.（D）是凤型酒第一次出酒的过程。

A、立窖　　　　B、圆窖　　　　C、顶窖　　　　D、破窖

117.凤香型白酒圆窖生产有（A）甑酒醅入池?

A、5　　　　　B、4　　　　　C、3　　　　　D、2

118.凤香型白酒每一个生产年度要经历（B）个不同的生产阶段?

A、10　　　　　B、6　　　　　C、8　　　　　D、5

119.凤曲培养过程中顶点温度约是多少（D）

A、40～45℃　　B、50～53℃　　C、58～60℃　　D、63～65℃

120.下列哪种酒生产需要每年更换窖泥?（A）

A、西凤酒　　　B、茅台　　　　C、泸州老窖　　D、汾酒

121.下列（C）生产过程为凤型酒一般生产阶段，要生产若干排。

A、挑窖　　　　B、插窖　　　　C、圆窖　　　　D、顶窖

122.凤型酒每年（C）月份停产，所有投料必须要在这个月清理完毕。

A、8　　　　　B、7　　　　　C、6　　　　　D、5

123.凤型酒的主体香气成分是（A）。

A、乙酸乙酯　　B、己酸乙酯　　C、乳酸乙酯　　D、丁酸乙酯

124.西凤酒主产于（B）省。

A、西藏　　　　B、陕西　　　　C、山西　　　　D、广西

125.白酒中区分高度酒和低度酒的界限是（D）。

A、70度　　　　B、60度　　　　C、50度　　　　D、40度

126.饮用不同白酒后所产生的口干，头疼现象有差异主要是因为白酒中（B）含量不同。

A、乳酸乙酯　　　　B、甲醛乙酯　　　　C、冰乙酸　　　　D、杂醇油

127.白酒的香型确立起始于（C）全国评酒会。

A、第2届　　　　　B、第5届　　　　　C、第3届